# 食物网与稳定同位素生态学

## 我国淡水生态系统的应用

Food Webs and Stable Isotope Ecology
Applicaitons in Freshwater Ecosystems in China

徐 军 等 / 著

中国环境出版集团 · 北京

**图书在版编目（CIP）数据**

食物网与稳定同位素生态学：我国淡水生态系统的应用 / 徐军等著 .—北京：中国环境出版集团，2021.9

ISBN 978-7-5111-4916-9

Ⅰ. ①食…　Ⅱ. ①徐…　Ⅲ. ①稳定同位素—应用—淡水—生态系—研究—中国　Ⅳ. ① TV211.1

中国版本图书馆 CIP 数据核字（2021）第 204105 号

**出 版 人**　武德凯
**责任编辑**　田　怡
**封面设计**　彭　杉

---

**出版发行**　中国环境出版集团
（100062　北京市东城区广渠门内大街 16 号）
网　　址：http://www.cesp.com.cn.
电子邮箱：bjgl@cesp.com.cn.
联系电话：010-67112765（编辑管理部）
010-67175507（第六分社）
发行热线：010-67125803，010-67113405（传真）

**印　　刷**　北京建宏印刷有限公司
**经　　销**　各地新华书店
**版　　次**　2021 年 9 月第 1 版
**印　　次**　2021 年 9 月第 1 次印刷
**开　　本**　787 × 1092　1/16
**印　　张**　12
**字　　数**　230 千字
**定　　价**　65.00 元

---

# 内 容 简 介

本书是基于科技部蓝色粮仓科技创新项目“我国重要渔业水域食物网结构特征与生物资源补充机制”（项目编号：2018YFD0900900）研究成果汇编而成的一本专著。全书共分为 8 章：第 1 章为稳定同位素样品的采集、处理与保存；第 2 章为基于稳定同位素的消费者营养来源溯源的方法和过程；第 3 章为稳定同位素质量平衡混合模型的性能评估；第 4 章为稳定同位素基准的变异性及对营养级评价的影响；第 5 章为稳定同位素在河流生态系统中的应用；第 6 章为稳定同位素在湖泊生态系统中的应用；第 7 章为稳定同位素在池塘生态系统中的应用；第 8 章为稳定同位素的应用潜力与局限性。

本书可供气候变化生态学、保护生物学、淡水生态学、环境科学、湿地科学、生物地球化学等相关领域的研究人员、管理人员和大专院校师生参考。

# 著作人员

| | |
|---|---|
| 第 1 章 | 徐　军　王玉玉　王　康　曾庆飞　张　敏　张　欢 |
| 第 2 章 | 王　康　祝孔豪　郭钰伦　徐　军 |
| 第 3 章 | 祝孔豪　李　斌　王　康　郭钰伦　王维康　徐　军 |
| 第 4 章 | 徐　军　张　敏　谢　平 |
| 第 5 章 | 李　斌 |
| 第 6 章 | 徐　军　王玉玉　张　欢　雷光春　陈宇炜　张　路 |
| 第 7 章 | 曾庆飞　毛志刚 |

CONTENTS 目录

# 1

# 稳定同位素样品的采集、处理与保存

稳定同位素分析是确定生态系统食物网中生物营养级和能量流动途径的重要技术[1-4]。通过分析、模拟以及比较生物营养生态位与营养关系的变化可以了解人为干扰如何影响能量由食物网底层到顶级捕食者的流动[5,6]。然而，对营养生态位的长时间尺度或大空间对比的研究较为困难。一方面，营养生态位研究可能由不同研究人员操作，使用不同的采样和处理方法，这种不一致性增加了生物样品分析结果的不确定性，妨碍了调查结果间的相互比较；另一方面，使用已存档的生物样本进行营养生态位研究有助于研究人员获得生态系统生物营养生态位基准特征，对认识不同时间格局下生物在食物网中的功能具有重要意义。然而，由于同位素分析自身的特点，样本的储存（冻干、烘干或防腐剂保存）本身可能会更改同位素特征，进而影响对营养生态位的评价[7]。

就碳、氮稳定同位素而言，其随营养级的变化率通常分别为 0.4‰ 和 3.4‰[3]，据已有的研究报道，样品处理与保存的同位素变异已经超出了营养级间的变异[8,9]。此外，许多研究也发现，较小的同位素变异与重要的食物网结构和功能改变相关联。例如，Vander Zanden 发现外来鱼类引起湖泊食物网结构的改变，进而导致土著捕食鱼类碳、氮稳定同位素分别发生了 1.8‰ 和 0.6‰ 的变化[10]。Perga 和 Gerdeaux 也报道了日内瓦湖在恢复其营养水平的过程中，*Coregonus lavaretus*（L.）的碳稳定同位素每 10 年平均改变仅为 1.0‰[11]。这些研究均表明，生态系统干扰在短时间内不一定会导致生物营养生态位发生巨大改变。因此，准确认识样品采集、处理与保存过程中影响稳定同位素分析的可能因素，并避免这类差异，对准确评估食物网中生物营养生态位及正确理解人类活动引起的食物网结构与功能变化具有重要意义[12]。

基于上述可能，由于样品采集、处理与保存所导致的样品稳定同位素的变化，本章主要内容为：①通过同位素质量平衡模型的模拟，直观展示由于样品采集、处理与保存引起的潜在同位素变异对评价生物营养生态位的影响，并分析这种不确定性的效应；②综合现有水域生态系统研究中常见类群的常用样品采集、处理与保存的思路与技术手段，探讨由各种因素引起同位素变异的原因与差异；③确定适用性较强的样品采集、处理与保存程序，用于多空间尺度、长时间系列的同位素生态学比较研究的对比、校验与修正。

## 1.1 水域生态系统中同位素特征与不确定性分析

### 1.1.1 影响因素的复杂性与多样性

随着稳定同位素质谱的出现和发展，科学家得以精确地测量某种元素的稳定同位素比值在不同物质中的含量，并结合稳定同位素独特的物理性质和化学性质，如同位素质量平衡效应（equilibration）以及同位素分馏效应（fractionation），探讨生态系统中物质循环和能量流动规律[13]。在水域生态系统中，影响浮游植物、底栖藻类与水生高等植物等初级生产者的稳定同位素特征的因素非常多，如叶绿素、磷和二氧化碳浓度，光强，水的流速，地下水的上涌，水华的暴发，洪水，无机碳源，以及微生物碳源[14]。光合作用过程中，植物叶片表层周围的二氧化碳扩散作用也会影响植物的稳定同位素比率，例如，底栖藻类通常处于一种二氧化碳限制的条件中，所以底栖藻类区分 $^{12}CO_2$ 和 $^{13}CO_2$ 的能力较差。而相对于底栖藻类，浮游藻类处于一种二氧化碳相对充足的条件中，所以浮游藻类可以选择性地吸收更易于进行光合作用的 $^{12}CO_2$。因此，相对于浮游藻类，底栖藻类的 $\delta^{13}C$ 含量较高[15]。生物化学过程是影响消费者与其食物之间同位素分馏的主要因素。例如，消费者通过呼吸作用所产生的二氧化碳中 $^{13}C$ 含量相对消费者自身的 $^{13}C$ 较低[16]，因而可用于解释消费者相对食物碳稳定同位素比率增大的现象[16]。存在于成脂过程中的丙酮酸氧化反应中对 $^{13}C$ 的重同位素歧视效应[16]导致了生物体内脂类含量相对较高的组织比脂类含量低的组织碳稳定同位素比率低。消费者细胞内谷氨酸和天冬氨酸之间的转氨作用过程中，$^{14}NH_2$ 比 $^{15}NH_2$ 快 1.008 3 倍，这导致了食物缺乏的情况下消费者组织中 $^{15}N$ 的增加[17]。与食物相比，消费者的氮稳定同位素比率增加 3‰～5‰，这可能是因为消费者的排泄物中尿素和氨中氮稳定同位素相对较低，从而导致了高营养级生物的氮稳定同位素相对较高[18]。此外生物体内的稳定同位素特征还受到不同水域生态系统类型、寄主和宿主之间的特殊营养关系、生物个体或种群水平食性转变、代谢机能、栖息地、饵料的质量等一系列因素的影响[14,19]。

### 1.1.2 不确定性对食物来源贡献的敏感性分析

为了举例说明样品采集、处理与保存所导致的样品稳定同位素变化对评价生物营养生态位的影响，首先定义稳定同位素不确定性为真值与检测值之间的同位素差异，即由于样品采集、处理与保存引起的生物稳定同位素变化［图 1-1（a）］。图 1-1（a）反映的是消费者样品采集的不确定性（U）与样品真值（T）之间的稳定同位素变异，以及不确定性的度量与二者的关系；在此基础上，进一步定义了一个基于稳定同位素的食物网，包括 1 个消费者（T）及 4 个潜在食物来源［数字，图 1-1（b）］，图中 A、B、C、D 分别为定义的 4 种不确定性条件。通过使用基于同位素质量平衡建立的 Isosource 模型[20] 对该食物网中的生物营养来源进行模拟。从图 1-2 中可以看出消费者的 4 种食物来源相对比例在真实条件和其他不同的不确定性条件下的变化。D 这种极端情形已经分布在食物来源的同位素范围之外，因此无法给出其分布频次特征图。

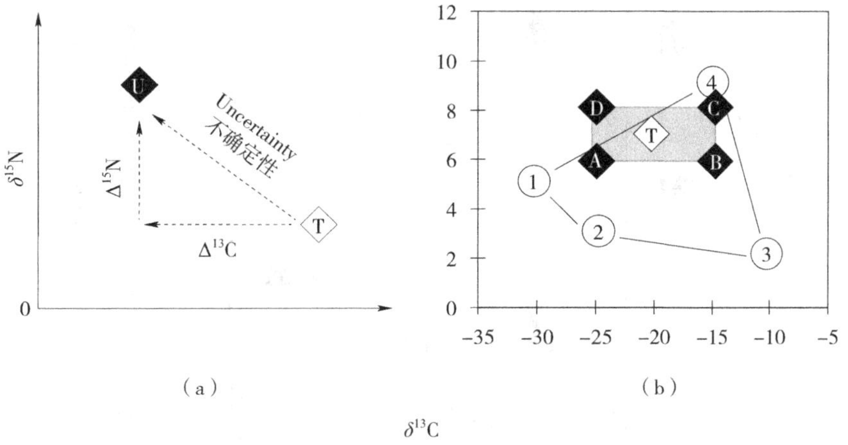


**图 1-1 不确定性度量及消费者与 4 种食物来源的营养关系定义**

注：（a）测试由于样品收集、处理与保存引起的不确定性（同位素位移）。$\Delta^{13}C$ 测量水平距离，$\Delta^{15}N$ 测量垂直距离，不确定性（同位素位移）测量坐标空间中经解析的真值（T）和不确定性值（U）之间的直线距离。（b）由 1 个消费者及其 4 个潜在食物来源组成的明确的营养体系。实线表示在 Isosource 中定义为混合多边形的潜在源周围的凸包。阴影区域表示不确定性，圆圈数字表示潜在的食物来源，A、B、C、D 表示 4 种极端情况，以便解释由于不确定性而导致的对消费者饮食中各种来源的相对比例的影响。

以上 4 个案例反映了在一个简单食物网中捕食者对 4 种食物来源利用的特征。通过 Isosource 模型的模拟和预测，可以看到捕食者自身同位素特征的不确定性对评价食物来源幅度和方向均会产生一定水平的影响。这种对生物营养生态位的判别

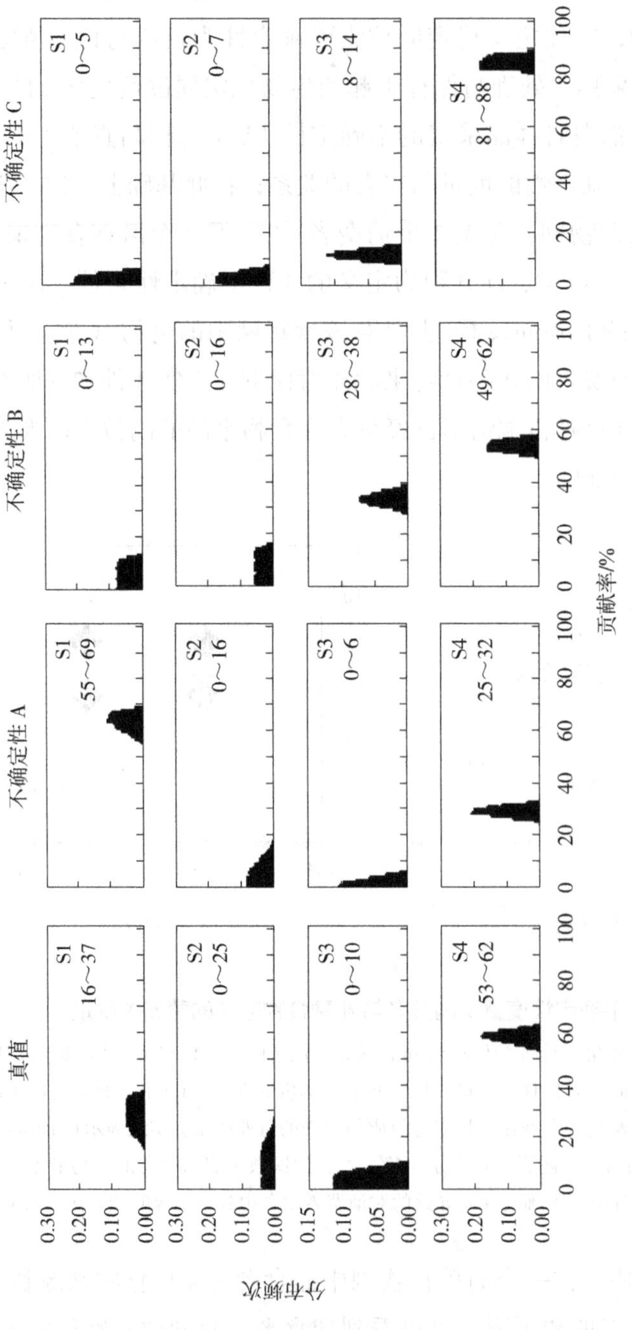


图1-2　消费者的4种食物来源不同情境下的分布频次特征

注：直方图表示从上述来源到消费者摄食中可行的 Isosource 贡献分布。显示值的分布范围为1%~99%。

不确定性取决于生物稳定同位素组成变异的幅度，同样也受到食物自身的稳定同位素变异的影响。因此，由于样品采集、处理与保存所导致的样品稳定同位素的不确定性会影响对所研究的系统不同生物营养生态位的判断。因此，通过减少样品采集、处理与保存所导致的样品稳定同位素的不确定性对于减少评判生物营养生态位的变异至关重要；同时也有助于对同位素数据的解释和对食物网结构与功能的正确认识。

## 1.2 生物样品的采集

### 1.2.1 样品采集与保存的容器

由于稳定同位素分析所需样品量非常少，样品受到污染的风险相对较高[21]。因此所有样品采集装置及样品容器（如 Eppendorf 管、锡纸、玻璃管等）都应先使用 10% 的 HCl 溶液浸泡 30 min，再用去离子水反复清洗 3 次，然后干燥备用。此外，所需玻璃器皿（如抽滤装置、过滤漏斗、小玻璃瓶等）应在马弗炉中 450℃烧 4 h 后备用。这两种处理方法主要用于消除无机碳、无机氮和有机碳、有机氮的影响[7]。样品容器的标签通常包含以下信息：样品编号、取样时间、取样地点、取样类型、分析项目、现场处理方式、采样人，并且与采样现场记录和其他样品记录相对应，如坐标、天气、水体理化特征等。

### 1.2.2 初级生产者

悬浮颗粒有机物是水体中生物地球化学循环的重要组成部分，是食物网底层最重要的物质与能量提供者[22]。采集悬浮颗粒有机物样品需使用玻璃纤维滤膜。滤膜孔径大小根据实验设计方案决定。因为不同来源或批次的滤膜可能包含大量且不同的碳或氮的污染物，所以样品采集前滤膜需在马弗炉中 450℃烧 4 h 后备用。采集的样品需先经 200～250 μm 浮游生物网预过滤，以避免悬浮颗粒有机物颗粒大小的非均质性。预过滤水样如果无法在采样现场立即过滤，则应及时在低温避光条件下运回实验室，并在 12 h 内完成过滤。样品过滤前摇匀使用。过滤后悬浮颗粒有机物滤膜直接烘干至恒重（60℃，48 h）或冷冻干燥。如不能及时干燥，滤膜则需低温（−20℃）保存。在悬浮颗粒有机物含量较低的情况下，可以在滤膜烘干前或后将表面有机物剥离或刮离下来，这样不仅可以降低滤膜本身对样品中碳或氮含量的稀释作用，还可以延长元素分析仪——同位素质谱联用仪中燃烧系统的使用寿命[23]。

应在采样地点用浮游生物网（根据实际需要选择网孔大小）收集足够的藻类。在显微镜下将非藻类颗粒物用微毛细管手动吸出。将剩余部分过滤到孔径为10～30 μm的滤膜上存储在液态氮中。在实验室用离心方法（1 min，10 000 g）进一步将藻类与其他非藻类有机物颗粒分离，将离心管上部绿色部分分离镜检，再次手动移除非藻类物质，并用去离子水冲洗，如此反复3次，最后镜检记录藻类样品优势种组成[24]。浮游生物学家也设计了多种特殊的离心装置来收集藻类[25]；同时，还有藻类群体色素特殊化合物的同位素分析[26]以及流式细胞分离耦联同位素分析[27]等方法。这些方法需要特殊仪器设备，在生态系统研究中的应用具有一定的局限性。此外，也有学者利用光诱导迁移方法分离沉积物底栖藻类，但也受到生物类型以及牧食者对藻类摄食习性等因素的限制[23,28]。将藻类样品直接烘干至恒重（60℃，48 h）或冷冻干燥。如不能及时干燥，滤膜则需低温（-20℃）保存。

其他常见初级生产者包括水生维管束植物、附着藻类以及沉积物有机物等。水生维管束植物的样品获得相对容易。取活体水生维管束植物的叶片或整株，将其表面附着的藻类刮洗后，用去离子水反复冲洗3次。将水生维管束植物的样品直接烘干至恒重（60℃，48 h）或冷冻干燥。如不能及时干燥，滤膜则需低温（-20℃）保存。附着藻类通常的采集方法为现场刮取或刷洗水生植物、石头或其他非生物表面的附着物。用去离子水或现场过滤的水样冲洗附着在表面的藻类3次，直接烘干至恒重（60℃，48 h）或冷冻干燥。若获取的附着藻类样品数量较少，可过滤至预烧的滤膜上进行烘干或保存[28]。沉积物有机物采集方法为现场用沉积物采集器获得表层沉积物或柱状样品，用500目筛网过筛，去除大型底栖动物活体或残骸，以及大尺寸颗粒，以便获得均匀性较高的稳定同位素样品。样品放入酸洗容器，低温运输到实验室，直接烘干至恒重（60℃，48 h）或冷冻干燥[28]。

### 1.2.3 消费者

#### 1.2.3.1 底栖动物

大型底栖动物样品通常用彼得森采泥器采集表层沉积物，经分样筛原位手动分拣，鉴定生活史阶段及种属特征[29]。分离样品量需根据物种个体大小以及仪器分析精度来确定。样品收集过程中应注意水体基本特征，包括生境特征和底栖动物生活史。以摇蚊幼虫为例，幼虫期需要30～50个个体混合才能满足一次稳定同位素测试，混合样品可以避免种间差异的影响；而对于三龄、四龄幼虫也可以进行个体测定，一方面可以反映相对较长时间的摄食特征，同时也可以观测个体食性的差异[30]。

#### 1.2.3.2 浮游动物

浮游动物样品的收集可以根据实际情况选择不同孔径大小的浮游生物网进行。样品收集后，保持活体低温保鲜（4℃）运输到实验室，进行活体镜检与分离。如果是为了获取混合浮游动物样品，则需通过镜检除去肉眼可见的非浮游动物物质，如碎屑。如果是为了获得优势种类样品，则可以通过微毛细管，在解剖镜或显微镜下挑取分离。由于个体大小的差异，分析所需单个测试样品可能由数十个到几百个个体组成。分离纯化后的浮游动物样品放置在盛有去离子水的器皿中，等待进一步处理[31]。分离样品3～5份待测，样品的浮游动物种类、大小等信息同步记录[32]。

#### 1.2.3.3 鱼类

就鱼类样品而言，鱼类个体的不同组织间同位素特征值有所不同，因此选择何种组织进行分析将会影响对营养关系的解释。通常取鱼类背部白色肌肉来指示个体稳定同位素特征。如果鱼类个体较小，则取鱼类整体（去除肠含物或内脏）作为同位素分析对象。在多种情况下，由于不能伤害鱼类（如受保护鱼类），则采集鱼类其他组织，如鳍条、血液、体表黏液、鳞片等。由于不同组织的同位素周转特征差异显著，可能导致其同位素与个体同位素产生差异，从而影响对数据的解释。例如，黏液稳定同位素周转要远快于肌肉[33]。那么这些同位素周转快的组织（如胰腺、血液、体表黏液等）通常可以用来指示生物近期（数天至数周）的营养生态位；而同位素周转慢的组织（如肌肉、鳞片等）其同位素特征可以指示中长期（数月至数年）的营养生态位。需要注意的一点是，不同组织同位素特征的差异一方面是由于同位素周转周期不同引起的，另一方面是不同组织脂类含量变化引起的。在同一个体的某一组织中，脂类通常比蛋白质和碳水化合物等物质的碳稳定同位素低。因此，在同位素分析前对不同组织或器官进行去脂处理（参见去脂部分）[34]。

### 1.2.4 关于样品采集的建议

（1）所有样品采集装置及样品容器使用前必须进行酸洗或高温预烧。

（2）初级生产者样品采集需依据研究目的进行分类、清洗、鉴定，并确保均一性。

（3）小个体消费者样品采集需依据研究目的进行分类、清洗、鉴定，并确保均一性；大个体消费者采集需区分样品的生活史以及组织器官。

# 1.3 生物样品的处理

## 1.3.1 肠道排空

肠含物对小个体生物稳定同位素可能存在一定影响。通常在生产力较高的水体中影响相对较大。因此，浮游动物与底栖动物经分离后需要在去离子水中暂养。暂养时间视个体大小而定。通常浮游动物需要 4 h 以上，而底栖动物需要 12 h 以上。暂养结束后可通过显微镜镜检确定是否完全排空 [35,36]。本过程也适用于其他以个体为分析对象的小型生物。暂养过程中，需及时移除水体中的粪便，以避免某些生物自食粪便。

## 1.3.2 酸化

由于有机样品采集过程中易受到碳酸盐的潜在影响而改变样品的稳定同位素特征 [37]，因此需要对易受此类影响的样品，包括沉积物有机物、悬浮颗粒有机物、有机碎屑、大型水生植物等进行酸化处理。由于酸化处理会在某种程度上改变氮同位素的含量，所以建议酸化样品前将样品分为两个部分，一部分酸化后用于碳稳定同位素的分析，另一部分不酸化用于其他同位素分析 [38]。酸化采用 1 nmol/L HCl，过量加入样品后直至反应结束气泡消失，用去离子水冲洗 3 次后待用 [38]。

## 1.3.3 去脂

生物组织中脂类 $\delta^{13}C$ 值相对于其他生物化学物质较低，其原因是在脂类合成过程中丙酮酸转化为乙酰辅酶 A 时存在重同位素歧视效应 [16]。此外，动物脂肪蓄积反映了生活史不同时期的能力需求，受到生境、大小、生长时期等多种因素影响。因此组织中脂类含量可以影响样品 $\delta^{13}C$，并可能导致对生物营养生态位的错误解释。因此，在分析样品同位素之前对样品进行脂类提取，主要方法有氯仿－甲醇提取法 [39] 和己烷－异丙醇法 [40]。通常，当样品 C：N＞4 时，可参考使用脂类含量的校正公式 [41-44]。通过比较脂类提取前后的白色肌肉组织的同位素比率，研究人员发现由于白色肌肉组织脂类含量较低所以同位素变化无显著差异 [45]。但是脂类含量受到多种因素影响，因此特定研究仍需要确定特定物种各生活时期的修正系数，以保证分析和解释的准确性 [12]。

### 1.3.4 关于样品处理的总体建议

（1）肠含物对小个体生物稳定同位素可能存在一定影响，因此采集后的小个体样品需进行肠道排空处理。

（2）有机样品采集过程中易受到碳酸盐的潜在影响，因此需要对易受此类影响的样品（包括沉积物有机物、悬浮颗粒有机物、有机碎屑、大型水生植物等）进行酸化处理。

（3）生物组织中脂类 $\delta^{13}C$ 值相对于其他生物化学物质较低，因此，在分析样品同位素之前对样品进行脂类提取。

## 1.4 生物样品的保存

样品从采集、处理到检测之前需要经过保存，才可以在实验室进行分析。此外，博物馆与各类科研机构标本馆中也保存了大量的样品。因此，如果上述各类过程中保存技术改变样品同位素特征，那么也会导致随后对生物营养生态位的误判，以及影响对食物网历史变化特征的重建 [8]。

### 1.4.1 冷冻与烘干

在样品采集、处理与运输的过程中冷冻、冷冻干燥和烘干保存是现阶段最理想的方法 [21]。尽管绝大多数报道均认为冷冻或冷冻干燥不影响样品的同位素组成 [8,46-48]，然而也有报道表明虽然冷冻在短期内不影响同位素特征，但是长时间保存也会影响同位素特征，特别是对无脊椎动物的保存（如浮游动物）[8,35]。其原因推测为解冻处理过程中，样品细胞破裂导致部分同位素流失 [35]。在过去的 20 年间，样品保存使用最多的方法就是低温烘干。通常采用 60℃烘箱处理 24～48 h。烘干时间取决于样品的大小与含水量，其原则为烘干至恒重。近期研究表明鱼类肌肉样品烘干长期保存对稳定同位素组成没有任何影响，因此烘干可以作为首选的保存方法 [49]。但是烘干对无脊椎动物的保存效果，仍需进一步研究确定。本书建议使用 60℃对样品进行烘干，以保证烘干的稳定性和结果的可比性 [49,50]。

### 1.4.2 乙醇与福尔马林

许多研究表明乙醇和福尔马林保存会显著影响样品的稳定同位素含量。主要可能因素为乙醇和福尔马林自身的碳可能会污染样品本身，从而影响它们的 $\delta^{13}C$

值，加上乙醇和福尔马林作为一种溶剂会溶解出样品自身的一些有机物质，如脂类或蛋白质[45,51]。因此，这两种保存方法并不适用于稳定同位素样品的保存[8,45,51]。同时，福尔马林对人体有害，乙醇由于易燃不适合长途携带。但是由于博物馆或标本馆中用此类方法保存了大量的生物样本[45]，且实际上这两种保存方法在一定时间后相对稳定[8,46,49,52]，因此在分析此类长期保存的样本之前，必须了解样本的保存方法、时间、样品类型，进而开展保存实验，一起获得合理的校正因子[8,46,49,52]。

### 1.4.3 腌渍

在许多偏远地区采样过程中，由于供电无法保证，所以冷冻或烘干保存受到一定限制，因此腌渍这种保存方法就显得十分必要。通常使用饱和氯化钠溶液保存样品[8]。研究表明，使用饱和氯化钠溶液保存对鱼类肌肉稳定同位素含量没有显著影响[52]。但直接用氯化钠腌制则存在影响生物组织稳定同位素的可能[8,52]。因此，使用此类方法需要判断样品的类型。

### 1.4.4 关于样品保存的建议

（1）在样品采集、处理与运输的过程中，冷冻、冷冻干燥和烘干保存是现阶段最理想的方法。

（2）对于已经用化学方法保存的样品，应进行保存方法的预试验研究，确定同位素变异的大小；对于稳定变异样品的保存，可以通过预试验获得短期或长期保存的校正系数。

## 1.5 进样前处理

进行样品同位素分析前，第一，对样品中的结缔组织进行清理；第二，所有采用化学方法保存的样品，均需用去离子水漂洗 3 次；第三，样品研磨成均匀粉末，避免研磨过程中的交叉污染；第四，样品装载到锡杯过程中，对应编号并记录装载量[8]。

图 1-3 为建议在稳定同位素生态学中对水生生物样品收集、处理和保存的步骤。

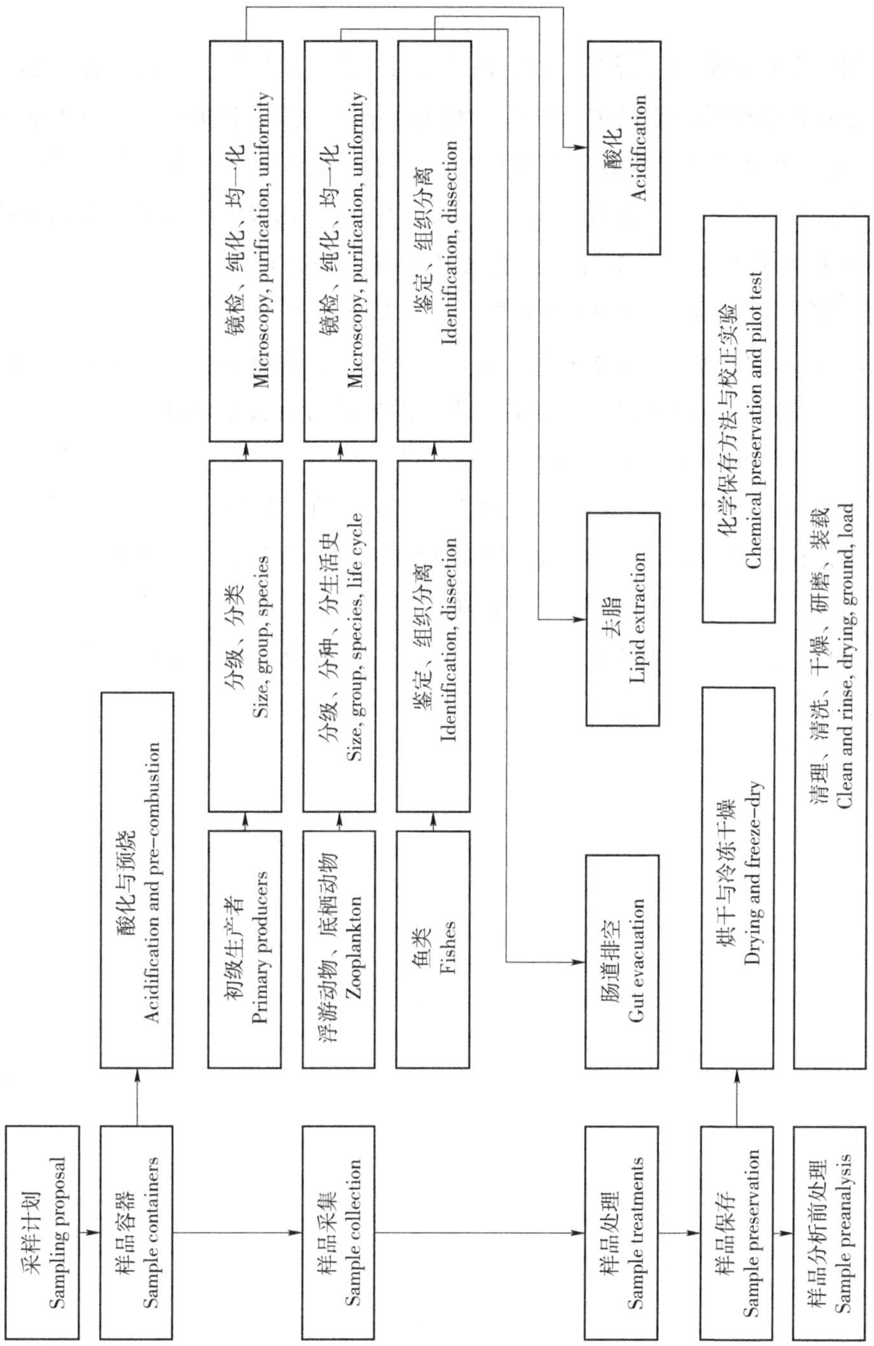


图 1-3 建议在稳定同位素生态学中对水生生物样品收集、处理和保存的步骤

## 1.6 总体建议

在运用稳定同位素技术研究水域生态系统时，首先要制订科学的采样计划。根据采样计划对收集样品的工具进行处理（酸化或预烧，消除收集样品工具可能带来的误差）。使用处理后的工具收集相关样品，对于采集到的初级生产者，需要根据大小和种类进行分类，然后进行镜检、纯化和均一化，初级生产者样品在测定碳同位素时需要对容易产生误差的样品进行酸化处理（如滤膜样品、表层沉积物样品等）；对于采集到的浮游动物和底栖动物样品，需要根据种类、生活史和个体大小进行分类，然后进行镜检、纯化和均一化，接下来是排除肠含物；对于采集到的鱼类样品，经过鉴定和组织分离后，对需要去脂的样品进行去脂处理。对于需要保存的样品，直接采集的样品可以首先经过 60℃烘干或冷冻干燥，然后保存在有干燥器的容器中待测；也可以 -20℃冷冻保存直至样品处理。博物馆等中化学保存的样品，需要设计相关方法学实验计算出相关的校正系数，以便得出准确的结果。样品进入质谱仪前，需要将样品 60℃烘干至恒重，然后在经过酸化或者预烧过的工具中对样品进行研磨，等待测试；这个过程中，必须尽量防止对样品的污染（包括样品间的交叉污染）。

# 2 基于稳定同位素的消费者营养来源溯源的方法和过程

稳定同位素分析已成为分析食物网结构的主要手段之一，通常用来估算不同来源营养物质对消费者的贡献[1-4]。研究食物网结构涉及分析和比较物种、种群或个体在生态位空间的相对位置，这些数据为有关摄食关系和食物网结构的推断提供了依据，但它们不能直接反映出饮食的特征，而是通过胃内容物分析、饲养观察或粪便分析来反映[5]。由于数据的间接性质，在解释与本书所讨论的所有分析方法相关的同位素值时，存在各种可能的歧义来源。突发生态因子也使获得的稳定同位素数据难以进一步解释[5]：首先，同位素相似并不意味着生态功能相似，因为两个个体可能具有相同的同位素生态位，但是生态位不同。也就是说，虽然两个不同个体的营养途径不同，但不同的资源库可以具有相似的稳定同位素值。其次，如果不同的资源库具有重叠的同位素值，那么仅靠稳定同位素值可能无法溯源特定的资源库。最后，当利用稳定同位素重建摄食关系时，必须在时间和空间尺度上对资源库取样，以反映出元素的同化率和组织的周转率[6]。所以，稳定同位素数据不仅是生物之间营养关系相互作用的结果，也是众多潜在生物和化学过程驱动的结果[7]，相关利用稳定同位素数据进行溯源的研究更需要科学的解释。

本章基于实测同位素数据集（浮游动物同位素数据集），通过简单统计检验、营养来源先验信息的矫正，构建系列贝叶斯模型；通过比较模型总体性能，以及先验信息和后验分布差异等多种模型性能评价方法，来描述消费者营养来源溯源的方法和过程。以此为应用稳定同位素技术开展消费者营养溯源研究提供指导方法。

## 2.1 数据质量

### 2.1.1 测试过程

稳定同位素数据的报道，理论上必须提供仪器校准（calibration）和分析过程不确定性的充分信息。因此，测试过程的监控、量化和测量精度应如实报道。仪器分析过程中，通常需要报道数据分析的准确度（accuracy）、精密度（precision）、分辨率（resolution）和可重复性（repeatability）[8,9]。准确度表示测量结果与真实数值之间的误差，代表了仪器在正常运行条件下，测定值有规则偏离真值的程度，即测量偏差或系统误差。精密度表示测量结果的分散性，测定数据结果越分散，分析的精密度越低，误差增大。可重复性表现为在改变了测量条件的情况下，同一被测量物的测量结果之间的一致性。如果某一次同位素分析研究在不同的时间和地点的仪器分析条件下进行，则需要报告数据可再现水平。系统误差主要是通过仪器校准和测试人员严格执行操作流程来降低，且在稳定同位素比率质谱测定中，与国际通用标准物质的“真实”值检测的偏差小于0.1‰[10]。由于研究结果报道后，读者均未参与仪器操作和数据采集，因此，就研究本身的重现性（reproducibility）而言，同位素数据报道必须为读者提供一种合理的评估仪器分析不确定性的途径[8]。

因此，在研究论文中需要报道的7个方面包括：①使用仪器的型号、公司名称、所在单位和实验室名称。②使用的国际同位素参考标准（如AIR $\delta^{15}N$）和仪器校准的国际标准物质（standard reference material，如USGS41）及其标准值（“真值”）[11]。③用于检测仪器分析过程中的工作标准物质（working reference material）的类型、重复测量数、平均值和标准差（以附表形式报告）；工作标准物质通常是按照一定样品检测加入，用于监控仪器分析过程中的准确度和精密度变化，以及基线漂移特征；通常选用与测试样品同类物质（如肌肉组织、骨骼组织等），由执行分析的实验室自行制备或购买，且在多个实验室进行过对比测试[11]。④样品本身的重复测定结果，用以反映研究样品本身的测试精密度，包括分析的重复率（如10%）、重复样本数、平均值和标准差（以附表形式报告）。⑤如果测试过程间隔较长时间，或者更换分析测试仪器，则需要报道不同时间和（或）地点的①～④相关内容。⑥标准不确定性（standard uncertainty）用来反映数据分析整体误差，采用统计平方公差法（root-sum-squares），分析上述引起测试误差的整体特征[12]。

⑦基于稳定同位素比率质谱分辨率多为小于 0.1‰，因此数据报道过程有效数字保留至十万分位（如 −23.57‰）。

### 2.1.2 原始数据

研究论文数据存储指的是长期的存储学术研究论文的数据，数据来源包括自然科学、社会科学和生命科学领域。得益于信息科技的发展[13]，数据可以大量且长时间地存储。现在，越来越多的国际期刊和研究机构要求发表的论文必须将论文中的数据存储在公开的存储数据库中。其核心优势：①提高论文关注度，便于其他学者引用、跟踪和对比研究；②验证该研究的重现性、真实性；③降低学术成本，提升数据使用效率。因此，建议原始的稳定同位素及研究中所报道的相关数据以附表形式发表[14]；在正文中以表格的形式（表 2-1）报道研究对象（时间、空间、物种、类群等）稳定同位素平均值和标准差的信息。

本书得益于原始数据共享的优势，以 Francis 等[15]发表的湖泊浮游动物的稳定同位素研究数据集为案例（表 2-1），探讨基于稳定同位素的消费者营养来源重建的整个实践过程。该数据集包含 21 个栖息地浮游动物和表层悬浮颗粒物、混合层下悬浮颗粒物和陆源有机碎屑 3 种潜在食物来源的稳定同位素数据，以及 1 个反映光热混合特征的环境因子。该项研究通过贝叶斯稳定同位素混合模型估计，清晰地阐明了陆源碎屑的贡献率为<5%，并证实了湖泊光热特征作用影响着浮游动物能量来源。

表 2-1 浮游动物研究案例中 3 种食物来源与消费者的稳定同位素特征

| 食物来源 Source | $\delta^{13}$C 平均值 Mean $\delta^{13}$C | $\delta^{13}$C 标准差 SD $\delta^{13}$C | $\delta^{15}$N 平均值 Mean $\delta^{15}$N | $\delta^{15}$N 标准差 SD $\delta^{15}$N | 样本数 N |
|---|---|---|---|---|---|
| 下层悬浮颗粒物（Subsurface POM） | −34.11 | 1.15 | 0.59 | 2.98 | 21 |
| 表层悬浮颗粒物（Surface POM） | −29.13 | 1.28 | 0.36 | 2.09 | 21 |
| 陆源碎屑（Terrestrial Detritus） | −29.51 | 1.02 | −3.02 | 1.37 | 21 |
| 浮游动物（Zooplankton） | −31.69 | 1.66 | 4.48 | 1.46 | 21 |

### 2.1.3 简单统计检验

在满足稳定同位素测量分析过程的准确度和精密度的前提下，通常数据的分析假设，如随机、独立、正态、等方差、稳定等以及野外或控制实验的平衡设计也同样重要。在同位素技术应用于食物网研究的早期，许多稳定同位素数据的使用是基于简单统计来定性推测基于消费者或食物资源的相对关系 [16-19]。因此，简单的统计检验为稳定同位素技术在食物网研究中的应用打下了至关重要的基础，也是现代生态学的一个基本组成部分。

依据中心极限定理，即不同概率分布随机变量（独立与否非必要），且均值和方差有限，那么当样本容量趋于无穷大时，随机变量之和的一个简单变换就可以服从正态分布 [20]。因此，“算术平均数是对真值的最大似然估计”这个假设成立（高斯分布定理）。稳定同位素的自然属性符合这种假设［图 2-1（a）］，因此在稳定同位素的各类模型研究中，均使用标准差和平均值来开发模型，且在从个体到生态系统的整合过程中，各个层次依然遵循整体分布假设［图 2-1（b）］。需要指出的是，根据以往统计经验，样本容量必须达到 30 以上，中心极限定理才能保证成立 [20]；但是，在实际研究中，较低的样本容量经常导致数据分布特征不能满足统计假设；而高样本容量大幅增加采样和分析成本，也需要研究人员权衡。

首先，对各类食物来源和消费者的稳定同位素进行正态分布和方差齐性检验。在对多个因变量（如 $\delta^{13}C$ 和 $\delta^{15}N$）同时进行分析时，常常假设因变量组合成的向量服从一个多元正态分布（multivariate normality；检验方法 royston test with post hoc Shapiro-Wilk test），即随机误差必须为相互独立的正态随机变量 [21]。多元方差齐性是指不同样本的方差大体相同（homogeneity of multi-variances；检验方法 Bartlett’s Test）。如果方差非齐性，则会掩盖均值的差异信息，影响第一类风险且导致错误的结论 [21]。需要指出的是，$F$ 检验对正态型的偏离具有一定的稳健性，但对方差分析的偏离性较为敏感。

其次，对各类食物来源和消费者的稳定同位素进行多变量方差分析（Multivariate Analysis of Variance，MANOVA），用于检测研究的食物来源及消费者之间是否有差异以及差异是否显著。由于样本获得过程中无法避免的差异，以及诸多无法控制的因素，所以对各类食物来源和消费者的稳定同位素进行比较（如 $\delta^{13}C$ 和 $\delta^{15}N$），进一步判断样本间差异主要是随机误差造成的，还是本质不同或环境效应引起的 [22]。

最后，参数检验都基于正态和方差齐性假设，可获得更多且可比性强的结论。

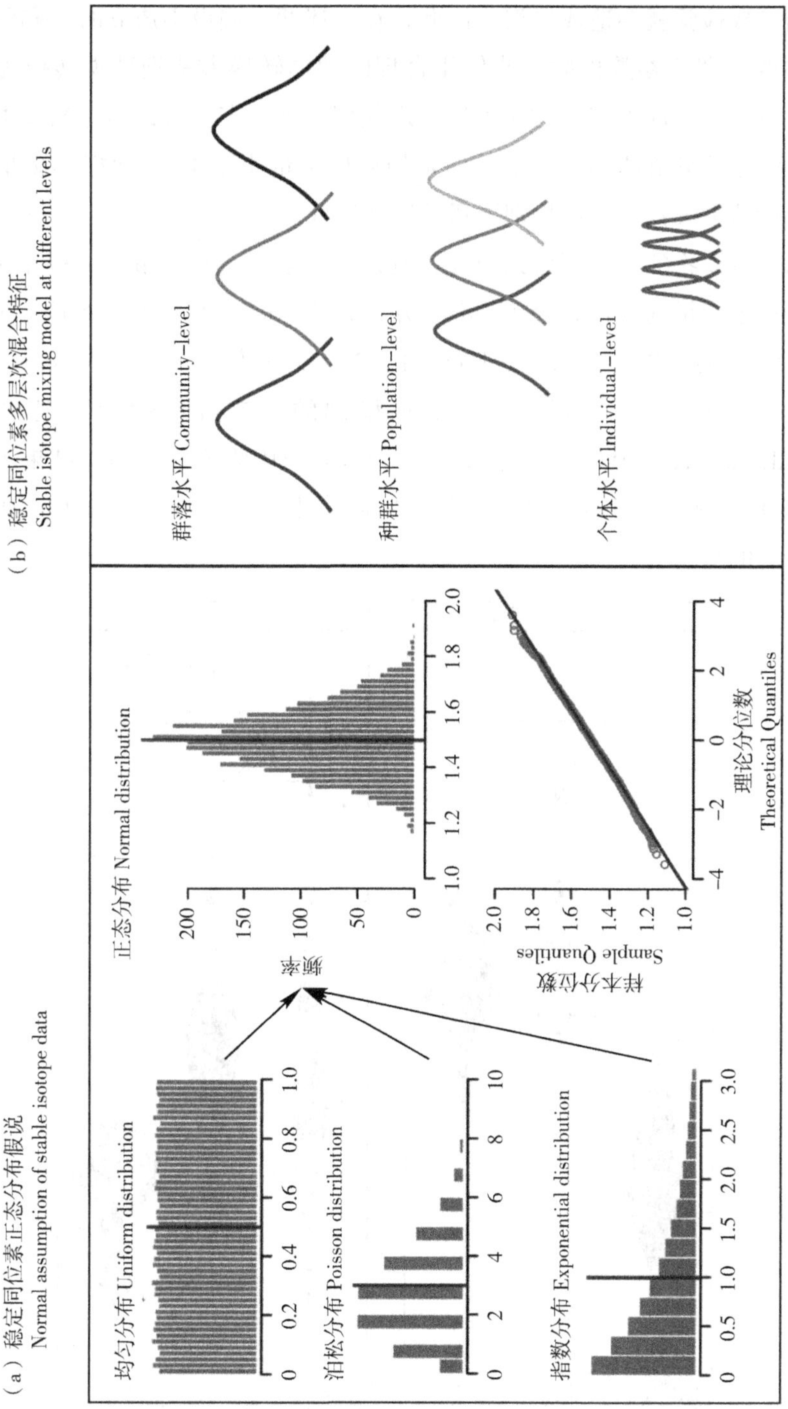


图 2-1 稳定同位素正态分布假设与多层次混合特征

但是，特别是野外生态学调查中，不可能总是获得满足上述这两个假设的数据；如果强行采用参数检验就会造成错误。因此，在上述两个假设不成立时，亦可利用中位数进行检验，即非参数检验；或使用合理的数据转换方法把数据转换为正态分布。值得注意的是，许多统计方法虽然假定数据满足正态分布，但是当样本量大于 15 或 20 时就对正态条件不敏感了；但是如果样本量小于 15 且数据不满足正态分布，相关统计结果失真，需要特别注意结论准确性。

以湖泊浮游动物的稳定同位素研究为例，经过多元正态分布检验和方差齐性分析，该数据集中变量均为正态分布；$\delta^{13}C$ 方差齐性，但 $\delta^{15}N$ 方差非齐性（Bartlett's test，$p$=0.004）。对 $\delta^{15}N$ 进行更稳健的替代检验发现方差非齐性（Levene's test，$p$=0.042 9）。再进一步，对 $\delta^{15}N$ 进行更加稳健的非参替代检验发现方差齐性（Fligner-Killeen test，$p$=0.093 77）。最后进行多元单因素方差分析，结果表明 3 种潜在食物来源表现出一种或一种以上的稳定同位素显著差异（图 2-2），适合进一步分析消费者的食物来源。

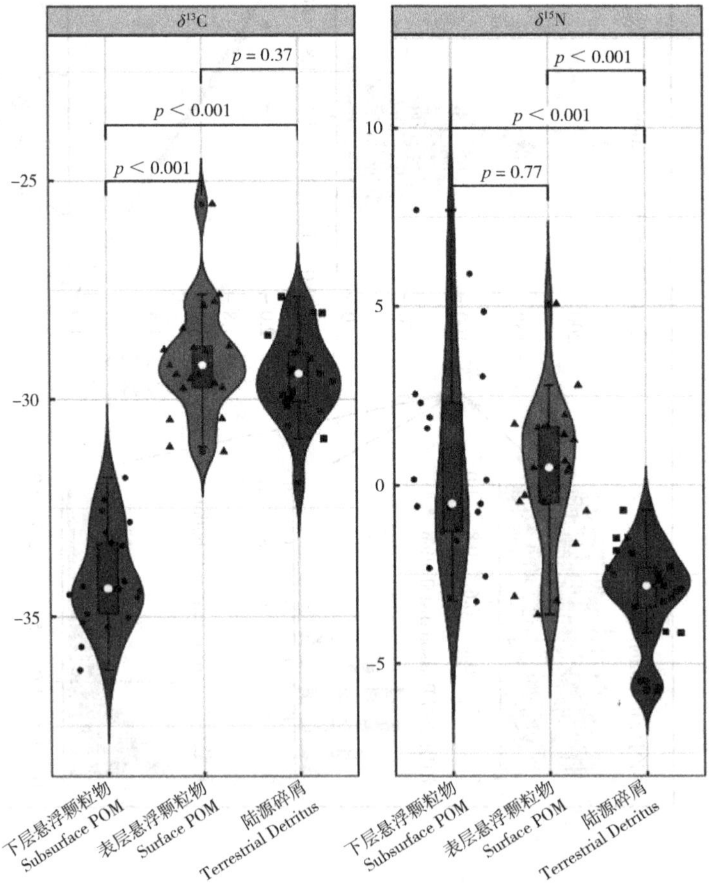


图 2-2　3 种潜在食物来源的稳定同位素多元单因素方差分析结果

# 2.2 同位素空间分析

## 2.2.1 营养富集指数

稳定同位素技术在应用时需充分考虑引起稳定同位素在机体内分馏的因素。例如，$\delta^{15}$N 在相邻两个营养级间所产生的 $\Delta\delta^{15}$N 在 3‰～5‰，而 $\delta^{13}$C 值在相邻营养级间 $\Delta\delta^{13}$C 仅为 0.4‰～1.0‰[23]。营养富集指数获取方法有两种：一种是在室内严格控制的条件下，测量实验对象与其单一食物源之间稳定氮同位素的差值；另一种是选用野外生态系统中食源相对简单的生物，测量其组织与食源间的稳定氮同位素的差值。室内实验控制了实验对象和饵料组成，但室内条件下生物的代谢活动、消化吸收率和饵料组成等均与其自然生态系统下状况存在较大差异，很难获取动物在自然状态下真实的营养级富集因子[24]。同时在野外生态系统中，不同的物种、不同的采样部位和不同栖息环境下稳定同位素的富集都存在差异，又需要更多的室内实验来得到特定营养级富集因子[24]。

针对这种情况，许多研究者采用基线营养级富集因子的统计平均值或几个统计平均值并用，可提供一种最接近富集因子真实状态的近似值[25]，从而更好地估算该种类的食源组成。Caut 等[25]于 2009 年收集了 66 种期刊 290 个物种的营养级富集因子，并按种类、生境和组织进行了分类归纳，表 2-2 显示了鱼类各组织与食物之间的 $\delta^{13}$C 和 $\delta^{15}$N 的营养级富集因子的均值和标准误，在难以获取准确的营养级富集因子的情况下可采用相关数据代替[26]。

表 2-2 鱼类各组织与其食源之间稳定碳、氮同位素的营养级富集因子

| 组织类型 Tissues | $\delta^{13}$C 营养级富集因子 Diet-tissue fractionation factors $\delta^{13}$C | | | | | $\delta^{15}$N 营养级富集因子 Diet-tissue fractionation factors $\delta^{15}$N | | | | |
|---|---|---|---|---|---|---|---|---|---|---|
| | 平均值 Mean | 标准差 SD | 标准误 SE | 置信区间 ci | 样本数 $N$ | 平均值 Mean | 标准差 SD | 标准误 SE | 置信区间 ci | 样本数 $N$ |
| 所有组织 All tissues | 1.77 | 0.96 | 0.15 | 0.31 | 40 | 2.52 | 1.54 | 0.23 | 0.46 | 46 |
| 肝脏 Liver | 0.77 | 0.86 | 0.32 | 0.79 | 7 | 1.61 | 1.13 | 0.34 | 0.76 | 11 |
| 肌肉 Muscle | 1.81 | 0.82 | 0.19 | 0.41 | 18 | 3.23 | 1.38 | 0.32 | 0.67 | 19 |
| 整体 Whole body | 2.19 | 0.85 | 0.22 | 0.47 | 15 | 2.30 | 1.64 | 0.41 | 0.87 | 16 |

### 2.2.2 同位素空间构建与检验

在运行模型之前，必须检查消费者稳定同位素数据是否绝大多数落入潜在营养来源确定的混合多边形中。尽管通过营养富集因子校正后的稳定同位素混合空间（图 2-3）可以初步进行判断，但是由于贝叶斯混合模型的数学性质，即使这些结果不成立，也会获得方程的解[5,27]。因此，必须检查消费者稳定同位素数据是否绝大多数落入多种营养来源确定的同位素混合空间中[28]。此外，同位素混合空间中营养来源和消费者同位素之间的共线性，以及不同营养来源之间的差异水平等情况，可能会导致产生统计上多种营养来源贡献的等效解决方案，也需尽量避免[5,27]。如果没有，那么必须考虑工作假设中存在一个问题：在测量过程中出现错误，或者在分析中忽略了消费者的重要来源。贝叶斯建模包含不确定性（本例中为均值和标准偏差），因此可以使用另一个贝叶斯建模工具来准确界定哪些样本属于混合多边形[28,29]。在此进一步模型分析中，应舍弃不属于混合多边形的消费者样本。

以湖泊浮游动物的稳定同位素研究为例，通过 TEF 校准，结合多元单因素方差分析，结果表明 3 种潜在食物来源表现出一种或一种以上的稳定同位素显著差异（$p<0.05$），且共线性特征不显著（图 2-3），适合进一步分析消费者的食物来源。

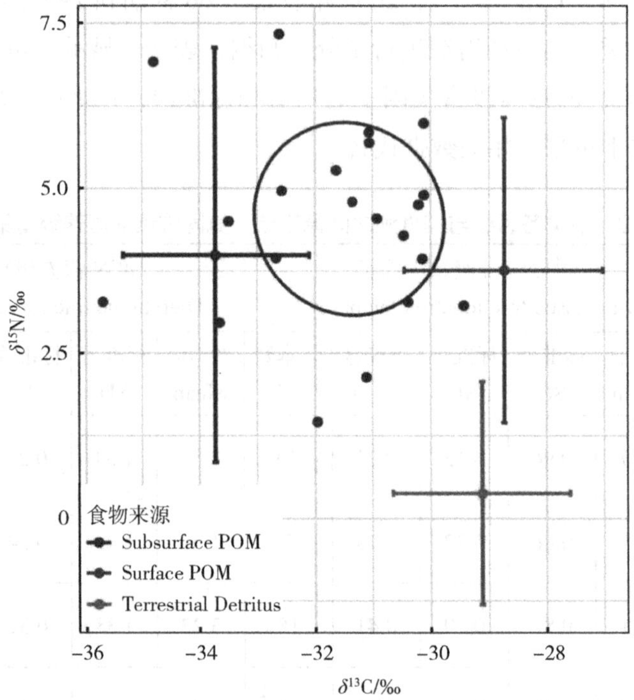


图 2-3 营养富集因子校正后的稳定同位素混合空间

如图 2-3 所示（等值线颜色深浅显示了概率轮廓），本书数据总体质量高。图 2-4（a）、图 2-4（b）、图 2-4（c）则显示了消费者浮游动物同位素值的变化将如何影响食物来源混合模型可以合理解决的概率[28]。多边形 5% 概率轮廓以外的浮游动物样品将不再用于混合模型构建，从图 2-4（b）中的示例中可以观察到此问题的实例，其中 3 个样本（7 号、19 号、21 号个体）位于指定的潜在源之外，模型结果证实了这一点［图 2-4（c）］，表示样本在多边形内只有低于 5% 的机会，因此模型解释程度低，在后续建模分析中予以剔除。图 2-4（d）、图 2-4（e）、图 2-4（f）则显示了消费者浮游动物同位素值的变化将如何影响营养来源混合模型低估风险的概率[29]，消费者浮游动物样品落入风险区的概率总体低于 50%，未出现高于 95% 概率的样本。

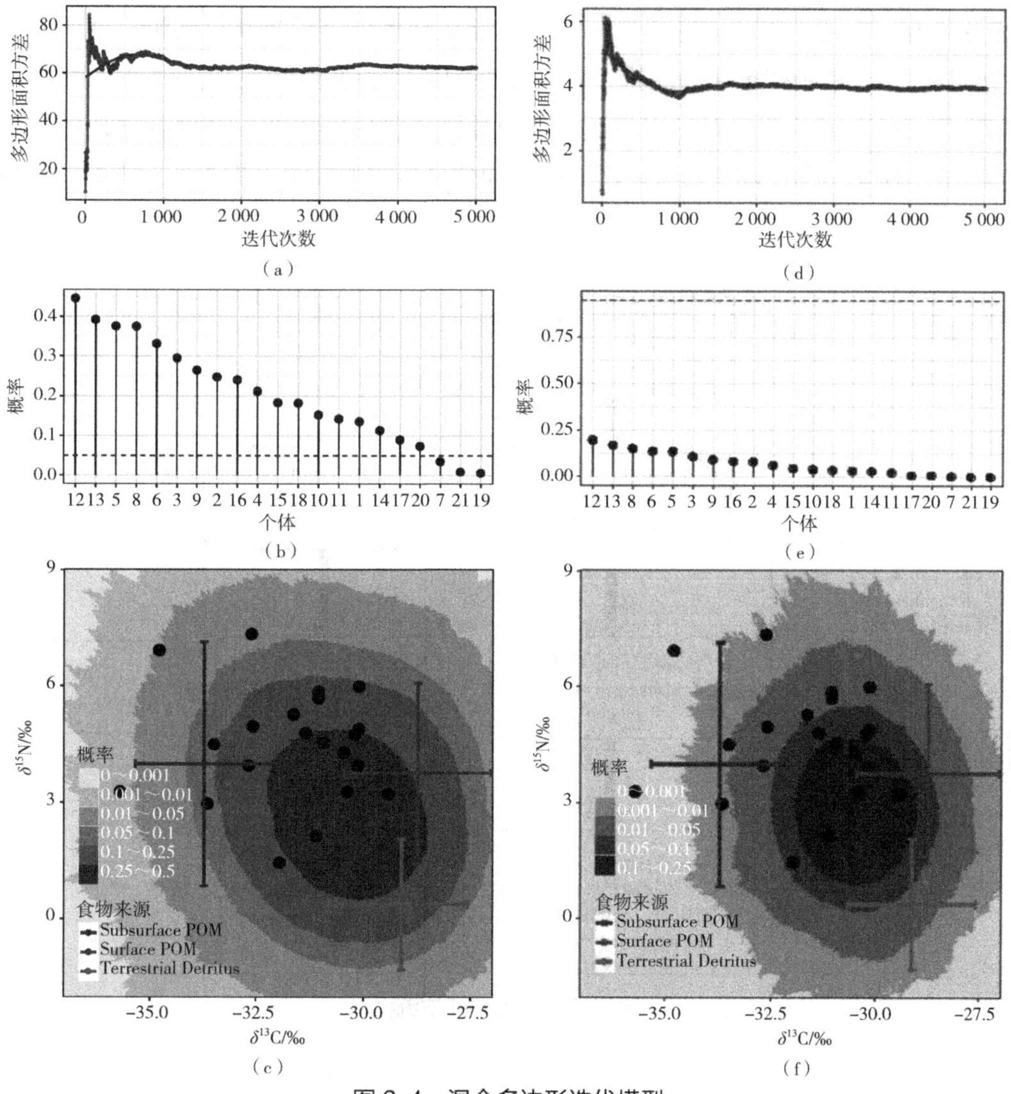


图 2-4　混合多边形迭代模型

需要强调的是，如果上述统计方法检验过程中发现较多的样本不适用于建模，则必须考虑研究假设中是否存在：①测量过程的错误；②消费者的重要食物来源被忽略；③营养富集因子使用不合理等问题[28]。

### 2.2.3 源合并

在利用稳定同位素混合模型量化食物来源对消费者的贡献过程中，一个常见的问题是来源过多，模型量化可信度下降。解决这一问题通常有两种方法：一种是通过先验信息，即对消费者摄食信息或生态系统中食物资源信息进行相似分类组合，以便简化科学问题，控制来源数量，提高模型量化的可信度，降低不确定性。合并的基本原则为来源聚类的同位素特征没有显著差异，且来源具有合理的关系，组合来源具有一定的生态功能意义[30]。另一种是先使用混合模型获得来源贡献的所有可能量化结果，根据每个来源的可能的贡献范围，对功能相关的食物来源组合的贡献进行概括，以此获得对研究问题有益的总体来源量化结果[31]。源合并评估流程如图 2-5 所示，由于湖泊浮游动物的稳定同位素研究的来源仅为 3 种，所以不对源合并进行讨论。

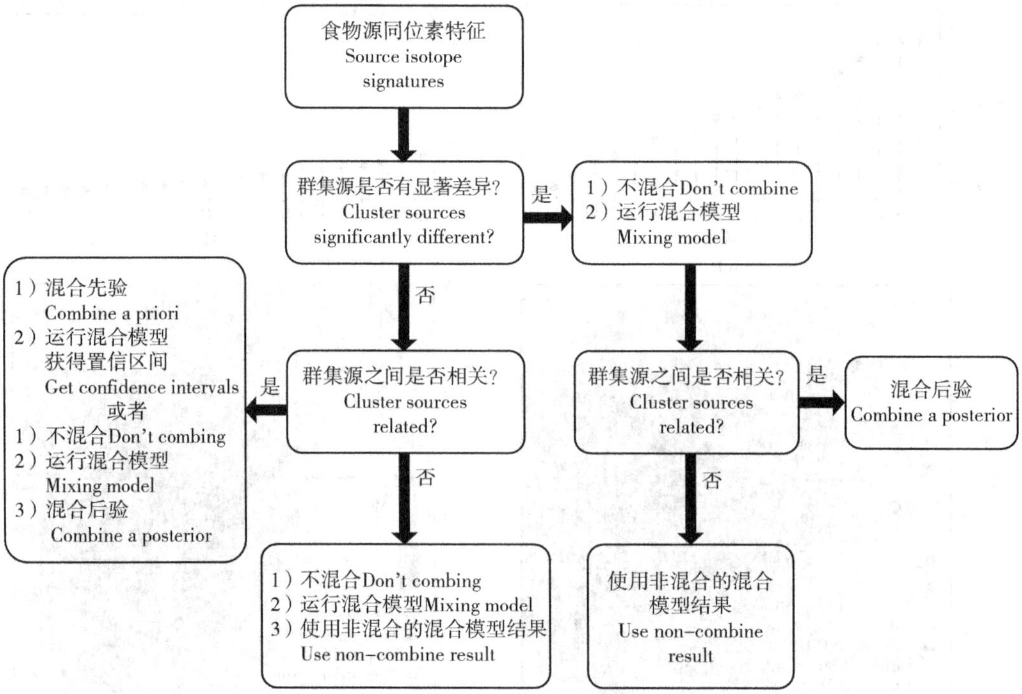


图 2-5 源合并评估流程

# 2.3 同位素混合模型

## 2.3.1 常用模型

利用稳定同位素质量平衡方程计算食物源的相对贡献比例的基本模型构成如下：

$$\delta X_{\text{sample}}=\sum_{i=1}^{n}\left[f_i\left(\delta X_{\text{source}i}+\Delta X'\right)\right],\sum_{i=1}^{n}f_i=1 \tag{2-1}$$

式中，$\delta X_{\text{sample}}$ 为消费者稳定同位素 $X$（如 $\delta^{13}C$ 或 $\delta^{15}N$）的相对含量；$f_i$ 为第 $i$ 个食源的贡献率；$\delta X_{\text{source}i}$ 为第 $i$ 个食源的稳定同位素 $X$ 的相对含量；$\Delta X'$ 为所测定的稳定同位素 $X$ 在食源与机体之间的营养级富集因子[32,33]。

从式（2-1）可知，测定样本和食源的 $n$ 种稳定同位素可以确定 $n$+1 种食源的贡献率。例如，将测定的样本和食源的 2 种稳定同位素值（$\delta^{13}C$ 和 $\delta^{15}N$）代入质量平衡方程可确定 3 种食源的贡献。此外，式（2-1）中引入的营养级富集因子 $\Delta X'$，成为获得食物来源比例的一个重要不确定性因素。

在大多数情况下，消费者营养来源重建需要面临更多食物源问题，即 $n$ 种同位素值和大于 $n$+1 种食物源，因此需要更为复杂的模型来计算每种食物源的贡献比例范围[34]。应用较多的一种模型为线性混合模型，它依据资源贡献范围（0～100%）内，各组合不同增量变化下，在较小可容忍范围内的潜在食物资源贡献的频率和范围[35]。混合模型只对食物来源和消费者适用均值同位素特征，并不直接考虑食物来源和消费者的变异性，包括采样和测量误差。

另一类发展较多的模型为贝叶斯混合模型（如 MixSIR、SIAR、MixSIAR）。它通过综合先验信息，整合不确定因素（如多种食物来源、富集因子、同位素比率多变性等），引入“取样－重要性－再取样”（sampling-importance-resampling，SIR）的运算法则进行食源贡献率的后验概率检验，提高了数据分析的精度[36,37]。

新的分析方法的出现，也导致了一些关于哪种方法最适合应用于稳定同位素数据的争论[38,39]。争论主要集中在哪种分析方法是“正确的”或“错误的”，但是，识别不同方法最适合的问题类型或许才是关键。同样，每种稳定同位素分析方法具有明显的优点和缺点，并且每一种方法都适合于特定的情况。

## 2.3.2 先验信息

当观测到的数据样本量或代表性有限时，贝叶斯模型提供了将观测到的数据与其他“先验”信息相结合的能力，即当有新数据可用时，会更新先前的估计值。

随着当前掌握的信息不断被更新，形成了科学的“学习周期”。尽管使用胃肠含物来评估营养来源有一定的局限性[40]，但是对摄食关系依然提供了重要的先验信息，此外，环境中食物源的丰度、生物量、消费者的摄食行为习性等均可作为重要的先验信息，以提高混合模型预测的准确性[41]。

但是贝叶斯混合模型有一个特点，如果先验信息误差较小，则混合模型的后验结果会反映先验信息的分布趋势和数据离散特点；如果先验信息误差较大，则导致混合模型的后验结果存在更多不确定性，逐渐接近没有先验信息模型的估算结果，分析的准确性也会下降[30]。因此，在开展此类研究前，需要投入大量的时间和精力进行数据收集和分析，了解哪些数据满足了前期的假定条件，这样才能保证分析的准确性。

本书展示了 3 个营养来源贡献的先验信息（图 2-6），包括默认先验（右侧）、信息先验（左侧），针对 3 种营养来源，包括表层悬浮颗粒物、下层悬浮颗粒物和陆源碎屑。默认先验的营养来源贡献由均值为 0、标准偏差为 1 的正态分布混合确定。信息先验是基于浮游动物的食性分析数据，3 种来源质量比例均值分别为 10%、80%、10%，依据上述方法获得营养来源边际贡献水平较大的分布特征。在进一步建模分析中，本书采用信息先验的情景来分析浮游动物数据集。

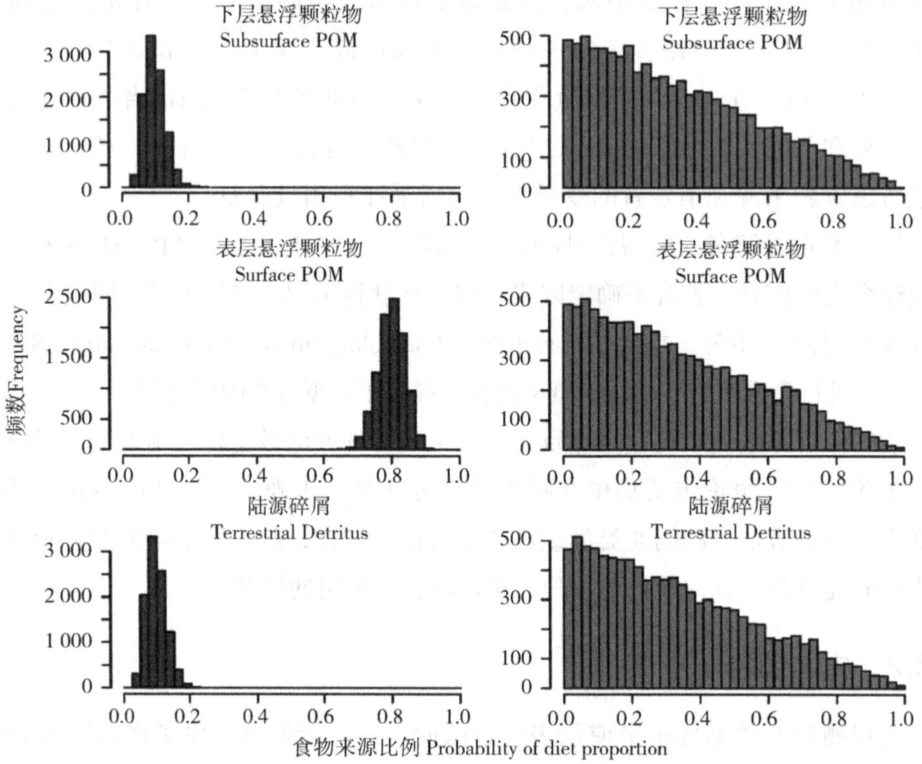


图 2-6　先验信息的不同情景

### 2.3.3 模型选择

本书使用 R 包 simmr[42] 来拟合所有的同位素贝叶斯混合模型（iter=50 000，burn=1 000，thin=10，n.chain=4），并使用 JAGS（just another gibbs sampler）从后验分布中提取样本。通过马氏链（markov chain，MCMC）轨迹图检验法、Geweke 检验法和 Gelman 检验法等多种方法诊断了马氏链的收敛性，进一步估计有关参数或者进行其他统计推断。

### 2.3.4 后验分布检验与分析

贝叶斯混合模型在输出结果中纳入了食物来源和消费者的变异性，以及采样和测量误差，其主要的统计数据是消费者营养来源的概率分布（图 2-7），而不是消费者同位素值的预测。为避免输出单一结果对真值造成误判，输出结果的报道必须为读者提供消费者营养源的概率分布，而不是单一的数值（如平均值或中位数），以包含实验过程中的不确定性。输出结果的可利用性与后验分布的收敛程度相关，收敛程度越大，数据分布越集中，其可信度也越高[36]。此外，在某些情况下，还应该提供后验分布的统计边界，贝叶斯混合模型可提供 95% 的置信区间。

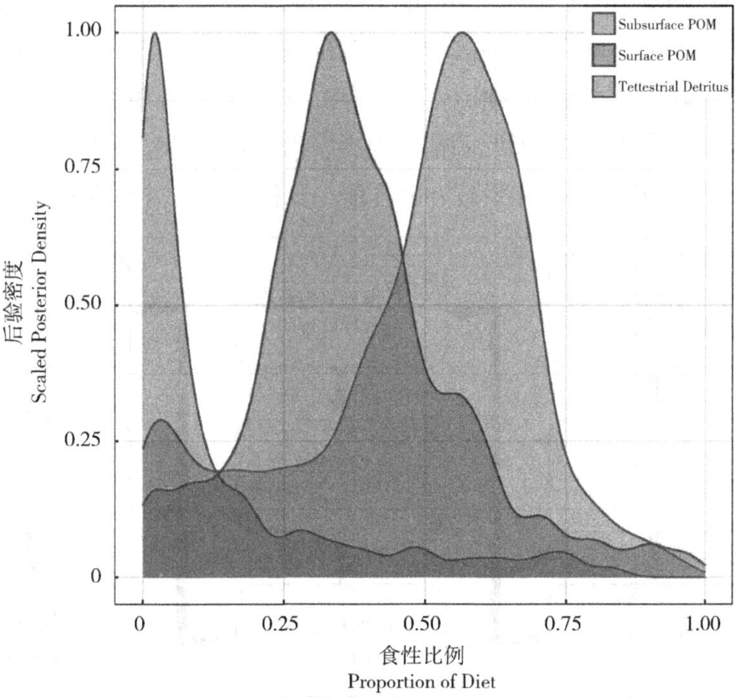


图 2-7 消费者营养来源贡献的后验信息

本书展示了基于贝叶斯混合模型的湖泊浮游动物摄食 3 种营养来源的后验分布，结果显示陆源碎屑的贡献率为小于 5%，证实了湖泊光热特征作用影响着浮游动物能量来源，并重新评估了陆源营养对水生消费者的贡献程度。

## 2.4 结论

通过以上案例，本书综述了消费者营养来源重建的过程，阐明了消费者营养来源重建过程中的诸多技术问题[27]。原始数据的规范化测试与简单的统计检验，为研究人员提供合理评估仪器分析的不确定性的途径，并且能够提高数据质量、剔除异常数据；同位素空间的分析，有助于检验数据质量是否符合建模需要；能够准确反映摄食关系的先验信息以及对后验分布的合理解读，不仅可以提高混合模型预测的准确性，而且能最大限度地追溯消费者的营养来源。

本书没有涉及解释同位素数据集中许多相关的其他类型的信息（如营养鉴别因子、同位素选择途径、组织周转率、脂质去除等），因为其他综述已经对此类问题进行了深入的讨论[43-50]。本书的目标是提供方法，概述目前用于回答有关消费者营养溯源问题的分析方法。无论是何种分析方式，稳定同位素数据只能间接反映能量和营养物质在食物网中的流动，并不能直接提供生物之间功能关系的明确信息。营养鉴别因子、食性先验信息、组织周转率等经验数据的获取依然需要大量的野外和室内的实验支撑[51]。此外，根据具体研究，在实践过程中，评价指标多种多样，且分别刻画了相对“真实模型”的信息损失。由于真实模型的未知性，这些评价只能反映现有模型构建过程中相对较好的性能，具体问题仍需具体分析。

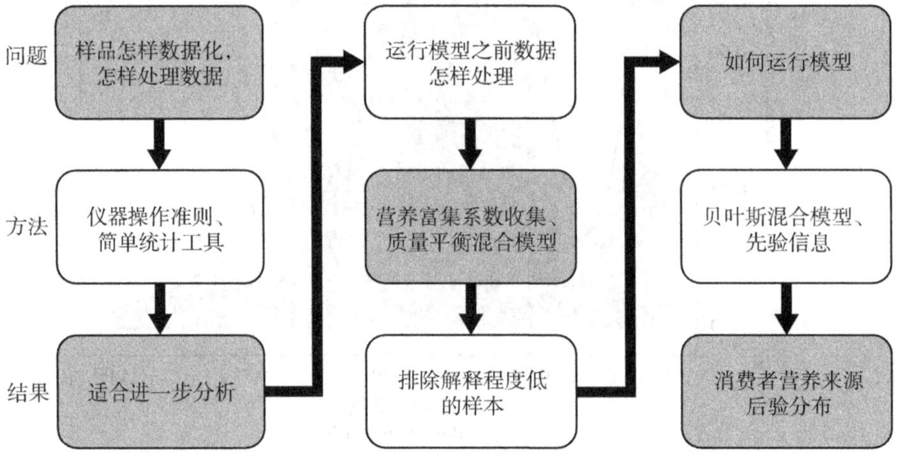


图 2-8 稳定同位素数据分析与营养来源重建流程

# 3 稳定同位素质量平衡混合模型的性能评估

稳定同位素技术是研究食物网生态学的重要技术手段[1-4]。与直接观察摄食或胃肠含物分析等技术手段相比，稳定同位素技术能反映较长时间尺度内消费者营养来源的整合特征[1,5]。基于稳定同位素质量平衡模型，稳定同位素技术可用于消费者营养溯源，即确定多种营养来源对消费者的贡献比重[6-8]。作为稳定同位素质量平衡模型的重要分支，贝叶斯混合模型考虑了营养来源的不确定性，并允许纳入协变量，所以近 10 多年来得到了广泛的应用[9]。通常使用贝叶斯混合模型来估计不同营养来源的贡献；此类模型在贝叶斯混合模型输出了每个营养来源对消费者贡献比例的概率分布特征[10]，因此，其假设之一就是营养来源对消费者贡献比重满足 0～100% 的条件。当引入某种营养来源进入模型时，就存在消费者确实依赖这种营养来源的先验假设；一个营养来源的贡献比例高，必然会降低其他营养来源的贡献比例，导致营养来源贡献比例不确定性增加[11]。因此，评估贝叶斯混合模型性能，就需要评价贝叶斯混合模型拟合结果的优劣，以及其与生态学理论和研究背景的匹配程度。

本章基于实测同位素数据集（蒙古鲌 *Culter mongolicus Basilewsky*），通过识别消费者营养功能类群特征、改变营养来源先验信息特征，构建系列贝叶斯模型；通过比较模型总体性能、实测值与预测值差异，以及先验信息和后验信息差异等多种模型性能评价方法，来描述模型性能评价的方法和过程，以此为应用稳定性同位素技术开展消费者营养溯源研究提供模型性能评估体系。

## 3.1 稳定同位素数据

### 3.1.1 鲌稳定同位素数据集

本书中蒙古鲌数据引自李斌等[12]。实验材料于 2010 年 7 月采自三峡库区腹地北岸支流小江。同位素样品在西南大学地理科学学院地球化学与同位素实验室（设备型号：Flash EA112HE DELT plus XP）完成测试，其分析精度 $\delta^{13}C<0.02‰$，$\delta^{15}N<0.03‰$。样品的收集、处理和保存方法如徐军等[13]所描述。

### 3.1.2 种群营养功能群

采用 K-means 聚类对消费者稳定同位素值进行聚类和种群营养功能群划分。K-means 聚类属于无监督学习聚类。基本原理是从 $n$ 个数据对象中任意选择 $k$ 个对象作为初始聚类中心点[14]；根据每个聚类对象的中心点，计算每个数据对象与这些中心点的距离；并根据最小距离重新对相应数据对象进行划分；重新计算每个聚类中心点，反复循环至每个聚类不再发生变化[14,15]。

较为常见的聚类效果评估方法是总体类内误差平方和（total within sum of the squared errors）评估［式（3-1）］，即肘部法则（Elbow Method）[14,15]。

$$\mathrm{SSE}=\sum_{I=1}^{k}\sum_{p\in C_i}|p-m_i|^2 \tag{3-1}$$

式中，SSE 是所有样本的聚类误差；$C_i$ 是第 $i$ 个簇；$p$ 是 $C_i$ 中的样本点；$m_i$ 是 $C_i$ 的质心（$C_i$ 中所有样本的均值）[14]。

随着聚类数 $k$ 的增大，总体类内误差平方和减小，SSE 随着分组增加而降低；在达到某个临界点时，SSE 得到极大改善，之后缓慢下降，形成一个“肘部”形状的关系；这个临界点附近的聚类数 $k$ 即可作为聚类性能较好的分组[14,15]。

本书分析表明，在对消费者蒙古鲌的稳定同位素值进行聚类过程中，发现在 $k$=4、5、6 时，SSE 值形成“手肘”形状关系；但是分组的增加所获得的 SSE 值下降的回报不高［图 3-1（a）］。结合湖泊生态学基本理论和消费者种群内营养功能群的特点[16-18]，本书设置了一个聚类 $k$ 值的选择条件，即某 $k$ 值（$k>1$）聚类所获得的 SSE 值与 $k$=1 时 SSE 值的比值小于 15% 时，则分组回报不足。基于这个聚类原则，对消费者蒙古鲌的稳定同位素值进行聚类，最佳聚类数选 3［图 3-1（a）］，分别代表鱼类食性（piscivorous）为主、浮游动物食性（planktivorous）为主和底栖动物食性（benthivorous）为主等食物网功能类型［图 3-1（b）］。对种群营养功能群的识别，既有助于减小消费者同位素变异所带来的不确定性，又有助于理解消费者在食物网中的功能[19,20]。

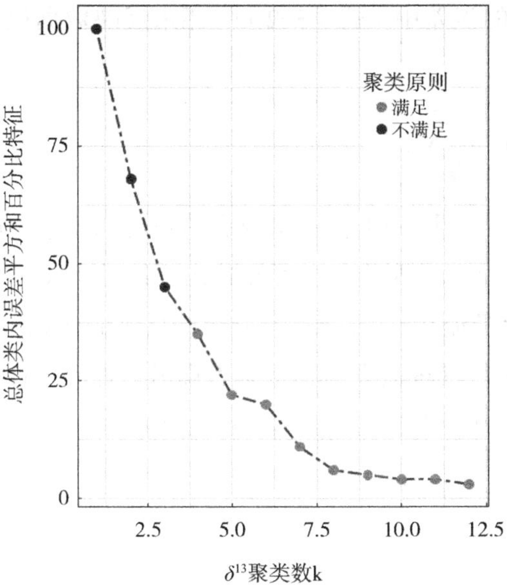


（a）K-means聚类与总体类内误差平方和百分比特征

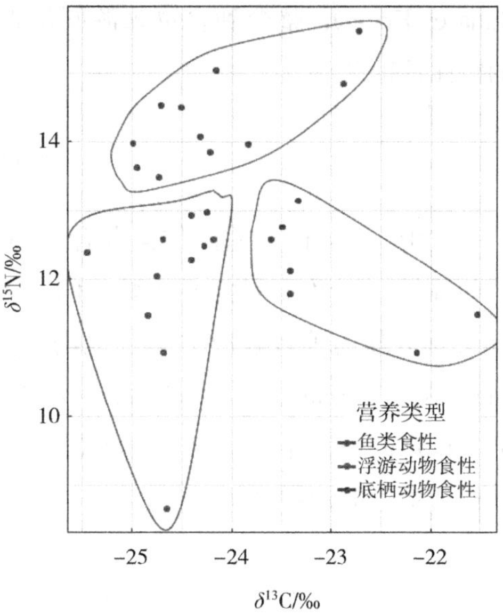


（b）鱼类食性为主、浮游动物食性为主和底栖动物食性为主的3个功能类型

**图 3-1 种群内营养功能群的确定**

### 3.1.3 营养富集因子与源矫正

构建贝叶斯混合模型的一个重要前提条件是消费者与营养来源间的同位素的差异[21,22]。这种差异由消化和代谢过程中同位素分馏引起，被称为营养富集因子（trophic enrichment factor，TEF，Δ），其定义为 $\Delta=\delta_{tissue}-\delta_{diet}$（$\delta$ 代表样品的同位素比值与标准物质的同位素比值之间的相对差异）[23]。由于 TEF 受到从生理到营养来源的多种因素影响，实际研究中多采用营养级富集因子的统计平均值（或多个统计平均值）进行分析，以获得最接近富集因子真实值的近似值，从而更好地估算该种类的食源组成[21,22]。例如，$\delta^{15}N$ 在相邻两个营养级间所产生的富集因子（$\Delta\delta^{15}N$）在 3‰～5‰[24]，而 $\delta^{13}C$ 在相邻营养级间富集因子（$\Delta\delta^{13}C$）为 0.4‰～1.0‰[25]。

本书中，消费者蒙古鲌是典型的肉食性消费者，本书使用 $\Delta\delta^{15}N$=3.4‰ ± 0.99‰ 和 $\Delta\delta^{13}C$=0.39‰ ± 1.14‰ 对营养来源的稳定碳氮同位素进行矫正，即 $\Delta+\delta_{diet}$[21,22]。结合蒙古鲌食性对食物来源进行整合，形成 4 类营养来源用于模型构建，包括浮游动物、底栖动物、浮游鱼类、底栖鱼类（图 3-2，食物来源 $\delta$ 值数据来自李斌等[12]的实测数据）。TEF 的不确定性（标准误差）通过统计平方公差法（Root-Sum-

Squares Error），整合到食物来源同位素的误差中［式（3-2）］，用来反映数据误差的整体特征[26]。

$$\mathrm{RSSE}=\sqrt{\sum_{i=1}^{n}\sigma^{2}} \tag{3-2}$$

式中，σ 为标准差同位素混合空间中（图 3-2）营养来源和消费者同位素之间的共线性，以及不同营养来源之间的差异水平等情况，可导致出现统计上多种营养来源贡献的等效解决方案，也需尽量避免[27]。结合多元方差分析（multivariate analysis of variance，MANOVA），结果表明 4 种潜在食物来源表现出一种或一种以上的稳定同位素显著差异（$P<0.05$），且共线性特征不显著（图 3-2），适合进一步分析消费者的食物来源。

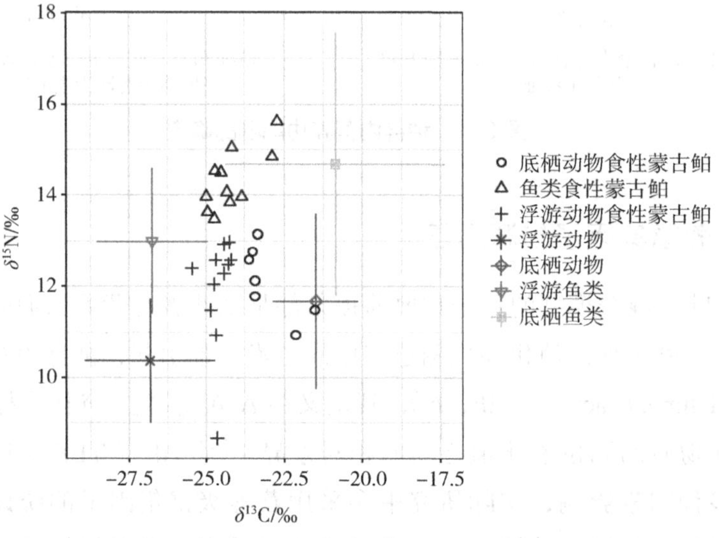


图 3-2　营养富集因子校正后的稳定同位素混合空间

## 3.1.4　建模数据质量检验

TEF 的选择以及源矫正的合理性，对稳定同位素质量平衡混合模型的结果影响很大[21]。混合模型的基本假设之一就是，消费者的稳定同位素必须属于多种食物来源稳定同位素所定义的同位素混合空间[9]。特别需要指出的是，本书案例中的贝叶斯混合模型，其数学性质是即使数据不符合稳定同位素混合的基本假设，也会获得方程的解[9,10]。因此，必须检查消费者稳定同位素数据是否绝大多数落入多种营养来源确定的同位素混合空间中[28]。

尽管通过营养富集因子校正后的稳定同位素混合空间（图 3-2）可以初步进行判断，但直观观察很难准确界定哪些样本属于混合多边形。由于贝叶斯建模包含不确定性（本例中为均值和标准偏差），需要借助一定的统计学方法来判断哪些消费者在模型求解过程中产生错误的风险较高。本书采取混合多边形迭代模拟的方法来判别数据落入混合多边形的可能性。基本方法是，基于 TEF 校正后的各种营养来源的同位素均值和标准偏差，迭代生成 10 000 次稳定同位素混合多边形；进一步计算消费者稳定同位素落入这些混合多边形的频次；消费者稳定同位素落在大于 0.05 可能性区域，为数据质量符合建模需要［图 3-3（a）～（c）］。

如前文所述，同位素混合空间中营养来源和消费者之间的共线性，可为营养来源贡献提供多种在统计上等效的解决方案[9,10]。引起这种不确定性的主要特点是，当消费者的稳定同位素处于营养来源所构成的同位素空间的中心区域时，模型无法确定营养来源比例。因此，当稳定同位素混合空间质心区域消费者样本过多时，共线性增加，稳定同位素混合空间模型求解不会收敛或预测值与观测值不能较好匹配[29]。本书采取混合多边形迭代模拟的方法来判别数据质量。基本方法是基于 TEF 校正后的各种营养来源的同位素均值和标准偏差，迭代生成 10 000 次高风险混合同位素空间（以质心为中心的 50% 不规则多边形面积内）[28,29]，进一步计算消费者同位素落入风险高的混合空间的次数；通过计算落入混合空间次数与迭代次数的比值，基于统计学频次计算落入高风险稳定同位素混合空间的概率，来检验数据建模的质量；消费者稳定同位素落在小于 0.95 可能性区域，为数据质量符合建模需要［图 3-3（d）～（f）］[28,29]。

如图 3-3 所示（等值线颜色深浅显示了概率轮廓），本书数据总体质量较高。图 3-3（a）～（c）则显示了消费者蒙古鲌同位素值的变化将如何影响营养来源混合模型合理求解的概率[28]。95% 概率轮廓内的消费者蒙古鲌样品可用于混合模型，也就是说，其中一个样本（16 号个体）位于营养来源之外，因此模型解释程度低，在后续建模分析中予以剔除。图 3-3（d）～（f）则显示了消费者蒙古鲌同位素值的变化将如何影响营养来源混合模型低估风险的概率[29]。消费者蒙古鲌样品落入风险区的概率总体低于 50%，未出现高于 95% 概率的样本。

需要强调的是，如果上述统计方法检验过程中发现较多的样本不适用于建模，则必须考虑研究假设中是否存在：①测量过程的错误；②消费者的重要食物来源被忽略；③营养富集因子使用不合理等问题。

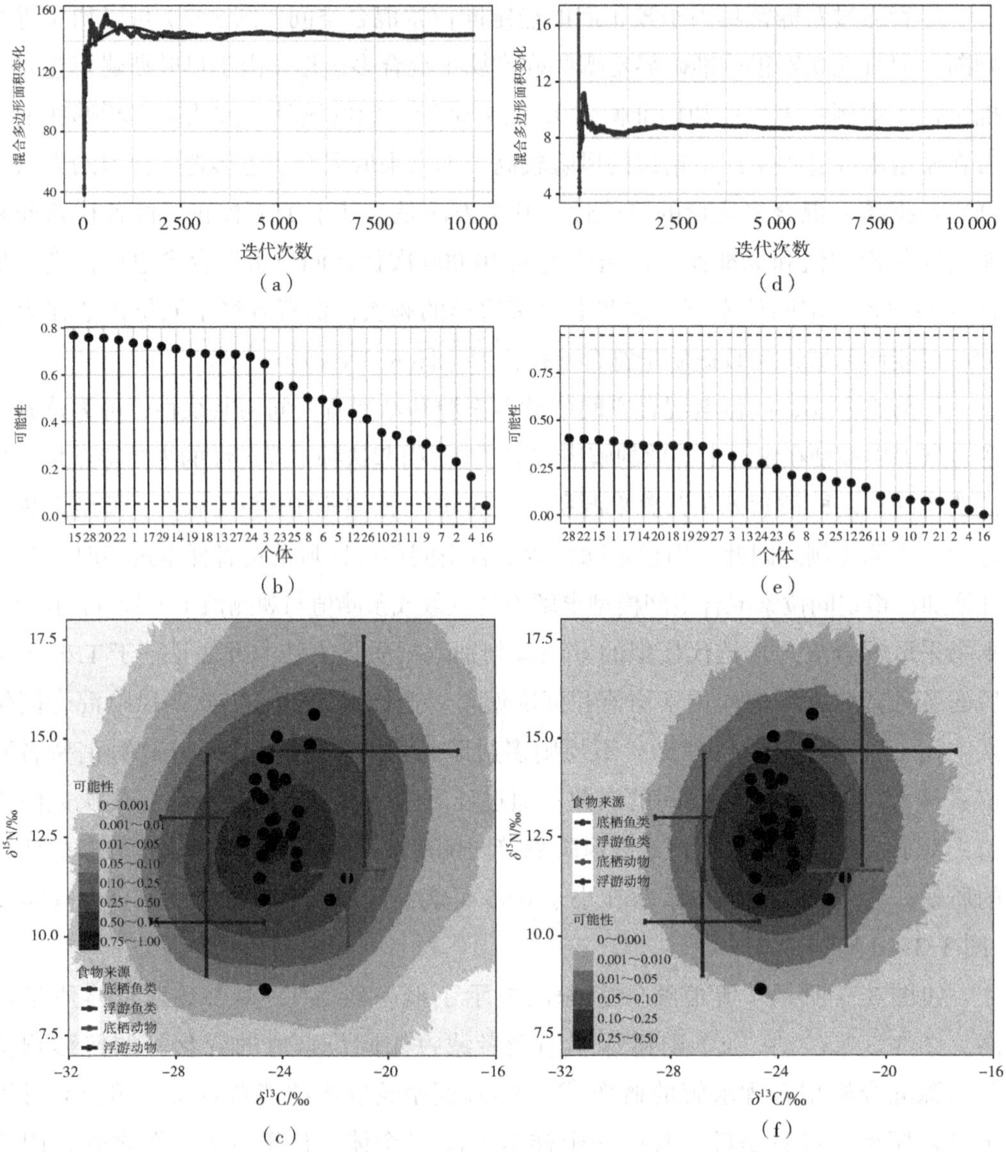


图 3-3　混合多边形迭代模拟

# 3.2　贝叶斯质量平衡混合模型

## 3.2.1　先验信息

“从先验信息中获益”（profiting from prior information）是贝叶斯建模中的一个常见想法[30,31]。因此，先验信息的确定是稳定同位素质量平衡混合模型的一个重要条件。为特定研究设计提供合理的信息先验是建立贝叶斯模型的最佳方案。因此，在开展研究前，需要投入大量的时间和精力进行数据收集和分析，了解哪些数据满足了前期的假定条件，提升进一步建模分析的准确性[32]。当观测样本量或代表性有限时，贝叶斯模型将观测值与先验信息相结合，提升模型预测的准确性。在消费者营养溯源研究中，尽管使用胃肠含物来评估营养来源具有一定的局限性[33]，但为同位素技术的研究提供了较好的先验信息，可以提高混合模型预测的准确性[34]。此外，环境中潜在食物来源丰度、生物量、消费者摄食行为习性等，均可作为重要的先验信息，以提高混合模型预测的准确性[34]。

本书展示了 3 个营养来源贡献的先验信息，包括默认先验（uninformative）、信息先验（informative）、高信息先验（informative with SD）（图 3-4）。针对 4 种营养来源，包括浮游动物、底栖动物、浮游鱼类、底栖鱼类，默认先验的营养来源贡献由均值为 0、标准偏差为 1 的正态分布混合确定，并进行中心化对数比转换（centralized logarithm ratio transformation）[35]，从而产生均值为 0.25 且营养来源边际贡献大的分布特征（SD≈0.2）。信息先验是基于蒙古鲌的食性分析数据，4 种来源质量比例均值分别为 16.7%、28.3%、20.6%、34.4%，依据上述方法获得营养来源边际贡献水平较大的分布特征（SD≈0.2）。高信息先验的情景则是在此基础上，结合食性数据变化的标准偏差特点，在均值不变的条件下，对所有营养来源使用了 SD≈0.06 的标准偏差（图 3-4）。在进一步建模分析中，本书采用高信息先验的情景来分析蒙古鲌数据集。

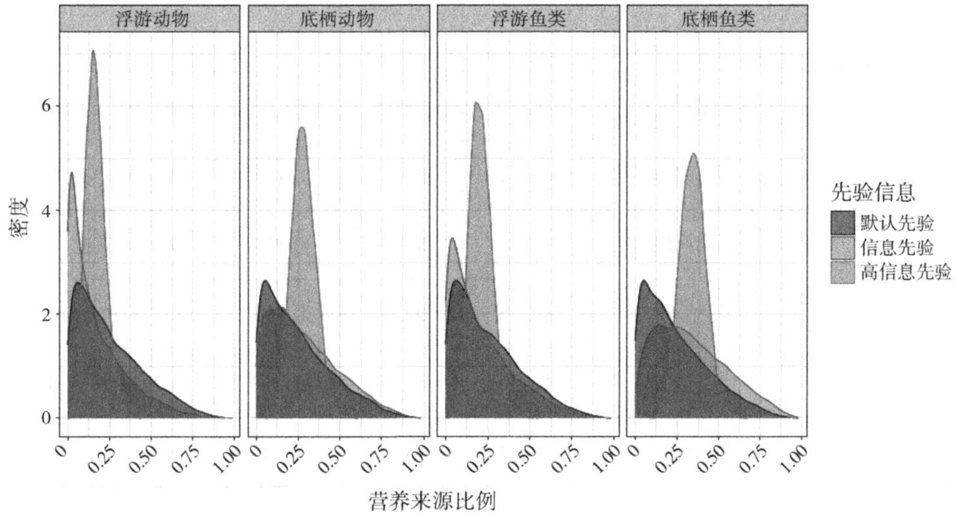


图 3-4 先验信息的不同情景

### 3.2.2 模型构建

本书使用R包simmr来拟合所有的同位素贝叶斯混合模型（iter=50 000，burn=1 000，thin=10，n. chain=4），并使用JAGS（just another gibbs sampler）从后验分布中提取样本。通过马氏链（markov chain，MCMC）轨迹图检验法、Geweke检验法和Gelman检验法等多种方法诊断了马氏链的收敛性，进一步估计有关参数或者进行其他统计推断。模型结果表明（表3-1），蒙古鲌鱼食性功能群的浮游饵料鱼的比重最高，其次为底栖饵料鱼；蒙古鲌浮游动物食性功能群的浮游动物和浮游饵料鱼的比重高；蒙古鲌底栖动物食性功能群的底栖动物能量贡献比例最高，结果整体符合预期。

表3-1　模型结果

| 营养类型 | 营养来源 | 均值 | 标准差 | 2.50% | 50.00% | 97.50% |
|---|---|---|---|---|---|---|
| 鱼类食性 | 浮游动物 | 0.237 | 0.038 | 0.168 | 0.235 | 0.314 |
| | 底栖动物 | 0.243 | 0.038 | 0.173 | 0.242 | 0.322 |
| | 浮游鱼类 | 0.268 | 0.041 | 0.192 | 0.267 | 0.352 |
| | 底栖鱼类 | 0.252 | 0.039 | 0.182 | 0.250 | 0.335 |
| 浮游动物食性 | 浮游动物 | 0.274 | 0.039 | 0.200 | 0.273 | 0.355 |
| | 底栖动物 | 0.244 | 0.035 | 0.178 | 0.243 | 0.315 |
| | 浮游鱼类 | 0.271 | 0.041 | 0.195 | 0.270 | 0.355 |
| | 底栖鱼类 | 0.211 | 0.031 | 0.155 | 0.210 | 0.277 |
| 底栖动物食性 | 浮游动物 | 0.242 | 0.038 | 0.173 | 0.240 | 0.322 |
| | 底栖动物 | 0.273 | 0.044 | 0.193 | 0.271 | 0.363 |
| | 浮游鱼类 | 0.233 | 0.037 | 0.167 | 0.231 | 0.311 |
| | 底栖鱼类 | 0.251 | 0.037 | 0.182 | 0.250 | 0.329 |

# 3.3 模型性能评价

## 3.3.1 整体性能

在模型选择阶段，常见指标为偏差信息量准则（deviance information criterion，DIC）。DIC 是等级模型化的赤池信息量准则（akaike information criterion，AIC），被广泛应用于由马尔可夫链蒙特卡洛（MCMC）模拟出的后验分布的贝叶斯模型选择问题[36]。和赤池信息量准则一样，偏差信息量准则是随样本容量增加的渐近近似，只应用于后验分布呈多元正态分布的情况[11,37]。一般而言，偏差信息量准则的值越小，模型越好。这一准则的优点是它很容易从马尔可夫链蒙特卡洛（MCMC）模拟产生的样本中计算出来[36]。在一组供选择的模型中，如果观测值样本数不同，可使用校准的 DIC（$DIC_{cor}$）进行比较［式（3-3）］[11,37]：

$$DIC_{cor} = \frac{n}{N}\bar{D} + p_D \quad (3\text{-}3)$$

式中，$N$ 表示每个模型的样本数；$n$ 为比较的模型中样本数最低的数据。

例如，本书中蒙古鲌鱼食性功能群、浮游动物食性功能群和底栖动物食性功能群的 3 个模型的样本数分别为 11、10、7；因此，计算 $DIC_{cor}$ 时，取值 $n$=7。由此模型整体性能评价结果表明（表 3-2），蒙古鲌鱼食性功能群、浮游动物食性功能群和底栖动物食性功能群的拟合总体较好（90% Coverage 均为 100%）。但 3 个模型比较来看，鱼食性功能群的拟合模型性能相对较差（DIC 和 $DIC_{cor}$ 最高）。需要特别指出的是，在一组供选择的模型中，最优化的模型的选择都是具有相对性的，并不是说所选择的模型就一定足够精确。

表 3-2 模型整体性能评价

| 营养类型 | DIC | $DIC_{cor}$ | $p_D$ | 90% Coverage | $N$ |
|---|---|---|---|---|---|
| 鱼类食性 | 80.12 | 49.18 | 2.83 | 100 | 11 |
| 浮游动物食性 | 44.43 | 28.39 | 3.87 | 100 | 10 |
| 底栖动物食性 | 44.43 | 41.44 | 2.99 | 100 | 7 |

表 3-3 为基于预测值与测量值的模型评价方法。

表 3-3 基于预测值与测量值的模型评价方法

| 名称 | 全称 | 缩写 | 公式 | 性质 | 含义 | 参考文献 |
|---|---|---|---|---|---|---|
| 最小预测误差 | Minimum error | MinE | $\mathrm{MinE}=\min\left(\hat{y}_i-y_i\right)$ | $(-\infty,+\infty)$ | 预测值与真实值之间的最小偏差 | [38] |
| 最大预测误差 | Maximum error | MaxE | $\mathrm{MaxE}=\max\left(\hat{y}_i-y_i\right)$ | $(-\infty,+\infty)$ | 预测值与真实值之间的最大偏差 | [38] |
| 均方误差 | Mean squared error | MSE | $\mathrm{MSE}=\frac{1}{n}\sum_{i=1}^{n}\left(\hat{y}_i-y_i\right)^2$ | $[0,+\infty)$ | 衡量的是预测值与真实值之间的偏差，并且对数据中的异常值较为敏感。预测值与真实值完全吻合时等于0；误差越大，该值越大 | [39] |
| 根均方误差 | Root mean square error | RMSE | $\mathrm{RMSE}=\sqrt{\frac{1}{n}\sum_{i=1}^{n}\left(\hat{y}_i-y_i\right)^2}$ | $[0,+\infty)$ | 同上。数量级上比MSE直观，与观测值一致 | [39] |
| 标准根均方误差 | Normalized root mean square error | NRMSE | $\mathrm{NRMSE}=\frac{\sqrt{\frac{1}{n}\sum_{i=1}^{n}\left(\hat{y}_i-y_i\right)^2}}{\max\left(y_i\right)-\min\left(y_i\right)}$ | $[0,1]$ | 同上。可用于比较不同尺度观测值直接对模型预测的效果 | [39] |
| 平均绝对误差 | Mean absolute error | MAE | $\mathrm{MAE}=\frac{1}{n}\sum_{i=1}^{n}\left\lvert\hat{y}_i-y_i\right\rvert$ | $[0,+\infty)$ | 同上。更好地反映预测值误差的实际情况 | [39] |

续表

| 名称 | 全称 | 缩写 | 公式 | 性质 | 含义 | 参考文献 |
|---|---|---|---|---|---|---|
| 平均绝对百分比误差 | Mean absolute percentage error | MAPE | $\mathrm{MAPE}=\frac{100\%}{n}\sum_{i=1}^{n}\left\|\frac{\hat{y}_i-y_i}{y_i}\right\|$ | $[0,+\infty)$ | 预测值与真实值完全吻合时等于0%，大于100%则表示劣质模型。分母部分为0时，不可用 | [39] |
| 对称平均绝对百分比误差 | Symmetric mean absolute percentage error | SMAPE | $\mathrm{SMAPE}=\frac{100\%}{n}\sum_{i=1}^{n}\frac{\|\hat{y}_i-y_i\|}{(\|\hat{y}_i\|-\|y_i\|)/2}$ | $[0,+\infty)$ | 同上 | [39] |
| 预测优度 | Goodness of prediction | $G$ | $G=1-[\sum_{i=1}^{n}(\hat{y}_i-y_i)^2/\sum_{i=1}^{n}(y_i-\bar{y})^2]$ | $[0,1]$ | $G$ 值为1表示理想的预测。$G$ 值越接近1，模型的可靠性越高。$G$ 值为负表示该模型不太可靠 | [40] |
| $R$ 值 | $R$ | $R$ | $R=\sum_{j=1}^{\delta_X}\sum_{i=1}^{n}(\frac{\hat{y}_{i,j}}{y_{i,j}}-1)^2$ | $[0,+\infty)$ | 预测值与真实值完全吻合时等于0；误差越大，该值越大 | [40] |

### 3.3.2 预测值与观测值

在针对消费者营养来源的研究中，模型性能核心是指营养来源比例在不同方法下的预测效果，但是实践中很难获得消费者营养来源贡献的合理观测值。因此，通过评估消费者同位素的观测值（$y$）与预测值（$\hat{y}$）之间的匹配程度，可以间接评估不同食物来源比例的预测效果[41]。消费者稳定同位素预测值（$\hat{y}$）可通过模型中各种营养来源贡献比例和营养来源的稳定同位素来计算获得［式（3-4）］[42]：

$$\hat{y}=\sum_{n=1}^{k} f_n \delta_X \tag{3-4}$$

式中，$n$ 为消费者使用的第 $n$ 种食物来源，$k$ 为食物来源的数量（本书中 $k$=4）；$f$ 为通过食物来源分配方法预测的食物来源对消费者的比例贡献；$\delta_X$ 为食物来源中测得的同位素组成。

结合模型的特点，通常计算一个或多个基于预测值与测量值的指标来进行评价。例如，根均方误差（RMSE）总结了测得值和预测值之间的平均差异，用来评估预测值的准确程度；较低的 RMSE 值表明该模型具有较小的误差和更准确的预测结果。预测优度（$G$）统计数据也用于衡量模型的有效性。$G$ 值为 1 表示理想的预测。$G$ 值越接近 1，模型的可靠性越高。$G$ 值为负表示该模型不太可靠。

衡量模型的拟合程度（模型质量好坏），没有固定的标准。例如，MAE 和 RMSE 一样，衡量的是真实值与预测值的偏离的绝对大小情况，需要结合真实值的量纲才能判断差异；而 MAPE 衡量的是偏离的相对大小（百分率）。相对来说，MAE 和 MAPE 不容易受极端值的影响；而 MSE 和 RMSE 采用误差的平方，会放大预测误差，所以对离群数据更敏感。MAPE 使用百分率来衡量偏离的大小，容易理解和解读。而 MAE、RMSE 需要结合真实值的量纲才能判断差异。

本书的模型评价结果表明（表 3-4），蒙古鲌鱼食性功能群、浮游动物食性功能群和底栖动物食性功能群的拟合总体较好（$G>0.8$），但 3 个模型比较来看，鱼食性功能群的拟合模型性能相对较差。不管用哪个指标，评估模型的好坏都不能够脱离具体的应用场景和具体的数据集。单纯地评判哪个模型好坏，基本上是没有意义的。

表 3-5 为主要信息理论度量与统计。

表 3-4 模型预测值与观测值差异评价

| 营养类型 | MaxE | MinE | MSE | RMSE | NRMSE | MAE | MAPE | SMAPE | Goodness-of-fit | $R$ |
|---|---|---|---|---|---|---|---|---|---|---|
| 鱼类食性 | 1.195 | −3.089 | 2.160 | 1.470 | 0.036 | 1.273 | 127.3 | 8.216 | 0.994 | 0.198 |
| 浮游动物食性 | 1.603 | −0.492 | 0.547 | 0.740 | 0.019 | 0.594 | 59.4 | 3.377 | 0.998 | 0.043 |
| 底栖动物食性 | 1.602 | −2.261 | 0.938 | 0.969 | 0.026 | 0.732 | 73.2 | 4.513 | 0.997 | 0.055 |

表 3-5 主要信息理论度量与统计

| 名称 | 全称 | 缩写 | 公式 | 含义 | 参考文献 |
|---|---|---|---|---|---|
| 信息熵 | Shannon Entropy 或 Information Entropy | $H(X)$ | $H(X)=-\sum_{x}p(x)\log p(x)=-\sum_{i=1}^{n}p(x_i)\log p(x_i)$ | 是一个事件总的信息量，是每一种可能的情况的信息量乘以它们发生的概率，即所有可能发生事件所带来的信息量的期望 | [43,44] |
| 联合熵 | Joint Entropy | $H(X,Y)$ | $H(X,Y)=-\sum_{x,y}p(x,y)\log p(x,y)=-\sum_{i=1}^{n}\sum_{j=1}^{m}p(x_i,y_i)\log p(x_i,y_i)$ | 同上，拓展至多维分布。$H(X)$ 和 $H(Y)$ 的并集是联合熵 $H(X,Y)$ | [43] |
| 条件熵 | Conditional Entropy | $H(Y\|X)$ | $H(Y\mid X)=H(X,Y)-H(X)$ | 描述 $X$ 和 $Y$ 所需的信息是描述 $X$ 自己所需的信息，加上给定 $X$ 的条件下具体化 $Y$ 所需的额外信息 | [43] |

续表

| 名称 | 全称 | 缩写 | 公式 | 含义 | 参考文献 |
|---|---|---|---|---|---|
| 互信息 | Mutual Information | $I(X,Y)$ | $I(X,Y)=H(X)-H(X\mid Y)$<br>$=H(Y)-H(Y\mid X)$<br>$=H(X)+H(Y)-H(Y\mid X)$<br>$=H(X,Y)-H(X\mid Y)-H(Y\mid X)$ | 亦称为转移信息（transinformation），是两个随机变量间相互依赖性的量度。$H(X)$ 和 $H(Y)$ 的交集是互信息 $I(X, Y)$ | [43] |
| 交叉熵 | Cross Entropy | $H_{cross}$ | $H_{cross}(p,q)=\sum_x p(x)\log\frac{1}{q(x)}=-\sum_x p(x)\log q(x)$<br>$D_{KL}(p\parallel q)=-H(p)+H_{cross}(p,q)=H_{cross}(p,q)-H(p)$ | 交叉熵用来衡量在给定 $X$ 下，使用 $Y$ 策略消除系统的不确定性所需要付出成本的大小。值越小，两个概率分布就越接近 | [43] |
| 相对熵－*KL* 散度 | Kullback–Leibler divergence，KLD | $D_{KL}$ | $D_{KL}(p\parallel q)=\sum_x p(x)\log\frac{p(x)}{q(x)}=E_{p(x)}\log\frac{p(x)}{q(x)}$<br>$D_{KL}(p\parallel q)=H_{cross}(p,q)-H(p)$ | 衡量两个概率分布之间的差异“距离”，反映了用分布 $q$ 的最佳信息传递方式来传达分布 $p$，比用分布 $p$ 自己的最佳信息传递方式来传达分布 $p$，平均多耗费的信息长度。*KL* 散度是用于衡量分布之间的差异程度的，又称信息增益（information gain） | [43] |
| 相对熵－*JS* 散度 | Jensen–Shannon divergence | $D_{JS}$ | $D_{JS}(p\parallel q)=\frac{1}{2}DKL\left(p\parallel\frac{p+q}{2}\right)+\frac{1}{2}D_{KL}\left(q\parallel\frac{p+q}{2}\right)$ | *KL* 散度的缺点是它不是距离、不对称。因此引入 *JS* 散度的概念，是 *KL* 散度的变形。*JS* 散度是对称且非负的，$JSD(P\parallel Q)=JSD(Q\parallel P)$。$JSD=0$，if and only if $P=Q$ | [43] |
| 相对熵－*GJS* 散度 | Generalized Jensen–Shannon Divergence | $D_{GJS}$ | $GJSD_{\pi1,\cdots,\pi n}(P_1,\cdots,P_n)=H\left(\sum_{i=1}^{n}\pi_i\times P_i\right)-\sum_{i=1}^{n}\pi_i\times H(P_i)$ | 同上，拓展至多维分布 | [43] |

表 3-6 概率分布相似度评价的几种距离法

| 全称 | 缩写 | 公式 | 含义 | 参考文献 |
| --- | --- | --- | --- | --- |
| 海灵格距离 Hellinger distance | HD | $H^2(P,Q)=\frac{1}{2}\int\left(\sqrt{\mathrm{dP}}-\sqrt{\mathrm{dQ}}\right)^2$ | 海灵格距离计算先验和后验之间的无单位差。这样做，它获得了一些可解释性，因为它的最大值是 1。海灵格距离对于确定准确描述摄食者食性组成所需的样本量非常有用 | [45] |
| 最大平均差异 Maximum mean discrepancy | MMD | $\mathrm{MMD}[\mathcal{F},X,Y]=\left[\frac{1}{m^2}\sum_{i,j=1}^{m}k\left(x_i,x_j\right)-\frac{2}{mn}\sum_{i,j=1}^{m,n}k\left(x_i,y_j\right)+\frac{1}{n^2}\sum_{i,j=1}^{n}k\left(y_i,y_j\right)\right]^{\frac{1}{2}}$ | 基于两个分布的样本，通过寻找在样本空间上的映射函数 $K$，求不同分布的样本在 $K$ 上的函数值的均值，通过把两个均值作差可以得到两个分布对应于 $K$ 的平均偏差。寻找一个 $K$ 使这个 mean discrepancy 有最大值，就得到了 MMD。最后取 MMD 作为检验统计量（test statistic），从而判断两个分布是否相同。如果这个值足够小，就认为两个分布相同，否则就认为它们不相同。更加简单的理解就是求两堆数据在高维空间中的均值的距离 | [46] |
| 瓦瑟斯坦距离 Wasserstein distance | WD | $W_p(\mu,\nu)=\left(\inf_{\gamma\in\Gamma(\mu,\nu)}\int_{\mathcal{X}\times\mathcal{X}}\lVert x-y\rVert^p\,\mathrm{d}\gamma(x,y)\right)^{1/p}$ | 衡量了把数据从分布 $\mu$ “移动成”分布 $\nu$ 时所需要移动的平均距离的最小值，不仅给出了距离的度量，而且给出了如何把一个分布变换为另一分布的转移方案 | [47] |

### 3.3.3 先验信息与后验信息

贝叶斯混合模型的主要统计数据是消费者营养来源的概率分布，而不是消费者同位素值的预测，因此，评估混合模型对消费者营养来源贡献估计的后验信息极其受先验信息的影响（图 3-5）。后验信息与先验信息的本质是营养贡献量的概率分布，因此可通过信息理论的相关概念和方法进行评价。

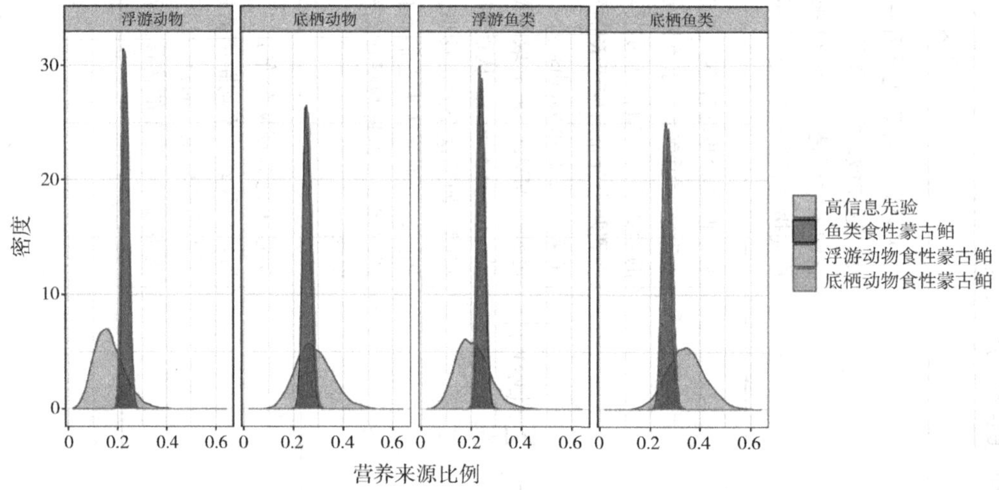


**图 3-5　消费者不同营养功能群营养来源贡献的先验信息与后验信息**

信息量用来度量一个信息的多少，而信息熵（shannon entropy）用来描述一个来源信息的不确定度，也是信息来源的信息量期望[44]。基于信息理论的方法，可以衡量不同营养来源概率分布之间的先验信息与后验信息的异同。进一步可评估营养来源数据的改变、消费者功能群的改变、营养来源强度的改变等对消费者营养来源信息确定和解释的影响。例如，相对熵可以衡量先验信息与后验信息之间的距离，当先验信息与后验信息分布相同时，它们的相对熵为 0[43]。在混合模型中，先验信息通常较后验信息丰富，因此当计算 *KL* 散度（kullback–leibler divergence）时，可获得比最大熵更高的信息增益，即后验与先验信息相差很大时，就会出现较高的值[43]，而信息熵代表了信息增益的有限上界。*KL* 散度（信息增益）增高由后验信息与先验信息不同的均值和置信区间的差异变大决定（后验信息不支持先验信息或者后验信息强烈支持先验信息但置信区间较窄），因此需结合分布信息图一同解释（图 3-5）。

本书依据主要信息理论度量与统计方法，评估了鲌贝叶斯混合模型的先验信息和后验信息结果，先验信息和后验信息不同的信息熵值、不为 0 的相对熵值以及较大的交叉熵值表明鲍贝叶斯混合模型的先验信息和后验信息存在一定程度的差异。首先，估计每个信息源的边际（marginal）贡献所占的比例，以反映文献中混合模型是如何解释的（例如，大多数混合模型程序的输出包括边际均值和可信度区间）。营养来源 1% 水平贡献信息测量应在 0.01 的离散区间内计算。其次，通过所有来源贡献的联合后验分布计算，说明了关于来源相互间有条件依赖的信息增益，如食性组成权衡，以及边际贡献的变化。通过比较食性组成贡献的先验分布和后验分布的样本来计算总体测量值，并使用等轴测对数比（the isometric logratio transformation）进行转换 [48]。等轴测对数比率将比转换为变量，这些变量根据多元正态分布近似分布，能够使用两个多元正态分布散度的分析方程来计算信息增益。从概念上来说，可以把等轴测对数比变换看作将食性组成比例延伸到一个可能有无限边界的坐标空间。等长对数比变换意味着 *KL* 散度可以无限增加，食性组成比例的变化非常小。因此，在 $\log_2$ 尺度上用 *KL* 散度来表示信息增益 [11,37]。

此外，度量两个概率分布之间的距离，还有一些其他通用的散度指标可供参考。例如，海灵格距离（hellinger distance）[49] 可量化先验分布和后验分布之间差异。如果先验分布和后验分布在其参数空间中具有相同的密度，则为 0。如果一个分布在任何地方都是零密度，而另一个分布是正密度，那么为 1[45]。

表 3-7 为先验信息与后验信息的信息理论统计结果。

**表 3-7　先验信息与后验信息的信息理论统计结果**

| 信息理论 | | 食物来源 | 先验信息 | 鱼类食性 | 浮游动物食性 | 底栖动物食性 |
|---|---|---|---|---|---|---|
| 信息熵 | Shannon Entropy | 浮游动物 | 12.862 053 62 | 14.256 445 4 | 14.256 449 7 | 14.256 390 5 |
| | | 底栖动物 | 12.852 365 19 | 14.256 033 9 | 14.256 126 7 | 14.256 008 7 |
| | | 浮游鱼类 | 12.849 687 62 | 14.256 220 4 | 14.256 204 9 | 14.256 220 1 |
| | | 底栖鱼类 | 12.856 817 23 | 14.256 003 2 | 14.255 969 7 | 14.256 062 4 |
| 相对熵 -*KL* 散度 | Kullback-Leibler Divergence | 浮游动物 | — | −0.179 599 3 | −0.178 956 8 | −0.178 654 4 |
| | | 底栖动物 | — | −0.164 205 7 | −0.164 242 1 | −0.163 988 3 |
| | | 浮游鱼类 | — | −0.165 472 1 | −0.165 074 2 | −0.165 455 7 |
| | | 底栖鱼类 | — | −0.168 298 9 | −0.168 071 7 | −0.167 703 1 |
| 相对熵 -*JS* 散度 | Jensen-Shannon Divergence | 浮游动物 | — | 0.138 704 1 | 0.139 145 7 | 0.139 017 4 |
| | | 底栖动物 | — | 0.140 980 1 | 0.141 042 5 | 0.141 202 6 |
| | | 浮游鱼类 | — | 0.141 287 1 | 0.141 212 | 0.141 259 7 |
| | | 底栖鱼类 | — | 0.140 029 1 | 0.140 179 | 0.139 977 7 |

续表

| 信息理论 | | 食物来源 | 先验信息 | 鱼类食性 | 浮游动物食性 | 底栖动物食性 |
|---|---|---|---|---|---|---|
| 相对熵 – *GJS* 散度 | Generalized Jensen-Shannon Divergence | 浮游动物 | — | 0.138 704 1 | 0.139 145 7 | 0.139 017 4 |
| | | 底栖动物 | — | 0.140 980 1 | 0.141 042 5 | 0.141 202 6 |
| | | 浮游鱼类 | — | 0.141 287 1 | 0.141 212 | 0.141 259 7 |
| | | 底栖鱼类 | — | 0.140 029 1 | 0.140 179 | 0.139 977 7 |
| 交叉熵 | Cross Entropy | 浮游动物 | — | 12.682 454 3 | 12.683 096 9 | 12.683 399 2 |
| | | 底栖动物 | — | 12.688 159 5 | 12.688 123 1 | 12.688 376 9 |
| | | 浮游鱼类 | — | 12.684 215 5 | 12.684 613 4 | 12.684 231 9 |
| | | 底栖鱼类 | — | 12.688 518 4 | 12.688 745 5 | 12.689 114 1 |
| 互信息 | Mutual Information | 浮游动物 | — | 12.862 053 6 | 12.862 053 6 | 12.862 053 6 |
| | | 底栖动物 | — | 12.852 365 2 | 12.852 365 2 | 12.852 365 2 |
| | | 浮游鱼类 | — | 12.849 687 6 | 12.849 687 6 | 12.849 687 6 |
| | | 底栖鱼类 | — | 12.856 817 2 | 12.856 817 2 | 12.856 817 2 |

## 3.4 结论

本章综述了在拟合和评估贝叶斯混合模型时遵循的最佳实践（图 3-6），以及如何直接避免同位素构建消费者营养溯源分析中的诸多技术问题 [9]。种群营养功能群的识别，有助于减少消费者同位素变异所带来的不确定性 [19,20]；营养来源矫正可以避免营养来源和消费者同位素之间的共线性，以及不同营养来源之间的差异水平等情况 [27]；数据质量检验可以帮助剔除异常数据、提高数据总体质量以及检验数据质量是否符合建模需要 [28,29]。动态的生态系统与消费者相对快速的能量需求调整，可以强烈地影响食物网结构与功能 [50]。因此，在开展食物网研究前，需要投入大量的时间和精力进行数据收集和分析，了解野外调查过程中哪些数据满足了前期的假定条件，以确保建模分析的准确性 [32]。在尝试数据建模之前，必须考虑环境中潜在食物来源的丰度、生物量、消费者的摄食行为习性、胃肠含物等重要的先验信息 [33]。完整重现模型选择和模型评价的过程，是建模、训练、验证、评价的必要条件。模型选择是根据一组不同复杂度的模型表现，从中挑选最好的模型；模型评价则是在选择模型后，评价其预测误差 [11,37]。根据具体研究，在实践过程中评价指标多种多样，且分别刻画了相对“真实模型”的信息损失。由于真实模型的未知性，这些评价仅反映现有模型构建过程中相对较好的性能，所以具体问题仍需具体分析。

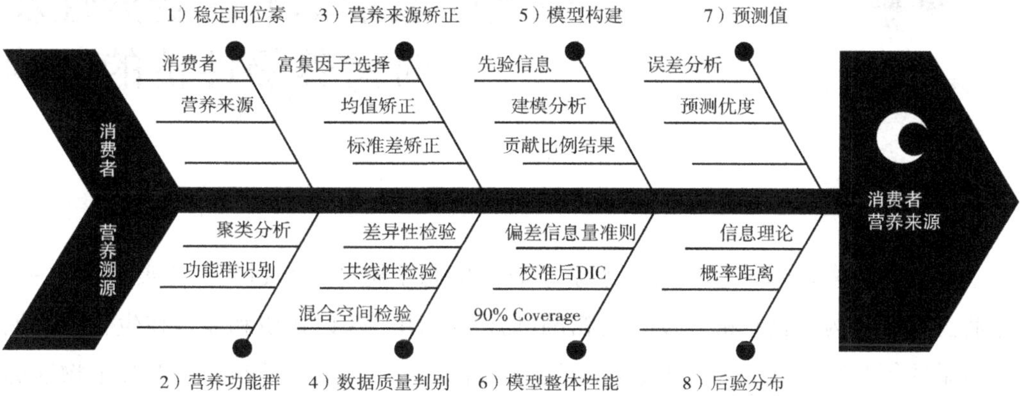

图 3-6　模型构建与性能评估流程

通过侧重于模型预测摄食者同位素值能力的评估方法，可以判断模型的拟合质量。此外，鉴于贝叶斯模型的特点，即如果先验信息误差较低，则信息混合模型的后验分布趋同于先验信息，进一步进行基于信息理论和概率距离统计方法的评估，为同位素混合模型的输出结果的质量提供互补的评估方法[37]。通过这些方法的综合运用，进一步提高消费者营养溯源准确性，为更深刻地认识食物网规律提供科学支撑[11,37]。

# 4 稳定同位素基准的变异性及对营养级评价的影响

稳定同位素技术已经成为生态学家研究生态系统特征与过程的重要手段之一，包括食物网结构、食物链长度、食物网耦合等，用于探讨物质和能量在生物圈的流动和循环等[1-8]。它已经是研究生物之间的营养关系、环境营养状况以及生物迁徙途径等问题的必要途径[9-11]。生态系统食物网底层不同营养物质来源的稳定同位素特征（包括内源与外源、沿岸带与敞水区、海洋与淡水、自然与人为等不同来源）都会影响食物网不同营养级生物的稳定同位素组成[12-16]，同时随着物质在生态系统不同生物组分的循环过程会改变同位素组成[11]。因此，从生物个体到群落的稳定同位素特征均存在季节与空间的变化[1,11,13]。

同位素生态研究过程中，通常需要选择某种生物的稳定同位素作为“基准”（baseline），用于评价生态系统中高营养级生物功能或者进行多生态系统的比较研究。基准生物（物质）通常为食物网中低营养级生物或其有机物，如初级生产者或初级消费者或碎屑等。基准生物的选择以及基准同位素的准确性对推断和分析不同层次与尺度的生态学问题至关重要[5,17-20]。在评价研究对象历史变化过程的研究中，如果基准本身不能代表整个食物网物质基础，或只能代替连续变化过程中（季节变化或随机事件引起的变化）的某一时间点的特征，那么就会对认识研究对象的特征与过程产生影响[10,19]。同时，各种因素所引起的基准特征的改变也会在食物网不同生物组分中以不同时间尺度体现出来，这主要取决于生物的营养级位置、代谢特征、物质来源等[21-23]。因此，许多学者建议对研究所需要的生物基准的同位素变化特征进行细致描述与研究[9-11,13,24]。

生态学家应用消费者的 $\delta^{15}N$ 平均值评价其营养级位置，用种内或种间 $\delta^{15}N$ 的变化范围评价其营养级宽幅。评价生物营养级位置需要确定基准生物及其 $\delta^{15}N$，通过比较生物与基准的 $\delta^{15}N$ 及其在营养级之间的富集常数可以计算出生物营养级位置[5,13,25,26]。在多生态系统比较研究中，选择相同的或类似的 $\delta^{15}N$ 基准可以避免由营养级变化引起的误判[13,17,27]。但是由种群组成、食性转变、食物来源的时空变化等因素引起的基准生物种内和种群 $\delta^{15}N$ 的改变会影响对高营养级生物在生态系统中的功能的评判 [28-30]。同时，$\delta^{15}N$ 在食物链传递过程中富集特征也存在种内与种间变化，因此认识某一基准物种 $\delta^{15}N$ 富集特征的种内变化对解释种群 $\delta^{15}N$ 的变化有极大的帮助，进而对基准生物的判别与选择具有指导意义 [13,21,22,31]。

生物食物来源的时空与组成的变化特征在某种意义上决定了基准生物的选择 [1,13,17,27,32-34]。例如，评价鱼类营养来源对浮游与底栖食物网耦合的作用需要分别确定浮游与底栖食物网的基准生物，包括蚌类、浮游动物、螺类、摇蚊幼虫等，并假定这些初级消费者基准 $\delta^{15}N$ 在时间变化上是均一的 [5,13,35]。因此，基准生物的稳定同位素季节变化在一定程度上可以通过加密时间尺度上样品密度以及选择同位素周转速度慢、寿命长的生物来克服 [1,10,13,17]。例如，Cabana 和 Rasmussen 选择大于 250 μm 的浮游动物作为评价鱼类营养级位置的基准，以消除初级生产者 $\delta^{15}N$ 随时间变化所引起的误差 [1,32]。Vander Zanden 和 Vadeboncoeur 等利用蚌类、螺类、摇蚊幼虫等生活史周期相对较长的初级消费者的 $\delta^{15}N$ 来评价鱼类在食物网耦合中的作用及其杂食性 [35,36]。有学者通过比较初级消费者与初级生产者的 $\delta^{15}N$ 发现，蚌类、螺类 $\delta^{15}N$ 可以代表初级生产者 $\delta^{15}N$ 季节变化的平均特征，因此可以用作浮游与底栖食物网的基准。Matthews 和 Mazumder 指出在研究浮游食物网结构和功能的过程中植食性浮游动物 *Daphnia* 的 $\delta^{15}N$ 可以用作同位素基准，并提出了基于此基准的浮游食性鱼类营养级特征季节变化的评价模型 [27,33,37]。

综上所述，同位素基准变化通过食物链传递作用最终会影响生态系统食物网不同营养级各生物类群的同位素特征，进而会影响生态学家对食物网结构与功能的评判。因此，就所关注的生态学问题如何选择适合的生物基准，以及如何准确把握基准 $\delta^{15}N$ 的变化特征，对生态学家有效利用稳定同位素技术至关重要。本书简单介绍氮稳定同位素及其在水域生态学中的应用，并着重综述了此类研究中各类基准生物的 $\delta^{15}N$ 主要变化特征，并且分析了基准 $\delta^{15}N$ 变化对生态系统结构与功能评价的影响，以期对进一步深入开展水域生态系统的同位素生态学研究起到一定的促进作用。

## 4.1 氮稳定同位素及其水域生态学中的应用

### 4.1.1 氮稳定同位素特征

自然界中氮在大气中的含量中 99.637% 由 $^{14}N$ 组成，而剩余的 0.363% 是 $^{15}N$。

实际测定氮稳定同位素的过程中，通常采用相对测量法测定，即将所测样品的氮稳定同位素比值与相应的标准物质的同位素比值作比较，比较结果称为样品的氮稳定同位素比率，即 $\delta^{15}N$ 值。其公式为

$$\delta^{15}N(‰)=\left[\frac{\left({}^{15}N/{}^{14}N\right)_{sample}}{\left({}^{15}N/{}^{14}N\right)_{standard}}\right]\times10^3 \tag{4-1}$$

当 $\delta^{15}N$ 为正值时，表明样品的重同位素含量高于标准物质的含量；当 $\delta^{15}N$ 为负值时，表明样品的重同位素含量低于标准物质的含量。大气中 $^{15}N$ 与 $^{14}N$ 的比值就是依照氮稳定同位素测量中的国际标准 [38,39]，其 $\delta^{15}N$ 值被定义为 0。

### 4.1.2 氮稳定同位素的分馏

在生态系统能量传递的过程中，氮稳定同位素存在同位素分馏作用，这导致了生物体与其能量来源的稳定同位素比率的差异。此过程中的同位素分馏为消费者与食物之间的稳定性同位素变化，主要包括对不同同位素组成的食物的选择性吸收和同位素辨别两个过程 [40]。与食物相比，消费者的氮稳定同位素比率约增加 3‰～5‰。其原因为消费者的排泄物中尿素和氨的氮稳定同位素相对较低，从而导致了高营养级生物的氮稳定同位素相对较高 [21,41]。生物稳定同位素的富集同时受到食性、代谢机能、环境、饵料的质量以及样品采集和处理等一系列因素的影响 [21,22]。例如，动物细胞内谷氨酸和天冬氨酸之间的转氨作用过程中，$^{14}NH_2$ 比 $^{15}NH_2$ 快 1.008 3 倍，这导致了在食物缺乏的情况下动物组织 $^{15}N$ 的增加 [42]。

### 4.1.3 氮稳定同位素的应用

氮稳定同位素在示踪不同污染来源的研究中有很强的优势 [2,43]。溶解态硝酸盐的氮稳定同位素可以区分不同来源的含氮污染物，包括农业面源、养殖污染物和城市污水等 [44,45]。此外，废水处理过程中导致氨挥发的工艺（如高温、碱性条件）也会引起氮稳定同位素的分馏，进而导致轻同位素挥发而去，而保留下来的氮库重同位素明显富集 [46]。不同氮形态的商业肥料 $\delta^{15}N$ 值几乎相同 [47]，且使用后在厌氧下通过反硝化作用和氨的挥发等自然作用，$\delta^{15}N$ 值逐渐升高，但显著低于人类或动物有机废物的 $^{15}N/^{14}N$ 值（大于 10‰）[48]。动物产生的有机废物 $\delta^{15}N$ 为 10‰～20‰，因此可以应用 $\delta^{15}N$ 区分动物性有机废物和工业合成化肥等氮源 [44,45,49]，但无法区分人类和动物间的有机污染物氮源 [49]。尽管在不同研究区域同一氮源 $\delta^{15}N$ 存在一定差异，但是同一区域内主要类型氮源 $\delta^{15}N$ 之间通常是有显著差异的。近年来，

通过生物的氮稳定同位素来指示人类活动引起环境污染的研究也越来越多[32,34,50,51]，包括植物、沉积物、无脊椎动物、鱼类等[50-54]。蚌类的代谢速率远低于藻类、水生高等植物和小型底栖动物，且食物来源较鱼类单一，因此在评价长期污染输入环境效应中有较好的准确性[1,51,55]。氮通过大气与地表径流进入水体被初级生产者和微生物利用后通过食物网进入动物组织，通过排泄和分解作用重新返回水体[56]。营养物质在生态系统非生物与生物组分之间循环过程中，营养物与基准生物的氮稳定同位素特征存在直接或间接的联系，并且不同组分指示环境同位素变化的程度与时效存在差异性和互补性。基于消费者与其食物间稳定同位素比率的关系，即氮稳定性同位素比率增加3‰～5‰，氮稳定同位素比率已经广泛地用于水域生态学食物网与氮循环的研究中[4,56-58]。例如，Peterson等利用附着藻类吸收铵的过程中产生的同位素分馏追踪氮在河流食物网中传递特征，证明了库帕鲁克（Kuparuk）地区河流中消费者能量主要来自藻类，而非陆源有机物[3]。

### 4.1.4 消费者营养级位置的估算

$\delta^{15}N$也可以用来分析食物的贡献比例，由于$\delta^{15}N$的富集较大（通常为3‰～4‰），所以$\delta^{15}N$多用于消费者营养级的评价，其公式如下：

$$营养级=\lambda+\frac{\delta^{15}N_{消费者}-\delta^{15}N_{基准}}{\Delta\delta^{15}N} \tag{4-2}$$

式中：$\delta^{15}N_{基准}$为食物网中初级生产者或初级消费者的$\delta^{15}N$，当$\lambda=1$时，$\delta^{15}N_{基准}$为初级生产者$\delta^{15}N$；当$\lambda=2$时，$\delta^{15}N_{基准}$为初级消费者$\delta^{15}N$，$\delta^{15}N_{消费者}$为消费者$\delta^{15}N$。$\Delta\delta^{15}N$为营养级传递中的$\delta^{15}N$富集值（3‰～5‰）[5,17-19]。

当消费者利用两种$\delta^{15}N$不同的食物来源时，以一种食物$\delta^{15}N$为同位素基值显然是不合理的。因此，考虑$\delta^{15}N_{基准}$空间异质性的营养级计算公式为[13]

$$营养级=\lambda+\frac{\delta^{15}N_{消费者}-\left[\delta^{15}N_{基准1}\times\alpha+\delta^{15}N_{基准2}\times(1-\alpha)\right]}{\Delta\delta^{15}N} \tag{4-3}$$

式中：$\alpha$为两种食物中的一种对消费者氮的贡献比例。假定碳元素和氮元素沿食物链传递过程相似，则$\alpha$的计算公式为

$$\alpha=\frac{\delta^{13}C_{消费者}-\delta^{13}C_{基准2}}{\delta^{13}C_{基准1}-\delta^{13}C_{基准2}} \tag{4-4}$$

该混合模型适用条件包括两种食物来源同位素存在差异、$\delta^{13}C$富集接近或者等于0以及两种同位素混合过程为线性[13]。在一个食物网中最大的营养级也被定义

为最大食物链长度或食物网高度[5,17-19]。

综上，氮同位素已经广泛用于污染物示踪及其生物累积效应、评价生物不同营养来源和营养关系，以及氮的生物地球化学循环等生态学核心问题的研究中[59]。而选择适当的同位素基准是定量评价与准确分析生态系统结构与功能的基础，也就是说，选择何种初级生产者或初级消费者的同位素比率来应用于模型之中[60]。由于藻类、浮游动物、小型底栖动物的个体较小，受环境变化影响较大，所以其同位素比率变化也较大，在定量评价营养关系的过程中会带来许多问题[5,13,26,50,60-63]。因此，有些研究者建议使用食性来源单一、长寿命的初级消费者，例如多年生滤食性的蚌和底栖刮食性的螺等，作为代表不同食物网的同位素基准[5,13,17,26,49]。

## 4.2 氮稳定同位素基准及其变异特征

### 4.2.1 藻类与悬浮颗粒有机物

藻类与悬浮颗粒有机物的 $\delta^{15}N$ 作为基准多用于浮游食物网营养关系、能量流动特征以及生物地球化学循环的分析[62,64-67]。藻类的种类组成、生长特征、密度以及它所利用的溶解无机氮源的同位素特征均会影响藻类 $\delta^{15}N$ 的变化[63,66,68-70]。此外，影响藻类生长的因素（如光、水温、营养盐浓度）和水体中氮循环的主要过程（如硝化作用、反硝化作用、固氮作用等）也会影响藻类 $\delta^{15}N$ 组成[63,66,71]。通常在湖水溶解无机氮充足或浮游植物生长缓慢的条件下，溶解无机氮和浮游植物的 $\delta^{15}N$ 相差最大，而在溶解无机氮缺乏或浮游植物生长迅速的条件下，溶解无机氮和浮游植物的 $\delta^{15}N$ 相差最小[30,70,72]。固氮藻类利用了大气中的氮气（$\delta^{15}N$ 为 0）作为其氮源，导致其 $\delta^{15}N$ 接近 0[70,72-73]。Vuorio 等[68]分离了自然水体中的多种藻类并分析了 $\delta^{15}N$，发现藻类种间 $\delta^{15}N$ 差异很大，其中固氮藻类 *Anabaena* spp. 和 *Aphanizomenon* spp.，$\delta^{15}N$ 范围为 0.5‰～2.0‰。反硝化过程中，氮同位素存在明显的分馏，即轻同位素随氮挥发，而剩余的氮库重同位素含量升高；非厌氧水体中，硝化作用将轻同位素含量高的氨态氮转换为亚硝酸盐和硝酸盐[63]。因此，浮游植物利用不同的氮营养盐形态也会引起其 $\delta^{15}N$ 的变化[63,66,74]。底栖附着藻类不仅是水域生态系统底栖或沿岸带食物网的重要营养基础，近期研究还发现它也是浮游动物的食物来源，对浮游食物网的结构与功能有一定影响[75]。底栖藻类的 $\delta^{15}N$ 的变化除受到以上因素的影响外还受到水流速度、固着厚度及其特有的代谢途径等[76-78]。除了浮游植物，颗粒有机物通常还包括其他微小生物和有机碎屑[79]，因此水体不同来源的有机颗粒物也会影响其 $\delta^{15}N$。例如，内源与外源颗粒有机物 $\delta^{15}N$ 有明显差异，湖泊地理位置、形态、流域植被类型以及人类活动污染物排放等均会影响颗粒有机物 $\delta^{15}N$[2,80-82]。湖泊营养水平和生产力是影响悬浮有机颗粒物 $\delta^{15}N$ 的重要因素[50,62,66,79,83]。

尽管许多研究报道了颗粒有机物 $\delta^{15}N$ 具有明显季节和空间变化[50,63,65-66,70]，但是仍然有许多研究仅依赖少量的藻类或颗粒有机物样品的 $\delta^{15}N$ 作为基准评价营养关系与能流特征。为了更全面准确地理解生态系统的结构与功能，建议通过长时间序列、高采样频度的样品采集，找出 $\delta^{15}N$ 的变化特征。特别是在中、富营养水体中，藻类或颗粒有机物样品的 $\delta^{15}N$ 的季节变化极其显著，通常可达 5‰～25‰[66,70,72,79]。在 $\delta^{15}N$ 随食物网富集指示为 3.4‰ 的情况下[13,21,22]，如此大的变化所引起营养关系误判是无法通过一次或短期的样品分析所能弥补的。

## 4.2.2 浮游动物

早期研究多使用浮游动物 $\delta^{15}N$ 作为湖泊浮游食物网的基准[13,17,32-33]，且通常使用整体或某一大小范围的浮游动物，不考虑种类组成可能引起的同位素变化。实际上，浮游动物不同种类组成的稳定同位素差异显著[64,84-87]。浮游动物同位素变化受到不同种类摄食行为、营养物质来源、浮游动物之间营养关系以及特定种类同位素基准值的影响[64,84,86-90]，且不同浮游动物种类存在明显的同位素季节性变化[33,86,91,92]。例如，不同种类浮游动物可以选择摄食不同种类或不同质量的藻类，且同位素的富集特征也会发生变化，进而影响浮游动物的同位素组成[61,86]。因此，整体或某一大小范围的浮游动物其同位素高度异质性可能会影响系统内或系统之间的比较研究，这部分取决于所采集的某一大小范围浮游动物的组成在多大程度上反映了鱼类的摄食情况。例如在安大略湖，Kiriluk 等发现在 *Bosmina* 和硅藻类大量存在的情况下，网采浮游生物（大于 0.153 mm）$\delta^{15}N$ 为 1.2‰，而在剑水蚤占主体的情况下，$\delta^{15}N$ 为 12.1‰[93]。用整体或某一大小范围的浮游动物 $\delta^{15}N$ 作为基准估算鱼类的营养级也有其局限性。Matthews 和 Mazumder 通过综述已有浮游动物的同位素研究发现，浮游动物 $\delta^{15}N$ 湖内某采样点变异系数最大，其可能的原因为初级生产者同位素变化大以及浮游动物不同大小组成的变化[33]。如果浮游动物群的同位素差异产生源自营养来源的差异，而非其内部营养关系变化，那么整体或某一大小范围的浮游动物的同位素特征就可能准确代表浮游动物群落的同位素变动的平均值[33]。

另一种方式就是选择已知摄食习性的单个种类浮游动物 $\delta^{15}N$ 作为基准[13,64]。例如，Kling 等用已知为植食性的桡脚类浮游动物作为评价其他杂食性桡足类浮游动物的基准。其优点在于基准与其评价的生物有相似的生物学特征，并且同位素时空变化、代谢周转等特征极为相似[64]。Matthews 和 Mazumder 认为浮游动物 *Daphnia* 为专一植食性，且处于浮游食物链营养级为 2，因此，应用浮游动物 *Daphnia* $\delta^{15}N$ 季节变化的平均值作为评价鱼类营养级关系的基准[27]。此外，以 *Daphnia* 的 $\delta^{15}N$ 季节平均值为基准，评价不同颗粒大小或种类的浮游动物之间的营养级关系[27]。由于同位素基准需要依据所研究的内容和系统进行选择，因此对浮游动物进行分种分析同位素特征并不一定适用于所有问题[13,27,37]。

浮游动物的 $\delta^{15}N$ 季节性变化非常突出，且可能与营养级变动的关系不大。消费者 $\delta^{15}N$ 代表了食物网中氮循环在消费者所在营养水平的整体状况，加之浮游植物 $\delta^{15}N$ 变动的不确定性，浮游动物 $\delta^{15}N$ 的季节性变动并非一定与营养级变动有关[33,56,66]。O'Reilly 等在坦噶尼喀湖发现伴随 $^{15}NH_4$ 的上涌，浮游动物 $\delta^{15}N$ 值快速上升，与浮游食性的消费者 $\delta^{15}N$ 相近，证明浮游动物 $\delta^{15}N$ 值可以因为氮循环的迅速改变而变动[10]。尽管如此，浮游动物 $\delta^{15}N$ 显著的季节性变化说明使用季节性平均值或是浮游动物时间序列 $\delta^{15}N$ 值评价浮游食物网高营养级生物（如浮游食性鱼类）营养位置的结果将会不同[33]。

### 4.2.3 底栖无脊椎动物

摇蚊幼虫是大多数湖泊生态系统的重要组成部分，其营养来源在很大程度上依赖于沉积的浮游植物和有机碎屑等[94]。鉴于此，在不能直接获得浮游生物稳定同位素的情况下，摇蚊幼虫的同位素特征也被用于代表湖泊浮游生物时间变化的综合指示基准同位素值的完整估计[5,35,36]。此类研究多依赖于有限的季节变化样品，并普遍认为摇蚊同位素变化特征远小于待评价的食物网不同组分的同位素变化关系。然而，氮矿化作用、摇蚊新陈代谢的季节性变化以及由于气温、氧气、食物供给的改变而导致的生长发育均会引起不同生活史阶段摇蚊稳定性同位素特征的变化。因此，在使用摇蚊作为食物网基准生物过程中，认识摇蚊幼虫同位素变化特征，对示踪源含氮有机物生物地球化学循环特征、评价高营养级营养关系是十分必要的[95-96]。摇蚊幼虫成蛹羽化后，剩余幼虫种群的平均稳定同位素组成也会发生变化。因此，不同种群和不同湖泊摇蚊生活史模式差异将会引起剩余幼虫种群稳定同位素的季节性变化模式的差异[96]。此外，摇蚊幼虫同位素特征存在种间差异[97]。Grey 等对 *Chironomus anthracinus* 和 *C. plumosus* 进行同位素比较湖沼学研究，发现不同湖泊摇蚊的 $\delta^{15}N$ 种内变化特征差异很大，且厌氧生境的种间变化最大[95]。其中两个

湖泊 *C. plumosus* 的 $\delta^{15}N$ 种内变化达到 16‰，相当于跨越了 5 个营养级，反映出巨大的生态位宽幅以及独特的摄食行为。也有研究报道了 $\delta^{15}N$ 指示的底栖动物生态位重叠以及空间变化，其原因可能是无机氮源及其可利用性的差异导致的[98]。Goering 等报道了北太平洋一个海湾的生物同位素季节性变化，发现浮游植物、浮游动物和 *Macoma nasuta* 的季节性变化明显，但是小型底栖动物（大于 98% 为线虫类）同位素无显著季节性变化[99]。一些土壤无脊椎动物的研究也证实了种内与种间 $\delta^{15}N$ 显著差异的存在，以及不同器官的同位素周转速率的差异[100,101]。Lancaster 等通过分析溪流中底栖无脊椎动物的种群 $\delta^{15}N$ 变化特征，发现肉食性底栖动物 *Rondania dorsalis* $\delta^{15}N$ 种群内差异可达 11%，且不同的种群同位素差异受到重复抽样样品数量的影响[102]。Zah 等还发现大型底栖动物的同位素特征受到内外源营养物比例、食物质量及其同位素变化、摄食行为与可塑性及其较低的 $\delta^{15}N$ 营养级富集特征等一系列因素的影响（2.25‰）[103]。

蚌类和螺类也广泛用作系统内不同区域和不同系统之间敞水区与沿岸带食物网特征比较的同位素基准生物。Post 证明蚌类和螺类的稳定同位素含量可以综合地反映敞水区与沿岸带食物网底层的同位素特征[13]。蚌类除了用作研究淡水生态群落营养关系的基准生物，也可以作为营养物污染负荷和来源的指示生物[13,34,52–53,104–106]。淡水蚌类同位素组成也具有组织间、种内、种间变化和时空变化，但相对于水体中营养物质或初级生产者的同位素变化要小得多[107–109]。蚌类作为同位素基准广泛使用的主要原因是其活动范围小、生命周期相对长、易采集、分布广泛、营养级位置低（初级消费者）且综合反映初级生产者的同位素特征。蚌类通过滤食水体中的藻类、有机碎屑和微生物作为其主要食物来源[1,13,34,107,110]。不同生活史阶段蚌类摄食方式的变化会影响其同位素特征。Goering 等在 Auke 海湾发现成年 *Macoma nasuta* 同位素表现出与浮游动植物相反的季节性变化特征[99]。Fry 证明 *Potamocorbula amurensis* 的 $\delta^{15}N$ 可以指示人类活动导致的流域含氮污染物的输入以及流域人类活动对次级生产力变化的长期生态影响[105]。Rossi 等通过分析不同个体大小的 *M. balthica* 和 *C. edule* 的同位素变化，发现 *M. balthica* 个体发育过程中食性由底栖微藻向浮游微藻的转变，且两种蚌类的营养级存在部分重叠[111]。Wen 等也证实了富营养湖泊蚌类 $\delta^{15}N$ 存在种内、种间以及时空等变化，且与环境营养物变化之间有一定关系[109]。蚌类不同器官同位素富集特征也有差异[112]。Mckinney 研究发现珠蚌的内收肌 $\delta^{15}N$ 比腹足和肌膜高 1‰，且在用单个蚌 $\delta^{15}N$ 作为基准对营养级评估过程中对一个营养级最大可产生 0.56 的影响[113]。Gustafson 等报道了蚌类 *Elliptio complanata* 的 $\delta^{15}N$ 与其生境中 $NO_3$ 的 $\delta^{15}N$ 有显著关系，并通过实验证明了蚌类

血淋巴的 $\delta^{15}N$（周转周期 113 d）对环境 $NO_3$ 的 $\delta^{15}N$ 变化的缓慢响应[107]。蚌类具有较慢的 $\delta^{15}N$ 周转率较慢，其中，血淋巴 $\delta^{15}N$ 周转周期为 113 d（*E. complanata*）[107]、胃腺与肠含物周转周期分别为 78 d 与 85 d、肌膜组织为 120～180 d（*Pinctada fucata martensii*）[114]、肌肉组织为 357 d（*Pleurobema* sp.）[115]、个体总体周转周期为 333 d（*Mytilus edulis*）[116]，因此，蚌类的 $\delta^{15}N$ 低周转率更适合用于判断环境中长期的生态学与环境化学变动的指示[107]。螺类主要以藻类和有机碎屑为食[117]。螺类 $\delta^{15}N$ 的变化的研究相对较少，Wen 和 Xu（未发表）的研究结果表明富营养湖泊螺类 $\delta^{15}N$ 有明显的季节性变化，且与水体中悬浮颗粒物 $\delta^{15}N$ 呈正相关；此外，螺类 $\delta^{15}N$ 也存在一定的种内与种间差异，但是较同一栖息地的蚌类要小。因此，尽管蚌类和螺类 $\delta^{15}N$ 的变化较初级生产者或者同位素周转较快的初级消费者要小，但是充足的种群、空间和季节性样本对系统内或系统间问题的解释仍然重要。

## 4.3 基准变异对营养级估算的影响评价

选择适当的基准是有效使用同位素技术评价生态系统结构与功能的基础。而通常使用的基准生物同位素特征多存在种内、种间变化以及时空变化。在营养级估算过程中，这些变化对高营养级生物的评价直接影响到生态学家对系统结构与功能的评判[118]。那么基准的变化对营养级评价究竟有多大的影响，以及如何影响数据的解释？下面，通过模拟基准的季节性变化和种间差异，通过质量平衡模型估算营养级变化，分析其对结果分析的潜在影响。

营养级是能量到达某一消费者能量所传递的级数，因此营养级之间的关系是指一类生物和处于不同营养层次上另一类生物之间的关系[119,120]。在同位素生态学研究中，除了初级生产者与初级消费者，其他消费者营养级位置为非整数，反映了生物之间营养关系的连续性[17,58]。依据营养级评价的同位素质量平衡模型［式（4-3）］，对基准季节变化与种间变化对消费者营养级变化的影响进行评估。在此评价过程中营养级富集因子为 3.4‰[13,41,58]；消费者同位素种内变化极小、周转周期极长，$\delta^{15}N$=11.9‰ ± −∞‰（$n$=+∞），且食物链消费者与食物为简单捕食关系。通过随机产生的季节变化与种内变化（正态分布）的基准同位素特征对消费者营养级进行计算。总体来讲，季节变化对营养级的大小和宽幅均有影响，而种内变化仅对营养级宽幅产生影响（图 4-1 和图 4-2）。就季节变化而言，本模拟中基准 $\delta^{15}N$ 变化为 −5‰～5‰，季节性密集采样（$n$=120）与常规采样（$n$=12）所获得基准 $\delta^{15}N$ 在评价消费者营养级过程反映出的营养特征一致，但营养级宽幅极大（3～6）；而局部时间段的基准 $\delta^{15}N$ 评价的营养级宽幅较小（小于 1），但却高估或低估了消费者营养级。就种内变化而言，尽管本模拟中种间变化的标准偏差为 0.2～1.4，但对消费者营养级平均特征影响不大，而对营养级宽幅影响很大（最大变幅为 3～6）。根据式（4-3），影响消费者营养级评价的因素还包括富集因子和消费者 $\delta^{15}N$ 的变化，本评估过程尚未涉及。但是，已有研究表明氮稳定同位素富集因子在不同物种和不

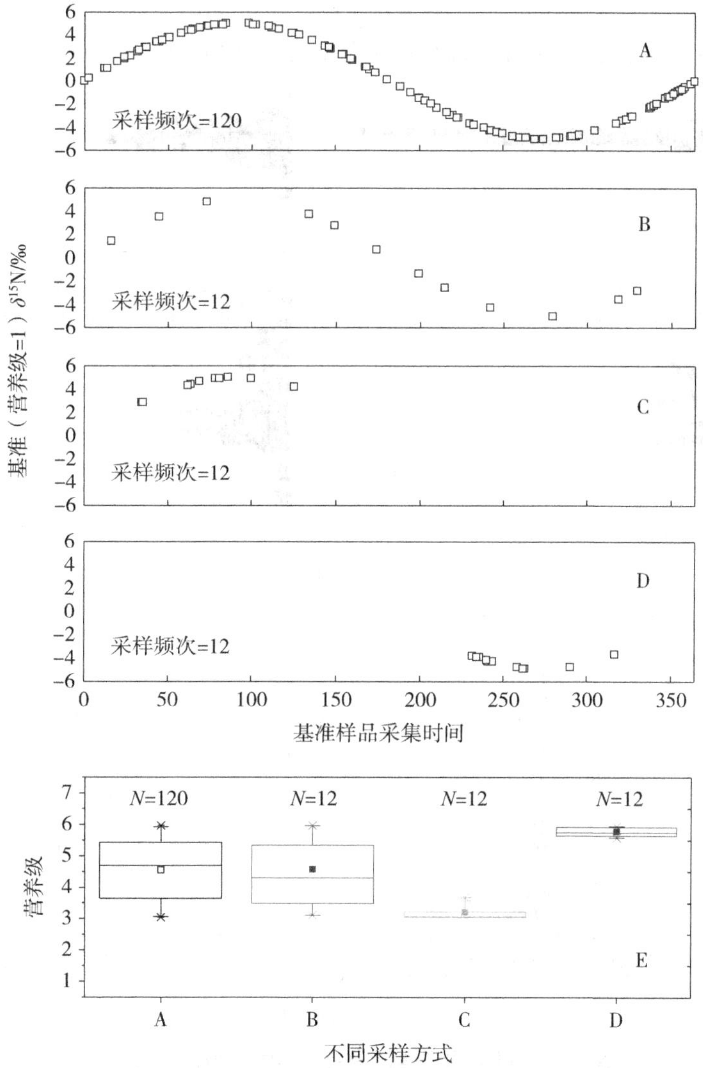


**图 4-1 基准同位素季节变化对营养级评价的影响**

（A、B、C、D 为不同采样时间与采样频度的基准稳定同位素特征；E 为 4 种采样方式所获得同位素基准的营养级评价结果）

同生态系统中存在变化[13,21,22,121,122]。生物稳定同位素富集同时受到食性、代谢机能、环境、饵料的质量以及样品采集和处理等一系列因素的影响[13,21,22,121,122]。此外，当所评价的消费者食物源自两种或两种以上且不同基准的 $\delta^{15}N$ 有显著差异时，评价营养级的同位素质量平衡模型需要考虑除 $\delta^{15}N$ 之外的其他同位素［如式（4-3）］。因为在这些情形下，即使消费者 $\delta^{15}N$ 组成相近或相似，其所处的营养级位置也会有显著差异[13,18,60]。

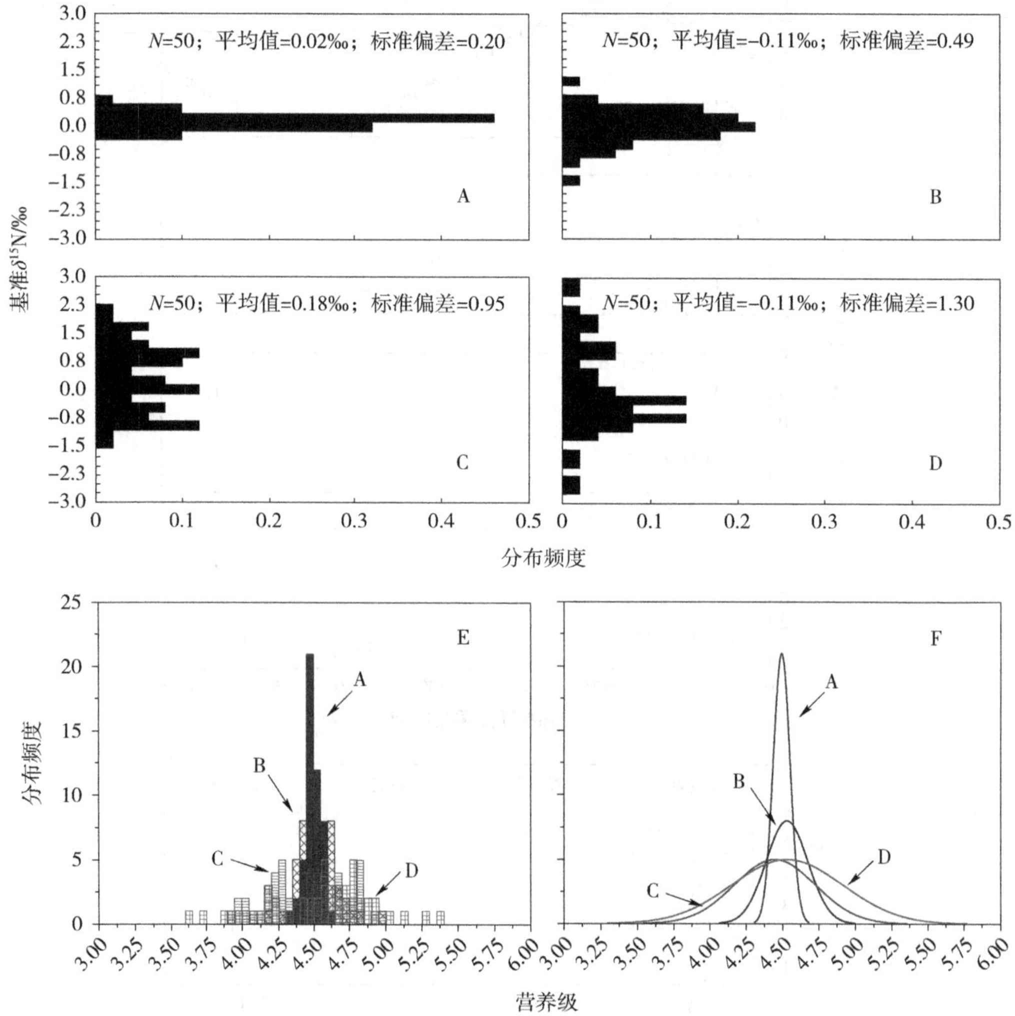


图 4-2 基准同位素种内变化对营养级评价的影响

（A、B、C、D 为不同种内变化分布特征；E、F 为不同种内分布特征的同位素基准营养级评价结果分布频度与正态分布特征）

## 4.4 结论与展望

在过去的20年间，应用生态学家发现了稳定性同位素在食物链研究中的潜力，但是该方法的成功应用还有赖于同位素基准生物的正确选择。在同位素生态学研究中，某种生物是否可以充当适当的同位素基准取决于它以何种方式、在何种时间尺度上对环境物质的吸收利用。食性转变实验证明了消费者同位素周转周期要大于其食物的同位素周转，因此消费者反映食物同位素特征通常是滞后的[123,124]，因此高周转率可以反映环境短期内的变动，而低周转率则可以判断环境中长期的变动。选择同位素基准的前提是根据所研究的生态学问题，弄清潜在生物基准稳定同位素组成的组织间、种内、种间、时空等变化特征，同时弄清其在营养关系评价中的有效性，以便提供较为精确的评价。高周转率生物基准，如藻类或浮游动物，短期或某一时间点的样品采集分析不能提供同位素基准的完整特征，通常需要分析其季节性的变化特征。低周转率生物基准对环境变化缓慢响应，可以用作环境中营养关系水平中长期的综合指示生物，可以作为相对稳定和完整的同位素基准。由于不同类型的同位素基准的变化发生在不同时间尺度上，且营养富集、同位素富集和未知营养传递代谢途径均存在变化，因此，高周转率生物基准季节性的连续分析与低周转率生物基准长期监测可以对分析系统短期、中期、长期的结构与功能变化提供有选择性的、优势互补性的解释。

# 5 稳定同位素在河流生态系统中的应用

河流是淡水生态系统中与人类社会关系最为密切的生态系统之一，它提供了众多的生态系统服务功能[1,2]。河流不仅为沿岸居民生活及工农业生产提供了所需的淡水资源，而且是水生动植物的重要栖息地。另外，河流纵向上的森林、草原与下游湖泊、湿地景观能够涵养水源、调节气候，给人视觉上的享受及精神上的美感。健康的河流生态系统是构成人类福利的物质基础之一[1]。

河流是一个开放的、复杂的生态系统[3]，从河流源头到下游地区，受河流发育、河床基质、水文情势等环境因素的影响，河流生态系统结构特征具有明显的时空异质性[4]。从 20 世纪 70 年代开始，关于河流生态系统的研究突飞猛进，取得了一系列的研究成果，包括资源螺旋线概念[5]、河流连续体概念[5]、流域概念、洪水脉冲理论[6]、河流生产力模型[7]等。随着人类的不断发展和全球经济一体化，地球上几乎所有的河流都受到人类活动的干扰。统计数据显示，全球约 65% 的河流生态系统正遭受物种入侵、过度捕捞、水质污染和气候变化等因素的威胁。

从 20 世纪 80 年代开始，稳定同位素分析技术在水生生态系统中得到广泛应用[8]。自然产生的氮（$^{15}N$）、碳（$^{13}C$）稳定同位素在水生生物体内存在分馏作用，能够揭示生态系统结构和群落生态学动态变化的特征[9-11]。生物体内天然存在的 $\delta^{13}C$、$\delta^{15}N$ 比值变化可以反映生物长期消化吸收的食物来源、营养级位置和食物网结构。$\delta^{15}N$ 在营养级的传递过程中有大约 3.4‰ 的富集度，通常用来指示生物所处的营养级水平。消费者 $\delta^{13}C$ 值与其食物来源相似，平均富集度为 0～1‰，是食物来源良好的示踪指标[8]。稳定同位素技术与传统胃含物组成[12]等分析方法相比，样品量少，对被研究的河流生态系统影响非常小[13]，能够反映河流生态系统中物质循环与能量流动过程，以及生物与生物、生物与环境间的较长时间尺度的变化[11]。5.1 节主要介绍河流碳源类型及其主要理论模型；5.2 节论述如何利用稳定同位素技术确定河流中不同消费者营养级位置；5.3 节探讨河流食物网模型的时空变化特征；

5.4 节介绍了稳定同位素法研究河流富营养的污染来源过程。

## 5.1 河流有机碳源与其理论模型

河流生态系统食物网结构及其动态特征是现代水生生物学研究的热点之一。确定水域生态系统中不同生物之间的食物关系是建立复杂食物网结构模型的主要方式，对河流渔业资源评估及可持续利用具有重要的意义[14]。碳源是生物生长的一类营养物质，作为食物网基础能量来源，维持着生态系统结构的稳定性和物种的多样性。因此，掌握食物网基础碳源变化规律是理解生态系统群落结构、物种多样性、生物间营养关系、交互作用以及生态系统内部群落稳定的重要前提。

### 5.1.1 河流颗粒有机物的碳、氮稳定性同位素研究概况

全球河流每年向海洋输入约 $20 \times 10^{15}$ g 颗粒物，河流中颗粒有机物携带的有机碳约占到河流输入有机碳通量的一半，是形成沿海沉淀物的陆源成分[15]。河流中的颗粒有机物也是水生态系统中鱼类、浮游动物和底栖动物等许多水体消费者的重要食物来源。依据来源途径可以把基础碳源分为内源性和外源性两种类型[16]。内源性碳源是指河流中生产者产生的营养物质，主要包括藻类与高等水生植物等合成的含碳化合物[17]。外源性碳源是指来源于河流以外的营养物质，包括河岸输入的植物根茎叶和果实等。多数碳源能在河流水体动力学作用下分解成消费者可直接或间接摄取的含碳营养物质。一般来说，消费者可直接摄食的含碳营养物质主要包括颗粒转运有机物（TOM）、颗粒底层有机物（BOM）、溶解性有机物（DOM）、颗粒有机物（POM）及藻类（浮游、底栖和固着）等。

依据稳定同位素技术探究河流的颗粒性有机物变化规律已有广泛的应用。如亚马孙河、密西西比河、刚果河、圣劳伦斯河等[18-20]；中国学者也已对长江口、珠江、黄河等水域进行过有机碳同位素及通量研究[21,22]。吴莹等报道了长江南通江段 1996—1999 年颗粒悬浮物碳、氮稳定同位素的季节性变化研究[23]。张亮对长江秭归、三斗坪和宜昌江段颗粒有机物（POM）的碳、氮季节性变化进行了研究[24]。施光春对长江口及邻近海区的悬浮颗粒有机碳的碳值进行了研究，发现夏季悬浮颗粒有机碳的碳值为 -18.64‰～-26.39‰，冬季悬浮颗粒有机碳的碳值为 -25.64‰～-22.64‰[25]。于海燕等对 2010 年不同月份长江口海域水体中的悬浮颗粒物进行稳定氮同位素分析，发现氮值具有较宽的分布范围，且具有明显的时空分布特点[26]。

## 5.1.2 河流食物网碳来源理论假说与交互作用

基础碳源到消费者的营养转化是驱动食物网能量流动的基础。了解消费者碳源是研究食物网的重要基础方向。对不同的河流生态系统，潜在碳源对食物网能量的贡献率存在明显差异[27]。森林中的小溪，由于光照不足，河流自身生产力受到限制，食物网能量供给主要依赖于外源性碳源输入[28]。对于漫滩型河流，内源性碳源是食物网能量来源的主要贡献者[29]。由于河流生态系统是一种动态、多维尺度的复杂生态系统，且界限常常不清楚[30]，因此也发展出多种理论模型。目前，基础碳源对河流食物网能量贡献的理论模型主要有 3 种，分别是河流生产力模型（Riverine Productivity Model，RPM）[7]、流量脉冲模型（Flood Pulse Concept，FPC）[6] 和河流连续模型（River Continuum Concept，RCC）[5]。

### 5.1.2.1 河流生产力模型（RPM）

RPM 是由 Thorp 等于 20 世纪 90 年代提出，是建立在被严格限制条件下的一种理论模型。RPM 重点强调了河流中消费者碳源主要来源于河流自身生产力，如浮游植物、底栖藻类（包括固着藻类）、水生维管束植物和其他水生植物，其次才是来自岸边的植物落叶、昆虫等外源性有机物输入[7]，而河流上游转运下来的有机物对消费者能量的贡献率可忽略不计。

### 5.1.2.2 河流脉冲模型（FPC）

FPC 指出河流沿岸陆生植物、昆虫、果实、花粉、种子和腐烂的植物碎屑等外源性营养物质输入是其食物网中能量的主要贡献者，河流上游（源头）和下游转运过来的有机物对食物网能量的贡献不大[6]。该模型适用于热带、亚热带和温带地区的漫滩型河流，如美国的密西西比河上游[6]。尽管 FPC 可以解释具有明显季节变化的河流基础碳来源途径，但尚未被广泛推广[31]。

### 5.1.2.3 河流连续模型（RCC）

Vannote 等于 1980 年提出了 RCC。该模型强调河流是纵向联系的网络状生态系统，河流中有机物具有从上游向下游富集的自然生物学特征，水深和浑浊度限制了河流自身生产力（$P:R<1$）。因此河流食物网能量主要来源于上游和中游转运下来的外源性营养物质（植物枯枝落叶、果实和昆虫等，并以微小颗粒和可溶性有机物的形式存在），邻近岸边外源性营养物质的贡献被弱化[5]。Sedell 等指出 RCC 并不适用于具有明显季节性变化的河流，在应用 RCC 模型分析河流食物网基础碳来源时需要考虑上游（源头）有机物构成的相关信息，即该理论模型也只能适用于有严格条件限制下的河流[31]。

#### 5.1.2.4 河流食物网碳来源理论交互作用

由于河流自然区域特征和生态环境的差异性，迄今为止关于河流生态系统食物网基础碳源途径尚未统一。有学者认为河流食物网消费者能量主要来源于外源性碳源输入[32]；也有学者支持内源性营养物质（初级生产力）是食物网能量的主要来源。在河流碳源驱动方面，RPM 适用于漫滩型河流，而 RCC 并不适合，FPC 则更多地应用于热带和亚热带森林中的小型河流[33]。近年来，越来越多的研究支持 PRM：如密西西比河中的鱼类[34]、Copper 河中多种消费者[28]、Orinoco 河中鱼类和大多数无脊椎动物生长以及亚北极区域不同类型河流食物网所需能量均主要来源于内源性营养物质（藻类）[35]。Pingram 等在总结了南美、北美、新西兰和澳大利亚等多条不同区域的大型河流碳源动力模型发现 RPM 是这些河流主要的碳源概念[36]。大多数河流内源性碳源（主要是藻类）是河流生态系统主要能量提供者，外源性有机碳在特定条件下或特定生境中对部分消费者能量来源起重要补充作用。本章对近几年上述 3 种碳源理论模型在全球主要河流中的应用情况总结如下（表 5-1）。

表 5-1 碳源理论模型（RCC、RPM、FPC）在不同生境类型河流中应用概况

| 河流名称 | 国家 | 气候类型 | 河流类型 | 采样范围 | 主要碳源 | 次要碳源 | 理论模型 |
|---|---|---|---|---|---|---|---|
| 密西西比河流上游 | 美国 | 温带 | 漫滩河流 | 干流 | 内源性藻类 | | RPM |
| | 美国 | 温带 | 漫滩和人工调度 | 干流 | 底栖藻类和浮游藻类 | 河岸 $C_3$ 植物 | RPM，FPC，RCC |
| Parana'河流上游及其支流 | 巴西 | 新热带区 | 高梯度 | 干流 | 浮游藻类和水生 $C_3$ 维管束植物 | 底栖藻类、岸边 $C_3$ 和 $C_4$ 植物 | RPM |
| | | | 下游水库 | 干流 | 浮游藻类和水生 $C_4$ 维管束植物 | | RPM |
| | | | 低梯度 | 干流 | 水生 $C_3$ 和维管束植物 | 浮游藻类（悬浮物） | FPC |
| Orinoco 河流及其支流 | 委内瑞拉 | 新热带区 | 漫滩河流 | 泻湖和海岸线 | 附着藻类 | 水生 $C_3$ 维管束植物 | RPM |
| Brazos 河流 | 美国 | 温带到亚热带 | | 干流 | 岸边 $C_3$ 植物 | | FPC |
| | | | | U 形湖泊 | 岸边 $C_4$ 植物 | 内源性藻类物质 | FPC |

续表

| 河流名称 | 国家 | 气候类型 | 河流类型 | 采样范围 | 主要碳源 | 次要碳源 | 理论模型 |
|---|---|---|---|---|---|---|---|
| Flinders 和 Gregory 河流 | 澳大利亚 | 湿热干燥的热带区 | 漫滩河流 | 干流 | 浮游藻类和底栖藻类 | | RPM |
| Macintyre 河流 | 澳大利亚 | 旱地区域 | 漫滩河流 | 河湾 | 底栖藻类和浮游藻类 | 陆地上粗糙颗粒物质 | RPM |
| Mitchell 河流 | 澳大利亚 | 湿热干燥的热带区 | 漫滩河流 | 干流 | 底栖藻类 | 不确定的营养物质 | RPM |
| Cooper Creek 河流 | 澳大利亚 | 旱地 | 漫滩河流 | 干流和积水区域 | 底栖藻类 | | RPM |
| 三峡库区 | 中国 | 温带 | 水库型河流 | 支流库湾 | 浮游藻类 | 外源颗粒物 | RPM |

#### 5.1.2.5 河流生态系统综合体

Thorp 等整合河流景观尺度提出了河流生态系统综合体（Riverine Ecosystem Synthesis，RES）假说[37]。该假说认为，在自然界中由于每条河流不同河段具有不同水文特征，其适用的碳源动力模型亦呈现出多样性，故主张从景观尺度上把河流划分为不同的功能区，河流即是由这些可视为水文地貌斑块的功能区交错拼接而成；不同的河流地貌单元因各异的气候、地貌、水文和生物特征而具有各自的碳源特点。Hoeinghaus 等发现景观尺度的水文特征明显影响支撑 Brazilian 河流中食物网的基础碳源[17,38]。该研究结果显示在高梯度河段中各种食物碳源均有潜在的贡献，仅在一定程度上支持 RPM；然而在低梯度河段中碳源动力符合 FPC；水库及其下游河段的碳源特征则支持了 RPM。尽管目前 RES 假说尚未被广泛应用，却为河流食物网碳源研究提供了一个新的途径与框架。

### 5.1.3 稳定同位素在河流消费者碳源研究中的实例

#### 5.1.3.1 稳定碳、氮同位素比值

三峡库区支流小江水域外源性营养物质主要包括陆生 $C_4$、$C_3$ 植物，其中，$C_4$ 植物 $\delta^{13}C$ 值（−11.84‰ ± 0.47‰）显著高于 $C_3$ 植物（−27.97‰ ± 0.50‰）（$P<0.01$）；微型藻类（固着藻类和 POM）$\delta^{13}C$ 值介于 $C_3$ 植物和 $C_4$ 植物之间。小江 7 种主要经济鱼类的 $\delta^{13}C$、$\delta^{15}N$ 值范围分别为 −23.06‰～−19.05‰、10.06‰～14.43‰[39]。

在饶河水域的上游、中游、下游以及饶河入鄱阳湖口位置各类食物来源、消费者之间的碳、氮稳定同位素比值特征也有明显的差异[39]。在饶河上游段，所

有消费者的 $\delta^{15}N$ 值 11.5 ± 0.79 SD‰（10.5‰～12.9‰）对应的 $\delta^{13}C$ 值为 -20.7‰（-25.5‰～-15.8‰）；所有的食物来源分析水生植物的 $\delta^{15}N$ 与 $\delta^{13}C$ 均高于 POM 与 SOM 为 8.5 ± 0.4 SD‰ 与 -24.1 ± 0.7 SD‰。在整个饶河流域内，有部分消费者的 $\delta^{15}N$ 值要低于水生植物，水生植物的 $\delta^{13}C$ 值要低于 POM、SOM（图 5-1）。

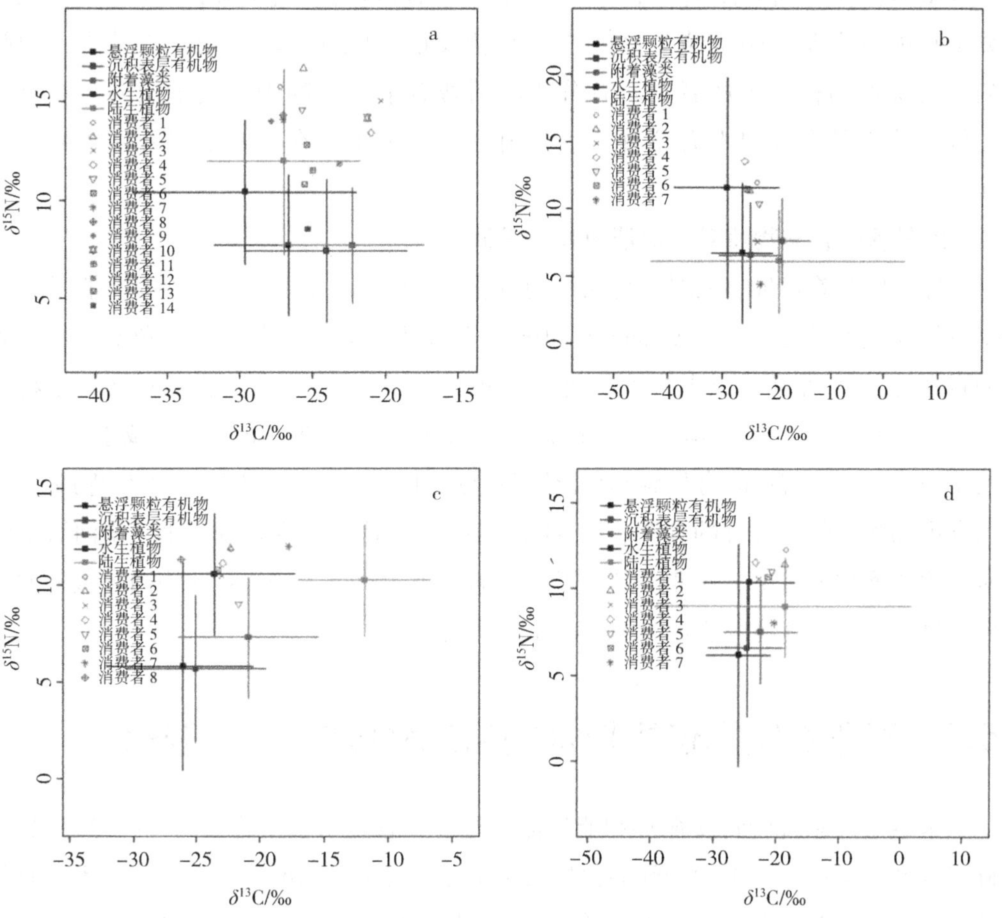


图 5-1 饶河各河段位置的 C、N 稳定同位素比值分布图（肖协文，2014）[40]

a、b、c、d 表示从鄱阳湖入湖口位置至饶河下游、中游、上游的 C、N 稳定同位素比值分布特征

### 5.1.3.2 河流消费者的主要碳源分析

**1. 内源性营养物质对河流消费者的贡献**

从河流上游至下游，受森林郁闭度及河床基质等影响 [39]，河流主要营养物质（内源性与外源性）的初级生产者对河流食物网的贡献不一致 [42]。许多研究表明，内源性的初级生产者，包括水生植物、颗粒有机物、附着生物等在河流消费者的食物来源中占有重要位置 [37,43]，并且在不同区域所占的比重不一致。例如，在密

西西比河流域的 Orinoco 河上游以水生维管植物、附着藻类、悬浮颗粒有机物等占到 75% 以上[37]；在澳大利亚 Logan、Gwydir、Ovens 等河流上游，以藻类为主的内源性的初级生产者占消费者的食物来源的贡献比例达到 81%～97%[44]。李斌等报道了三峡库区支流小江蓄水前、后主要经济鱼类能量来源均以初级生产者微型藻类（固着藻类和 POM）为主[39]。Bunn 等研究 Copper 河流域发现多数生物能量主要依赖于藻类提供[45]。肖协文研究饶河流域发现，受枯水期的影响，内源性的初级生产者在所有分析的消费者中的食物来源贡献比例占有重要地位，特别是在饶河上游位置，水生植物的贡献比例在某些消费者中能够接近 50%[40]。

**2. 外源性营养物质对河流消费者的贡献**

外源性营养物种输入对食物网结构也能够产生重要的影响，特别是在森林郁闭度高的河流上游地区，如 Catamaran Brook 河上游，陆地植物碎屑对鱼类食物来源的贡献比例达到 85% 以上，下游地区也能够在 36%～52%[46]，进而对河流生物群落与食物网结构产生影响。在 Paul 湖区，Peter 湖区与 Tuesday 湖区域添加 $^{13}C$ 的实验中，陆源溶解性的有机碳和悬浮颗粒物通过径流冲刷至湖泊，浮游动物和底栖无脊椎动物接收这部分的碳源达到 33%～73%。肖协文研究发现，随着饶河流域汇水面积的增加下游工、农业区带入了大量的有机物质进入饶河食物网内导致外源性营养物质在河流食物网能量中的贡献比例增大[40]。

## 5.2 基于稳定同位素技术的河流种属的营养级研究

水域生态系统的物质循环和能量流动过程一直是水生生物学研究的热点之一，确定水域生态系统中生物种间的食物关系是建立复杂食物网的主要途径，更能有效地对渔业资源进行评估及可持续利用[36]。营养级反映了消费者在整个食物网中的位置[36]。它强调了生态系统内消费者的地位，同时反映了食物网内部物质与能量传递的模式。

在河流生态系统中，鱼类营养级的动态变化能够反映出鱼类摄食饵料的生物种类和数量变化状况，鱼类群落平均营养级的变化也与鱼类群落结构的变化有着极大关联[48]，此外，在河流生态系统中，渔获物的平均营养级也被作为评估和检测生态系统结构、功能动态、生物多样性变化和渔业可持续性发展的重要指标。通过营养级之间的食物关系判定对食物网结构和功能进行系统研究也是渔业经济、渔业生态，以及渔业资源管理的重要内容之一。

河流与湖泊等封闭、半封闭的生态系统具有明显的差异性。作为流水生态系统，河流不是简单地将水、植物营养盐和有机质顺流输送到湖泊和湿地的运载体，而是一类与自己的流域相互链接的完整生态系统，并且这些特征反映了水域内的气候、地形及流域的土地利用情况。这使河流上游、中游、下游所流经的水文、地貌及地质条件的差异性明显 [49]，空间异质性特征增高，形成了在河流流域生境更为多样化、复杂化的条件，消费者的营养级关系更为复杂。

## 5.2.1 河流生物种属营养级研究方法

营养级确定的传统方法是通过消费者的胃含物、排泄物等确定食物组成及重要程度来衡量 [50]。生物的稳定同位素比值是由其食物决定的，食物不同其同位素比值也不同，稳定同位素技术在水域生态系统食物网结构及营养关系方面得到了较为广泛的应用 [60]。稳定同位素方法已应用于湖泊、海洋及河流等生态系统中，分析各类消费者的营养级位置，解决食物网中重要的营养谱系关系，理解食物网结构中消费者与生产者之间的内在联系。与传统胃含物等方法相比，利用 $\delta^{15}N$ 比值在不同消费者的营养级水平内具有 3‰～4‰ 富集，能够区分取食与同化，反映动物同化的食物信息，能够更好地反映生物与生物、生物与环境中长时间尺度的变化。

## 5.2.2 相对营养级公式

传统的营养级划分因胃含量方法的食性分析技术不精确性，难以准确划分生物的营养级，且传统的营养级概念是一个不连续的概念，不能定位出杂食者的营养级。营养位置（Trophic position）能更为准确地定位生物在食物链中的位置。消费者通常比其食物中 $\delta^{15}N$ 高 3‰～4‰，平均为 3.4‰（$1_{SD}$=1‰），存在明显的富集作用。分析 $\delta^{15}N$ 的值可以帮助分析生物的相对营养位置与食物链长度。

Trophic position=$\lambda$+（$\delta^{15}N_{secondary\ consumer}$−$\delta^{15}$Nbase）/$\Delta\delta^{15}$Nbase 是指基准生物的 $\delta^{15}N$ 值，当基准生物为初级生产者时，$\lambda$=1，当为初级消费者时，$\lambda$=2。$\delta^{15}N_{secondary\ consume}$（$\delta^{15}N_{sc}$）为次级消费者或者更高营养级的消费者；$\Delta$ 是在 $\delta$ 营养级间的富集指数。常用的富集值 $\Delta$ 为 $\delta^{15}N$ 的平均值（3.4‰）。但是，动物对食物的分馏受到食物质量、食物丰富度、个体发育阶段等因子的影响，各种动物的富集因子变幅很大 [11]。Mill 等发现植食性鱼类的富集值高于平均值 1‰～2‰，可能与植食性鱼类和肉食性鱼类的排泄率差异有关 [61]。

## 5.2.3 稳定同位素在河流消费者营养级水平研究中应用实例

### 5.2.3.1 消费者的营养级位置

一般而言，鱼类体内富集的 $\delta^{15}N$ 值越高，营养级位置越高。以饶河为例，所有的消费者的 $\delta^{15}N$ 取值为 4.7‰～15.6‰。间下鱵（*H.intermedius*）的营养级最高为 3.9 ± 0.4，营养级位置最低的为乔木湾位置的鲫（*C.auratus*），为 1.0 ± 0.3。营养级位置大于 3 的鱼类占了 32 个平行采样物种中的 75%。大部分的鱼类的营养级位置要高于螺类，而仅有少部分的鱼类可能受到发育或食性等因素而要低于基准生物的营养级位置。鱼类的营养级位置的变化受到栖息地生境的影响，同一物种的不同个体间出现明显的差异。SPOM 来源主要由河流水体内源与外源有机物质（包括浮游动物、浮游植物、碎屑等）组成，它是水环境的重要特征。广布种黄颡鱼（*P.fulvidraco*）、油鲹（*H.bleekeri*）与 SPOM 的 $\delta^{15}N$ 值的线性回归分析（图 5-2），SPOM 与偏肉食杂食性的黄颡鱼（*P. fulvidraco*）的营养级位置相关性系数为 $R^2$=0.30，$p<0.05$，以浮游动物为主食的杂食性油鲹（*H.bleekeri*）营养级位置与 SPOM 的 $\delta^{15}N$ 值呈显著相关（$R^2$=0.70，$p<0.05$）。

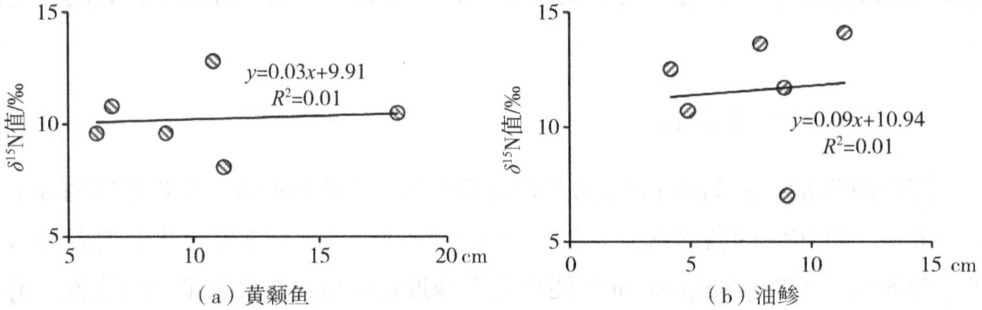


图 5-2 黄颡鱼、油鲹的 $\delta^{15}N$ 值与全长的相关关系（引自肖协文，2014）

巴家文等报道了长江中游干流江段主要生物资源种类的营养级处于 2.42～4.88，集中在 2.83～3.61，鱼类平均营养级为 3.28（图 5-3）[62]。营养级大于 2.83 的生物种类数量占了总生物种数的 80.85%。长江中上游干流河段多数鱼类营养级位置重叠（图 5-4），可能是其食物来源几近相同，会进一步导致鱼类在该生态系统内较为强烈的食物竞争关系。大型河流的营养来源复杂，尤其是流量很大的长江干流江段，受长江径流的影响较大，由于初级生产者比较匮乏，系统中鱼类消费者的食物几乎没有固定来源，大都取决于食物的存在与否和食物容易获得的程度[24]。

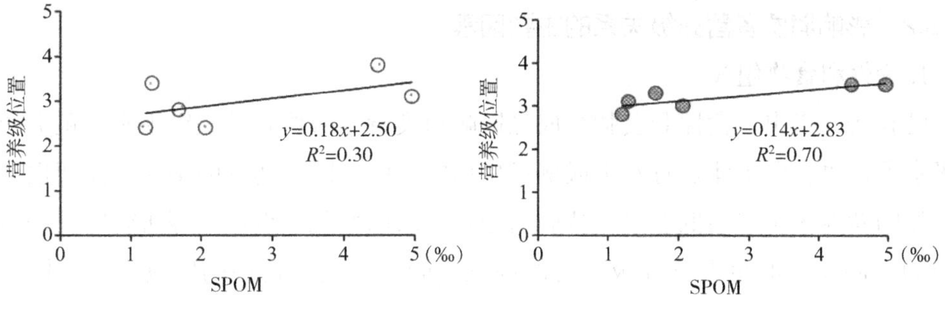


（a）黄颡鱼 （b）油鲹

图 5-3 黄颡鱼、油鲹的营养级位置与 SPOM 的 $\delta^{15}N$ 值的相关关系（引自肖协文，2014）

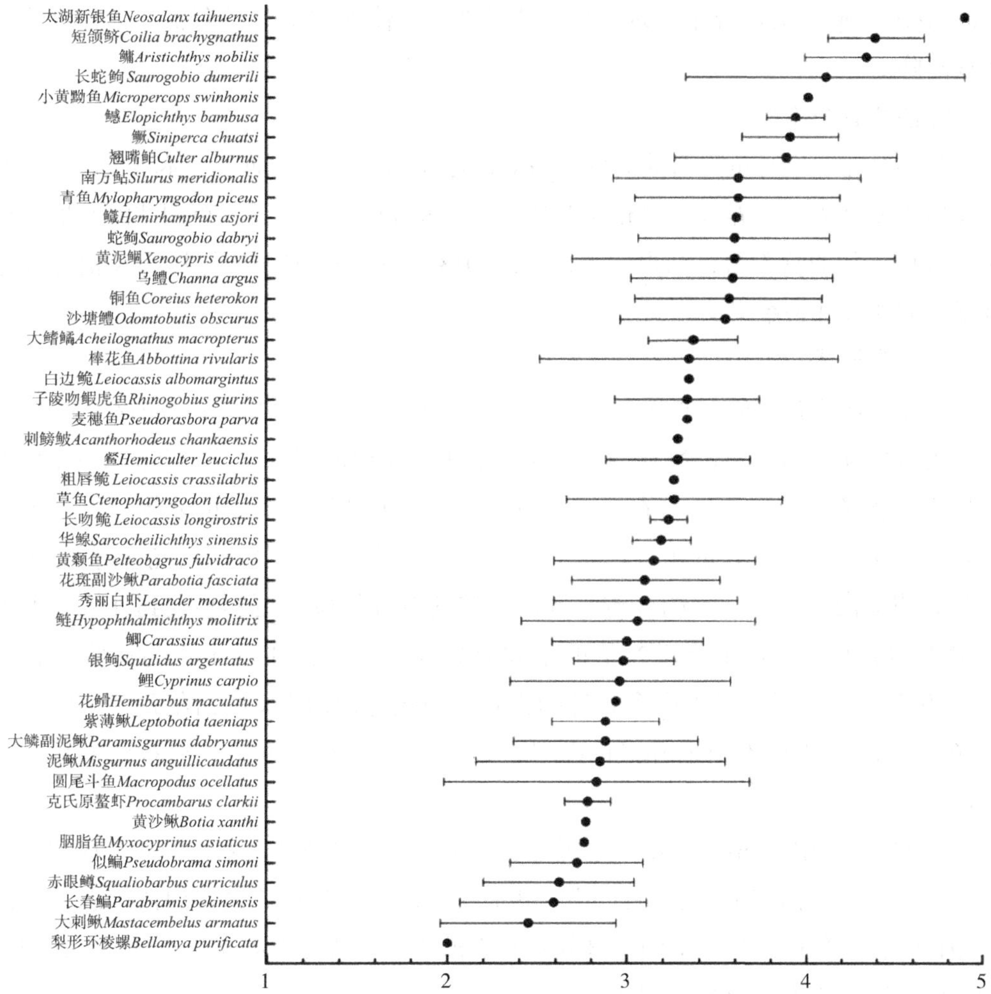


图 5-4 长江中游水体食物网连续营养谱（引自巴家文，2014）

#### 5.2.3.2 影响消费者营养级关系的主要因素

**1. 食性和食物组成**

已有研究指出，食性和食物组成是影响鱼类营养级位置的关键因素。鱼类的营养级水平，也会受个体发育水平或栖息生境的影响。同一物种的不同个体间也会出现明显的营养级位置高低差异，从而引起营养级的变化。肖协文等研究发现饶河流域内的不同品种的鱼类营养级位置的高低，同样受到其食性的影响，肉食性大眼鳜（*S.kneri*）、马口鱼（*O.bidens*）、沙塘鳢（*O.obscupus*）等高于杂食性的鲤、鲫等的营养级位置，也高于植食性的鳊的营养级位置[40]。鱼类饵料组成的季节性变化较明显[63]，鱼类的食性转变也会导致鱼类的营养级位置的改变。Power 等在对鲑鱼（*Salvelinus* spp.）的研究中发现，鱼类体长增大，体内的 $\delta^{15}N$ 值降低，营养级位置也逐渐降低[64]。

**2. 消费者个体大小**

鱼类个体大小与鱼类营养级位置高低也存在相关关系，随着个体增长，鱼类的 $\delta^{15}N$ 值不断富集，营养级位置相应增加[64,65]。Jennings 等分析了英国北海底栖鱼类和无脊椎动物的营养级，结果发现，大约 60% 的鱼类个体体长与其 $\delta^{15}N$ 值之间存在显著的相关性关系[66]。

**3. 人为干扰**

Anderson 等对加拿大魁北克省的 82 条河流的氮素来源分析，初级消费者、肉食性的无脊椎动物的平均 $\delta^{15}N$ 值与农业生产、生活排放的污水呈现很高的相关性[67]。肖协文等报道了河流两岸的农田、城市分布，土地利用与覆盖的差异可能是导致 SPOM 的 $\delta^{15}N$ 值的变化的主要因素[40]。SPOM 的 $\delta^{15}N$ 值与黄颡鱼、油鲹营养级位置具有明显的相关性，表明浮游食性的油鲹的营养级位置更容易受到外来营养物质输入的影响。SPOM 的 $\delta^{15}N$ 值的空间差异反映了不同生境下人为氮营养物质输入的差异[68]。通过对不同食物源的摄食，鱼类体内对 $^{15}N$ 的富集程度不同，导致鱼类的 $\delta^{15}N$ 值在不同采样点的差异，最终对整个河流鱼类的营养级关系产生影响。

目前，在国内，稳定同位素分析方法应用于河流消费者营养级的研究还相对较少，主要集中在清江流域、怒江[69]、黑龙江中游[70]、长江流域等河流生态系统内采用传统食性分析或与稳定同位素分析方法相结合，确定消费者营养级关系、构建河流食物网与营养结构图等[39,62]。

## 5.3 稳定同位素在河流食物网研究中的应用

食物网是生态学研究中的核心内容，描述的是生态系统的营养结构，在决定生态系统功能中发挥着重要作用[71,73]。食物链长度反映了食物网的垂直结构[72]，是复杂食物网关系特征的线性描述。它们通过改变营养关系的组织结构来影响种群结构、生物多样性和生态系统稳定性[74]，进而改变养分循环、初级生产力等生态系统功能。在河流食物网内，浮游藻类、水陆生植物等作为河流生态系统中的初级生产者，是河流或沿岸带食物网消费者重要能量来源。

鱼类作为河流生态系统中较高级消费者，在对河流食物网结构的上行效应与下行效应过程中与其他各类生物因子存在紧密的相互关系。除自养生物外，河流还接纳了大量河岸带湿生与陆生的植物碎屑、动物残体以及人类活动造成的外源物质的输入。河流食物网结构特征是了解河流生态系统内部结构组成，物质循环、能量流动及动态变化的重要内容，也是加深对河流生态系统中结构、功能的认识以及进行河流有效管理的前提。

### 5.3.1 河流食物网研究方法

与生命活动相关的 C、H、O、N、S 具有多种稳定同位素元素都存在明显分馏效应。在生物圈内的稳定性同位素分馏不仅表现在不同生物物种间，还表现在同一生物的不同器官，甚至生物分子的不同结构间稳定性组成会有明显的差异，形成从分子到各个层次间的生态系统的稳定同位素生物圈。

稳定同位素技术的出现和广泛应用极大地推进了人类对地圈和生物圈的认识和理解。从 20 世纪 80 年代起，稳定同位素技术开始被引入研究水生生态系统食物网中。而其中，自然产生的氮（$\delta^{15}N$）、碳（$\delta^{13}C$）能够揭示生态系统结构和群落生态学的动态变化规律[11,75]。$\delta^{15}N$ 在生物体内具有 3‰～4‰ 的富集度，可以用来评估物种在食物链中的营养级位置。$\delta^{13}C$ 值变化较小且富集量小（0.5‰～1‰），可以揭示碳在食物网中的迁移和转化[8]。

不同生态系统间食物网获得碳、氮的来源不同即其基准值（baseline）不同，因此，在构建稳定同位素食物网时，必须确定食物网的同位素基准值[11,75,76]。Post 等认为选择初级消费者特别是螺和蚌个体大，生长周期长能够避免短期的变化产生的影响，滤食性的蚌类适合做浮游食物网的基准稳准物质，刮食性的螺适合作为底栖食物网研究的基准物质[11,77]。

## 5.3.2 基于稳定同位素技术的河流食物网结构研究

### 5.3.2.1 河流食物网模式的构建

作为有效分析工具，稳定同位素技术已经广泛地应用于淡水生态系统的食物网研究中 [38]，可以解释动物消费者营养关系、摄食和食物来源、洄游，外来物种生物入侵，有机物质的来源、组成、分布、转移以及重金属与有机污染 [78-80] 富集等一系列生态与环境问题。

河流生态系统的研究已经成为食物网研究领域的热点 [81]。主要应用于确定河流洪泛区能量迁移及联系 [82]，营养级水平及鱼类在河湖之间的溯游 [83]，构建河流食物网 [84] 等。例如，张亮在长江三峡分析了坝上、坝下江段颗粒有机物以及不同鱼类摄食的季节性变化和空间性变化，构建了不同江段内的鱼类食物网，同时分析了食物网在时间和空间上的差异，不同鱼类营养级的改变 [24]；以此探讨大型水利枢纽工程（三峡大坝与葛洲坝大坝）对鱼类摄食和食物网的影响。温芳妮以清江流域二级河流叹气沟河的大型底栖动物群落为研究对象 [81]，在 2006—2008 年对该河流大型底栖动物群落的食物网进行系统研究，主要内容包括次级生产力测算、肠内含物及次级生产力营养基础分析、群落能流定性关联食物网和能流食物网的构建。周琼用稳定同位素方法报道了怒江上游、中游、下游食物网结构及食物来源 [69]。李斌等应用稳定碳、氮同位素分析了三峡库区小江库湾枯水期（2010 年 7 月）和丰水期（2010 年 12 月）间鱼类食物网平均有 3 个营养级并且存在 4 种主要营养路径 [39]，在三峡工程运行初期小江库湾已经形成了相对稳定的食物网结构。肖协文研究了饶河鱼类食物网结构，发现饶河食物链长度变化为 1.86～3.71[40]，其中，饶河入鄱阳湖口处与下游段的食物链长度均在 3 以上，而饶河支流长度最短为 1.86，其余各个采样点河段的食物链长度为 2.2～2.6。

### 5.3.2.2 河流食物网模式的空间多样性

河流食物的结构和动力学特征会随着三维空间和时间的变化而变化 [85]，而且这些变化多数情况是不可调和的并且与尺度有密切关联。即使在较小生境尺度，网络的拓扑学性质和摄食相互作用的强度也会发生明显的变化 [58]。

生态系统大小假说 [86] 认为，当生境扩大时，物种丰富度、资源的可用性及生境异质性也会增加，而这些因素很可能导致杂食性消费者减少，摄食特异性增强，从而引起食物链长度的增加 [10]。目前，该假说几乎没有被验证过，但有学者用一项标准方法收集的 18 个食物网的研究，发现了生态系统大小（从感潮面积达到 30 m 的河段来估算的）与平均食物链长度之间存在微弱的正相关。

在更大尺度上，河流食物网也存在空间的多样性。河流的连续理论模型是基于流经北美河流系统发展而来的，该模型认为不同河段其栖息环境、资源数量和质量，以及生态格局都会发生变化[5]。有关能量基础与其相关的动物区系的任何纵向的改变都会对河流食物网结构产生重大影响。已有研究报道，当河流中基础资源的性质发生“下游”的变化（大颗粒转变为小颗粒）时，尽管整个食物网的结构也相应地发生明显的变化，但是他们所研究的河流中通过特定途径的能量通量并没有发生相应的改变。

在河流食物网的空间尺度中，食物网尝试整合河流生态系统中不同种群的信息，包括细菌及鱼类、哺乳类和鸟类。有学者指出，食物网应该局限在顶级捕食者在系统中的活动范围[87]。就很多河流生态系统而言，需要包括捕食性鱼类在较大空间范围内捕食相对应的信息。水生昆虫成虫沿着河流或在流域之间的分布，同样也会对河流局部食物网的结构产生重大影响[85]。

外源性营养物质输入对河流食物网的作用。Nakano 等设计了一个实验，日本的某些小型河流中将陆源无脊椎动物动排除出去，结果诱发了营养级联反应，促使藻类生物量增加[88]，鱼类的食物则从陆源被捕食者转向了河流中的无脊椎动物。许多也证实了外源性营养物质的异质性可能也是决定食物网特征的重要因素。李斌等研究三峡库区支流小江发现，蓄水后陆生 $C_4$ 植物对鱼类食物网能量的贡献率明显增大[39]。

众所周知，在丰水期河流水体 / 陆地群落交错区扩张，也是决定河流食物网的重要因素。河流两岸的“洪水脉冲”被认为是控制洪泛平原的生产力和动植物种群的主要力量[6]。Yong 和 Huryn 的研究结果显示，沿着新西兰的泰里河，溶解有机碳的浓度不断变化，有机碳浓度最高点也就是在河流流经洪泛平原河段[89]。Winemiller 在热带的研究，也证明了洪泛平原在维持和补充河流食物网方面起着类似的作用[90]。到目前为止，人类对陆地的能量补充对河流食物网的影响机制并不是很清楚。Bunn 等通过收集的稳定性同位素数据表明：尽管藻类明显处于匮乏状态，澳大利亚的洪泛平原上的水洼中的游泳动物主要被来自水生微藻类的碳标记[45]。相反，在干旱区域的洪泛平原，尽管陆地的碳源会大量输入，但它几乎不能为该区域水生食物网提供能量。

大多数河流食物网的相关研究局限于相对有限的空间，这些小尺度的研究并不能全面地反映一些大尺度生活物种的（鱼类，特别是洄游性鱼类）相关信息。因此，开展河流大尺度范围研究可能是以后河流食物网研究的趋势之一。

#### 5.3.2.3 河流食物网模式的季节变化

大量研究表明，河流种群结构随季节发生巨大变化[91,92]，部分原因是陆生外源性营养物质的输入存在季节性模式差异。在北半球，秋天落叶的“冲激波”可能对很多河流中明显的生命周期同步性起着决定性的作用，而这反过来又影响了食物网的结构。在气候温暖、季节周期相对模糊的区域，河流食物网也具有明显的季节性。例如，Thompson 和 Townsend 报道了新西兰河流食物网的季节性变化，尽管那里没有秋天落叶的波动、降水变化适中、无脊椎动物生命种群的周期也明显不同[93]。李斌等应用稳定同位素技术对三峡库区干流鱼类食物网结构的季节性变化进行了研究，发现内源性营养物质是三峡库区巫山至万州段干流鱼类食物基础能的重要来源[39]，但外源性营养物质输入是重要的补充途径。

河流生态系统的特点是物理干扰程度较高，具有季节性变化。河流中（特别是小型河流）外界不可预测的排泄物对其产生不同频率和强度的干扰[94]，从而改变种群、群落和生态系统过程。河床干扰的模式同样能决定物种组成和丰富度以及物种分布的特点[95]。目前关于人工干扰对河流生态系统食物网结构影响的相关研究并不多。已有研究表明，在 10 多条河床受到不同干扰的河流中，每个物种的摄食链数目与干扰的密度呈负相关。李斌等发现长江上游弥陀河叉河床改造对鱼类食物结构影响显著[39]。干扰同样会影响食物链长度，因为越处于河流食物链顶端的物种越稀少，越容易在干扰事件发生时从系统中偶然性地消失，但是目前关于河流食物网的研究还没有提供准确的数据来支持这一观点。

Bradley 和 Ormerod 用了 14 年跟踪了 8 条威尔士河流中的无脊椎动物群落，结果发现群落结构的持续性与气候周期有关，在温暖和潮湿的冬季，群落结构的稳定性会受到影响[96]。目前，相对来说，应用稳定同位素技术对河流食物网结构的持续性（大于 5 年的时间尺度上）的研究还是较少的。

### 5.3.3 河流食物链长度、食物网结构假说

食物链综合指示了从食物网底端的初级生产者、有机碎屑到顶端捕食者之间的流动，通常能够表征食物网结构的线状特征，对生态系统的种群结构、物种密度和生物营养关系的稳定性特征具有重要影响[97,110]。一般而言，河流生态系统的食物链相较于湖泊生态系统其长度较短，平均食物链长度为 3.5。

#### 5.3.3.1 传统理论（假说）

影响食物链长度及食物网结构的因素有很多，包括群落组织结构、资源可得性及捕食者——饵料生物相互作用等多种生物及非生物因素[11,98]。传统的理论与假说

包括资源可利用性假说[11,77]、干扰假说（disturbance）[99]探讨了基础资源与能量利用效率以及干扰因素对食物链长度的影响。

资源可利用性假说认为食物链长度由可供给高营养级生物的基础资源和能量利用效率所决定，由于能量在连续的营养级传递过程中不断减少，能量传递效率决定了食物链长度[72]。干扰假说（也称动态稳定假说）是基于 Lotka-Volterra 方程推导出来的，认为频繁或强烈的扰动会缩短食物链长度，较长的食物链由于缺少弹性而不可能存在于常受扰动的栖息地[71]。初级生产力通过限制较高消费者的食物可利用性及有效性来影响，而干扰因素（如洪水脉冲与污染等）会缩短食物链的长度[71]。不过，对北温带湖泊食物网的研究表明，食物链并没有随河流初级生产力增加而变长[10]。

#### 5.3.3.2 生产力空间假说

随着水生食物网与食物链长度研究工作的进一步发展，认为大的生态系统空间可直接增加总的资源可获得性，通过物种多样性、栖息地的可利用性与异质性、捕食者—被捕食者相互作用来影响被捕食者个体大小比例、种群特征等进而决定食物链长度与食物网结构[30,100]，形成了生产力空间假说（productive space hypothesis）。生产力空间假说认为生态系统大小增加了食物链长度，在大的生态系统内有更大潜在资源，可以支撑更长的食物链，空间过程可能在足够的生态系统内增强当地不稳定的捕食者与被捕食者之间相互关系的弹性[101]。

#### 5.3.3.3 生态系统大小假说

近年来，较多的数据支持生态系统大小是决定食物链长度的重要因素，更大的生态系统中初级生产力和消费者具有更大的总资源可利用性来培育功能性食物网的营养多样性与空间变异过程，以及维持更长的食物链[10]。Post 综述了初级生产力、干扰因素对食物链的影响，发现初级生产力主要限制了食物的可利用性，同时发现缺乏数据说明干扰因素对食物链存在直接相关影响[10]。

李建生等对福建省主要河流鱼类进行了调查，结果表明鱼类种类多样性与流域特征之间密切相关[102]。生物多样性反映了区域内的食物网结构特征，多样性指数越高的地区，食物网结构越为复杂。王寿昆利用统计学方法定量地对中国主要河流鱼类分布及其种类多样性与流域特征关系进行了回归分析，发现鱼种类数分别与河流流域面积、年平均流量呈显著或极显著的正相关[103]。刘军等在对长江上游主要河流鱼类多样性与流域特征关系中增加了流域特征参数进行回归分析与主成分分析，结果显示，全部物种的绝对数量与流域面积、干流长度、流量呈显著或极显著正相关[104]；单位流域面积（或单位干流长度）的全部种类数与干流长度（或流域面积）、流量呈显著或极显著的负相关。Sabo 等对淡水生态系统食物链的环境因素进行调查研究发现之间存在显著关系，生态系统大小和初级生产力具有正相关关系[105]，干扰存在负相关关系。在全球范围内收集并评估了水生态系系统食物网发现，河流食物链长度明显更短于湖泊与海洋生态系统[11,77]，但同时发现生态系统大小与湖泊食物链长度之间存在弱相关关系。因此，生态系统大小特征已成为理解自然生态系统内食物链长度一个关键变量[11]。在未来，定量分析初级生产力、干扰和生态系统大小对食物链长度的影响是非常必要的。

## 5.4 稳定同位素法研究河流富营养的污染来源过程

### 5.4.1 氮稳定同位素特征

氮在地球上的丰度虽然很低，但是，它在生命过程中起着特别重要的作用。氮是地表水环境中主要的营养元素之一。虽然氮化合物在陆地物质中有着广泛的分布，但是，至少在岩石圈上层其丰度和同位素组成两者基本上受生物过程而不是受无机的热力学过程控制，早期 $^{15}N$ 富集的化合物广泛用于生物氮循环的研究，主要集中在生物和农艺学的问题上[106]。

### 5.4.2 稳定同位研究河流富营养的污染来源的基本原理

稳定同位素技术也用于评价人类活动（通过大量的有机物输入）对水生态系统的影响。现在由于人为活动引发的湖泊、河流、河口和近海水体的富营养化是当今地球环境所面临的一个重大问题。富营养作用对 $\delta^{15}N$ 值的影响占优势，$\delta^{15}N$ 值反映了由陆地（低同位素值）到海洋环境（高同位素值）的混合梯度变化情况。清洁河口区域同位素值呈现向海洋增加的梯度变化，这是因为陆地生物最终的碳、氮源是大气中的 $CO_2$（−7‰）和 $N_2$（0），而海洋初级生产力的 $CO_2$（0），氮为 4‰～6‰。

### 5.4.3 稳定同位研究河流富营养的污染来源的实例

#### 5.4.3.1 外来氮源输入

由于近年来废水中氮的运载，河流中也出现了高的 $\delta^{15}N$ 值，解释了 20 世纪前半叶奥得河、潟湖和波美拉尼亚海湾沉积物中 $\delta^{15}N$ 值的增加，是由于奥得河流域化肥使用的增加导致同位素模式的改变。Voss 等研究了波罗的海所有河口沉积物中的碳、氮同位素值，发现波罗的海的河流几乎都是富营养的[11,77]，这不仅是由于农田中化肥、肥料的使用，而且是由于城市污水的输入和污染物的扩散。不同的氮源有不同的同位素值，从 $NH_4$ 和 $NO_3$ 无机肥中的 -3‰～6‰ 到有机肥料中的 10‰～20‰。

#### 5.4.3.2 土壤微生物过程

土壤中的一些过程如硝酸盐和铵的吸收、反硝化作用、再矿化作用和硝化作用中产生的 $\delta^{15}N$ 值为 7.6‰～10‰，排水和耕地中 $\delta^{15}N$ 值的平均值为（9.4 ± 3）‰，硝化作用可能稍微降低土壤流出物的 $\delta^{15}N$ 值。Ostrom 等的研究中清楚地指出了土壤流出物中超过生长季节的增加的同位素值，其值为 9‰[107]。流经德国沿岸的小河流的硝酸盐中 $\delta^{15}N$ 值在冬季为 6‰～8‰，在生长季节增加到了 12‰。Mcclelland 和 Valiela 调查了不同程度污染的河水和地下水，结果表明废水中地下水 N 的百分比与 $\delta^{15}N$-$NO_3$ 值之间有很大关系 [108]。来自废水输入的地下水中 N 的 $\delta^{15}N$ 值超过 14‰，另一个极端是流经森林的废水中的硝酸盐可以忽略且拥有负的同位素值。这样，“纯的”废水可能由于反硝化作用有较高的同位素值。Desimon 和 Howes 发现在 Cape Cod 的一个污水处理厂的流出物中硝酸盐 $\delta^{15}N$ 值为 9.8‰，氨 $\delta^{15}N$ 值为 18‰～25‰，而此地区地下水中硝酸盐的 $\delta^{15}N$ 值为 7‰～8‰，这意味着城镇地区比农业陆地产生更高的硝酸盐 $\delta^{15}N$ 值 [109]。

河流中 $\delta^{15}N$ 值能定性地说明氨的来源和土壤中的微生物过程。吴莹等在长江下游南通市区段国控断面上对 1996—1999 年的悬浮颗粒物的碳氮同位素及 C/N 比值进行了测定，发现两者的季节变化趋势与陆源输入和现场浮游植物的组成和生长状况密切相关 [23]。

# 6 稳定同位素在湖泊生态系统中的应用

食物网中能量和物质从底层到高层的传输机制对研究生态系统非常重要，因为这一机制直接影响生态群落的结构，生物多样性以及生物间的营养关系的相互作用[1-3]，可以改变如营养循环和初级生产等生态系统的主要功能。水生食物网如今受到如栖息地破碎、兴建水利工程以及全球气候变化[1-4]等人类活动强烈干扰。被湿地环绕的浅水湖泊对人类活动或者自然灾害（洪水或者干旱）造成的超过生理学限制的水位变化非常敏感，这些改变可能会对该区域的生物区系产生毁灭性的影响。受季风气候影响，洪泛平原湿地水位波动可以构造从沿岸带到开阔水域间栖息地的形状和分布，可以影响主湖区和陆地区域间不同栖息地的连通性，保证生物多样性以及通过促进潜在食物来源向消费者类群的运移来影响食物网结构[5-8]。水位波动及它们与食物网动态的关系已经在很多亚热带和温带河流[9-11]、盐沼湿地和河口湿地[12-14]中被广泛研究，但是湖泊生态系统却很少受到关注[6,15]。

## 6.1 稳定同位素技术在东湖食物网结构研究中的应用

### 6.1.1 材料和方法

富营养化的东湖地处湖北省武汉市的东北部（30º33′N，114º23′E）。面积为 32 km$^2$，平均水深为 2.5 m（最大深度为 4.5 m）。20 世纪 60 年代由于人工筑堤，东湖被人工分割成许多湖湾和 4 个相对独立的湖区：水果湖 - 郭郑湖区（Station Ⅰ，Station Ⅱ）、汤林湖区（Station Ⅲ）、牛巢湖区、后湖区，网箱养殖设在水果湖 - 郭郑湖区。近二三十年来，因湖区周边经济的高速发展，各种污染物质被大量排入，致使东湖水质每况愈下。东湖水生高等植物数量已经相当低，在总初级生产力中所占比例非常小，几乎可以忽略不计。底栖动物密度也逐年下降，同时非耐受物种几乎消失。鱼类的优势种为以浮游生物为食的滤食性鲢鱼和鳙鱼。

采样时间为2001年3—10月。鲢鱼和鳙鱼采于10月26日，取其背部肌肉，置于冰箱冷冻保存。[16]证明了肌肉样品的 $\delta^{13}C$ 与整鱼的 $\delta^{13}C$ 相近，可以代表整鱼的 $\delta^{13}C$。水生高等植物的叶片采于东湖北部的沿岸带地区。叶片上附着的淤泥、碎屑和藻类用清水洗净。用浮游动植物网采集 *Moina micrura* 和 *Microcystis* spp.，并在显微镜下将其与其他物种分离。用彼得森采泥器采集3个站点的沉积物样品和底栖动物样品。底栖动物种类鉴定后被放置于蒸馏水中过夜，目的是将其肠含物排空。为了获得足够的样品分析质量，同一物种的底栖动物被混合在一起。沉积物样品用1N的盐酸酸化去除可能影响 $\delta^{13}C$ 的碳酸盐。用于 $\delta^{15}N$ 分析的沉积物样品不经酸化处理，因为已有研究表明酸化会影响 $\delta^{15}N$ 的分析。颗粒有机物样品是将湖水用120 μ浮游生物网过滤后，真空抽滤到预烧的玻璃纤维滤膜上（Whatman CF/C）获得。全部样品在60℃烘干至恒重后用研钵研磨成均匀粉末放入干燥器保存。

表6-1 东湖生物的稳定同位素组成

| Sample name | $\delta^{13}C^{a}$/‰ | SD | $\delta^{15}N^{b}$/‰ | SD | N |
|---|---|---|---|---|---|
| Particulate organic matter | −29.4 | | 5.0 | | 1 |
| Phytoplankton | | | | | |
| *Microcystis* spp. | −28.9 | | 6.1 | | 1 |
| Zooplankton | −28.4 | | | | |
| *Moina micrura* | | | 8.8 | | 1 |
| *Benthic fauna* | | | | | |
| *Branchiura sowerbyi* | −29.3 | | 7.9 | | 1 |
| *Limnodrilus hoffmeisteri* | −27.9 | | 7.4 | | 1 |
| *Sphaerium lacustre* | −28.9 | | 6.0 | | 1 |
| *Tanypus chinensis* | −29.3 | | 8.4 | | 1 |
| *Procladius choreus* | −28.9 | | 7.1 | | 1 |
| *Tokunagayusurika akamusi* | −27.4 | | 8.5 | | 1 |
| *Chironomus plumosus* | −28.0 | | 9.2 | | 1 |
| Fish | | | | | |
| *Hypophthalmichthys molitrix* | −27.6 | 0.4 | 10.7 | 0.8 | 4 |
| *Aristichthys nobilis* | −28.1 | 0.3 | 11.4 | 0.3 | 4 |

[a] $\delta^{13}C$ vs. PDB

[b] $\delta^{15}N$ vs. atmospheric nitrogen

分析所用仪器为 Carlo Erba EA-1110 元素分析仪与 Delta Plus Finnigan 同位素比率质谱联用仪。$\delta^{13}C$ 和 $\delta^{15}N$ 标准分别为 VPDB 和 $N_2$。标准物质为 IAEA-USGS24 和 IAEA-USGS25。分析结果表示为 $\delta^{13}C$ 和 $\delta^{15}N$：

$$\delta R = \frac{X_{样品} - X_{标准}}{X_{标准}} \times 10^3\,(‰) \tag{6-1}$$

式中，$R$ 代表 $^{13}C$ 或 $^{15}N$；$X$ 代表 $^{13}C/^{12}C$ 或 $^{15}N/^{14}N$。每个样品分析 3～6 次。样品分析重现精度为 ±0.2‰。

### 6.1.2 结果与讨论

植物样品 $\delta^{13}C$ 差异很大。与浮叶植物和挺水植物相比，沉水植物的 $\delta^{13}C$ 最大（图 6-1）。水生高等植物的 $\delta^{15}N$ 为 3.5‰～7.7‰，平均值为 5.9‰。颗粒有机物和 *Microcystis* spp. 的 $\delta^{13}C$ 相对较小。Ⅰ采样点和Ⅱ采样点的沉积物 $\delta^{13}C$ 较低，而Ⅲ采样点的沉积物 $\delta^{13}C$ 较高，而 $\delta^{15}N$ 的变化趋势与 $\delta^{13}C$ 相反。

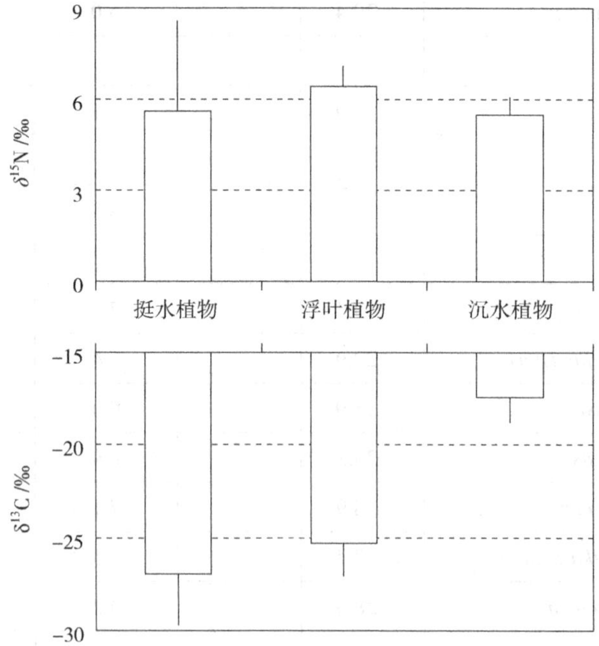


图 6-1 浮叶植物、挺水植物以及沉水植物 $\delta^{13}C$ 和 $\delta^{15}N$ 的差异

底栖动物的 $\delta^{13}C$ 为 -29.3‰～-27.4‰，小于 2‰，$\delta^{15}N$ 为 6.0‰～9.2‰，小于 3.3‰。底栖动物 $\delta^{13}C$ 均低于沉积物 $\delta^{13}C$，但是与浮游植物和颗粒有机物的 $\delta^{13}C$ 相近。底栖动物 $\delta^{15}N$ 明显高于沉积物。以浮游藻类为食的浮游动物 *Moina micrura*

$\delta^{15}N$ 明显高于浮游植物和颗粒有机物的 $\delta^{15}N$。鲢鱼和鳙鱼 $\delta^{15}N$ 明显高于其主要食物来源，如浮游植物、颗粒有机物和浮游动物。

在营养水平和水生植物碎屑含量不同的 3 个站点发现碳、氮稳定同位素空间变化很大（图 6-2）。富营养化水平相对较高的 $\delta^{15}N$ 明显高于Ⅲ采样点。已有研究表明营养水平相对较高的湖泊其 $^{15}N$ 也相对较高，主要原因为人为活动增加了流域内含氮有机物的输入以及无氧条件下沉积物中微生物的反硝化作用增强[17,18]。采样点Ⅲ站沉积物的 $\delta^{13}C$ 明显高于Ⅰ采样点和Ⅱ采样点沉积物，主要原因是沉积物中含有大量的沉水植物的碎屑。

水生高等植物和藻类的光合作用主要是通过 $C_3$ 途径利用水中 $CO_2$[19]。本书中，东湖浮游藻类的 $\delta^{13}C$ 相对较低，与其他水生生态系统中的相关报道一致[20,21]。挺水植物和浮叶植物的 $\delta^{13}C$ 恰好处于已报道的陆生植物和湿地植物的范围，即 -23‰～-30‰[22]。沉水植物 $^{13}C$ 含量显著高于挺水和浮叶植物，主要原因可能是沉水植物在吸收叶片系统周围水环境中的无机碳源时所发生的缓慢扩散现象增加了对 $^{13}C$ 的吸收[23,24]。本书中，初级生产者的 $\delta^{15}N$ 变化也很大，这可能是由生物体自身的生理特征、溶解无机氮的浓度以及环境中无机氮的 $\delta^{15}N$ 共同作用的结果。本书中，浮游植物、浮游动物、底栖动物和浮游生物食性鱼类的 $\delta^{13}C$ 相似，说明浮游植物是东湖食物网消费者主要食物来源，这与浮游植物是东湖主要的初级生产者这一事实一致。

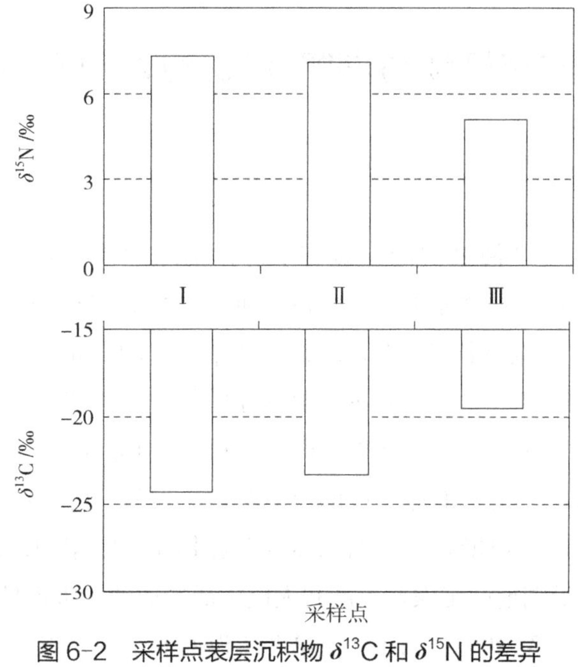


图 6-2　采样点表层沉积物 $\delta^{13}C$ 和 $\delta^{15}N$ 的差异

鲢鱼和鳙鱼食物主要是浮游动植物。Gu 提出了评价浮游动物在浮游食性鱼类食性中所占比例的公式［式（6-2）］[25]：

$$f(\%) = \frac{x-y}{e} \times 100 \tag{6-2}$$

式中，$x$ 代表浮游食性鱼类的 $\delta^{15}$N；$y$ 代表浮游动物的 $\delta^{15}$N；$e$ 为营养级传递过程中 $\delta^{15}$N 富集因子；$e$ 变化为 3‰～4‰，平均值为 3.5‰[26]。在 $e$ 为 3.5‰ 的情况下，浮游动物在鲢鱼和鳙鱼食性中所占的比例分别为 54% 和 74%（图 6-3）。这与已有的显微观察的肠含物结果一致，说明鳙鱼比鲢鱼摄食浮游动物的比例要高 [27]。

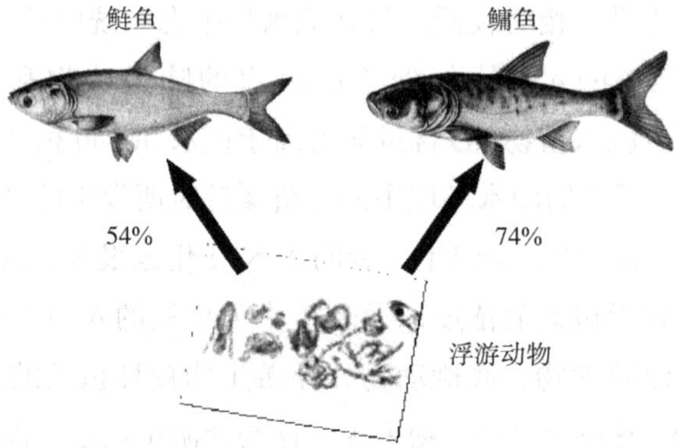


图 6-3　浮游动物在鲢鱼和鳙鱼食性中所占的比例

# 6.2　巢湖颗粒有机物与湖鲚 $\delta^{13}$C 和 $\delta^{15}$N 时空变化特征

## 6.2.1　材料和方法

巢湖位于长江与淮河之间的安徽省中部，东经 117º16′54″～117º51′46″，北纬 31º25′28″～31º43′28″，湖盆东西长 53 km。湖泊水域面积在湖泊水位为 7.5～7.8 m 时，约 756.2 km$^2$，平均水深约 2.7 m，总储水量约 2.1 亿 m$^3$，是我国著名的五大淡水湖之一。表 6-2 给出了本研究期间巢湖各种理化指标的变动范围及平均值，由此可见，巢湖的富营养化程度十分严重。同时，巢湖是其沿湖地区工农业生产和人民生活用水的重要水源，也是渔业生产的重要基地。然而，随着沿湖地区工农业生产的蓬勃发展和过快的人口增长，湖泊水体内营养物质不断累积，以致湖泊富营养化程度日趋严重，对沿湖地区工农业生产和人民生活造成的危害也日益加剧。

从 2002 年 10 月至 2003 年 10 月在巢湖所设的 6 个采样点逐月采集表层（0 m）

与上覆（距表层沉积物 0.5 m）湖水水样。水样经预烧的玻璃纤维滤膜（GF/C Whatman）过滤获得含有颗粒有机物样品。滤膜用铝箔纸包裹，放入封口袋内，用移动冰箱带回实验室。在实验室中，用过量的 1N 盐酸溶液酸化处理，以便去除可能影响 $\delta^{13}C$ 测量的碳酸钙等碳酸盐。酸化后的滤膜用蒸馏水冲洗，在 50℃下烘干至恒重，用研钵研磨成均一的粉末，放入干燥器中保存待测。从 2002 年 10 月至 2003 年 10 月逐月采集湖鲚样品。因为肌肉组织的 $\delta^{13}C$ 和 $\delta^{15}N$ 比其他组织变化相对较小，同时最能代表生物整体的 $\delta^{13}C$ 和 $\delta^{15}N$ 组成 [28]，所以本研究取湖鲚背部肌肉用于稳定同位素分析。肌肉样品在 60℃下烘干至恒重，用研钵研磨成均匀的粉末，放入干燥器中保存待测。

表 6-2 巢湖主要理化因子的平均值和变化范围（改自邓道贵 2004，Xu 等待刊）

| Parameter | Range | Average |
|---|---|---|
| Surface area/$km^2$ | — | 770 |
| Storage capability/$m^3$ | — | $2.1 \times 10^{10}$ |
| Depth/m | 2.5～5.9 | 2.7 |
| Oxygen saturation/（mg/L） | 7.2～16.0 | 11.7 |
| Secchi depth/cm | 20.6～95 | 48.9 |
| pH | 6.92～9.44 | 8.04 |
| Conductivity/（μS/cm） | 185.8～400.4 | 256.7 |
| Temperature/℃ | 3.5～29.3 | 17.9 |
| Total algal biomass/（mg/L） | 5.2～22.7 | 11.4 |
| Chlorophyll a/（μg/L） | 9.4～47.9 | 17.1 |
| TP/（mg/L） | 0.06～0.23 | 0.11 |
| Ortho-P/（mg/L） | 0.002～0.046 | 0.022 |
| TN/（mg/L） | 0.9～6.1 | 2.9 |
| $NO^3$-N/（mg/L） | 0.499～2.653 | 1.562 |
| $NH_4$-N/（mg/L） | 0.117～0.667 | 0.385 |
| TC/（mg/L） | 16.6～4.6 | 12.7 |
| DIC/（mg/L） | 9.8～3.8 | 6.1 |

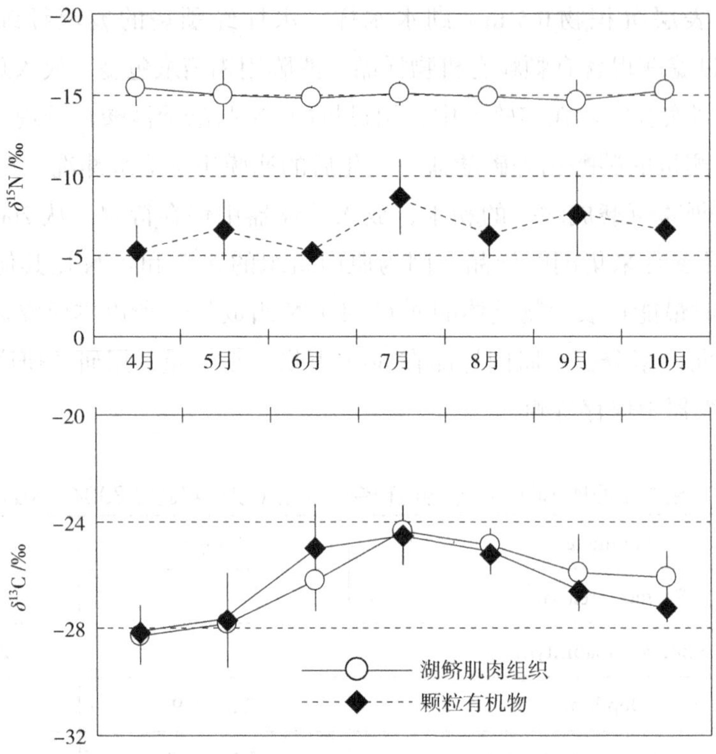


图 6-4 巢湖颗粒有机物与湖鲚 $\delta^{13}C$ 和 $\delta^{15}N$ 的季节变化

分析所用仪器、碳、氮稳定同位素国际标准、分析结果的表达以及分析所用的国际标准物质详见第 2 章。20% 的样品被分析两次或两次以上，以此作为重复。为了确保仪器分析的一致，测量后分析一个至两个标准物质。重复样品的 $\delta^{13}C$ 和 $\delta^{15}N$ 标准偏差为 0.2‰ 和 0.4‰。

## 6.2.2 结果与讨论

颗粒有机物是由浮游植物、其他微小生物和有机碎屑组成的。本研究期间，浮游植物生产力相当高，同时伴随严重的蓝藻水华，这表示颗粒有机物的主要组成为浮游植物。颗粒有机物 $\delta^{13}C$ 的最小值出现在 4 月，其值为 −28.2‰，而最大值出现在 7 月（−24.5‰）。随后逐渐降低（图 6-5）。颗粒有机物 $\delta^{13}C$ 与湖水的溶解无机碳的含量呈显著负相关（$r$=0.92，$p$<0.05）。湖鲚和颗粒有机物 $\delta^{13}C$ 呈显著正相关（$r$=0.87，$p$<0.05）。除 6 月和 10 月，其他月份湖鲚肌肉和颗粒有机物 $\delta^{13}C$ 的差异不大于 1‰。颗粒有机物 $\delta^{15}N$ 变化相对复杂，变化为 5.2‰～8.7‰。湖鲚肌肉的 $\delta^{15}N$ 变化相对较小。颗粒有机物 $\delta^{15}N$ 与湖水的溶解无机氮以及湖鲚肌肉的 $\delta^{15}N$ 之间没有显著的相关关系。湖水表层水和间隙水的颗粒有机物的 $\delta^{13}C$ 和 $\delta^{15}N$ 之间不

存在显著差异（图 6-6）。颗粒有机物 $\delta^{13}C$ 和 $\delta^{15}N$ 由东向西逐渐增加，同时颗粒有机物 $\delta^{15}N$ 分别与湖水中总磷与总氮呈显著的正相关。

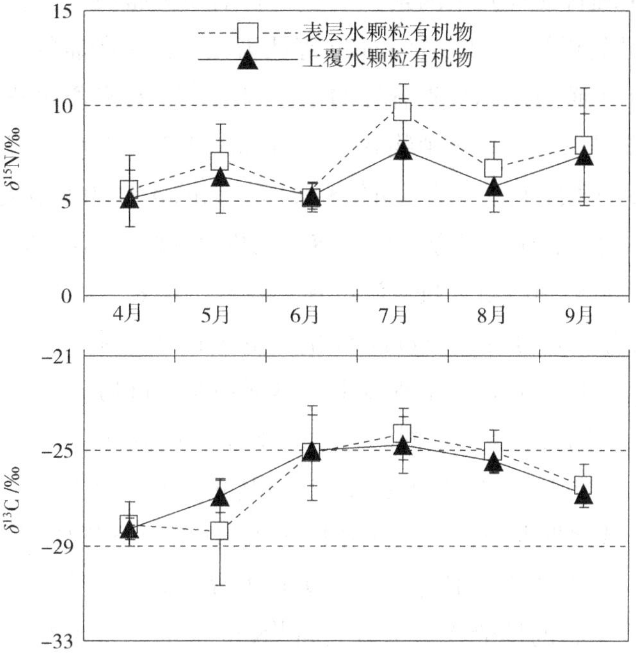


图 6-5 巢湖表层水和上覆水颗粒有机物 $\delta^{13}C$ 和 $\delta^{15}N$ 的变化

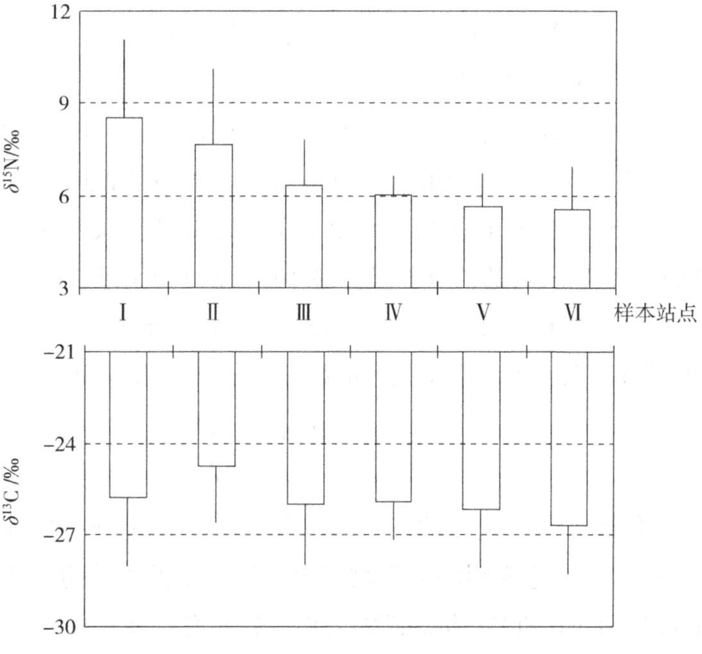


图 6-6 颗粒有机物 $\delta^{13}C$ 和 $\delta^{15}N$ 的空间变化

本研究中，颗粒有机物 $\delta^{13}C$ 数值在所报道的淡水浮游植物 $\delta^{13}C$ 范围（−42‰～−24‰）之内[29]。浮游植物的 $\delta^{13}C$ 主要受到溶解无机碳的可用性及其同位素本底值和藻类自身的生理特征等几个因素影响[30]。已有研究报道了富营养化湖泊中溶解无机碳与 $\delta^{13}C$ 呈负相关[31-33]。Takahashi 等认为光合作用所需的溶解无机碳的浓度是影响光合作用中碳稳定同位素分馏的主要因素[34]，在夏季水华暴发期间，低浓度的溶解无机碳可以导致浮游植物 $\delta^{13}C$ 的升高。通常在湖水溶解无机氮充足或浮游植物生长缓慢的条件下，溶解无机氮和浮游植物的 $\delta^{15}N$ 相差最大，而在溶解无机氮缺乏或浮游植物生长迅速的条件下，溶解无机氮和浮游植物的 $\delta^{15}N$ 相差最小[29]。但是本研究并未观察到溶解无机氮浓度和颗粒有机物 $\delta^{15}N$ 之间的显著的负相关关系。6 月，当具有固氮功能的 *Anabaena* 生物量达到最大时，颗粒有机物 $\delta^{15}N$ 也相应地达到最小值。这说明在一定程度上，巢湖颗粒有机物 $\delta^{15}N$ 的季节变化可能是由于非固氮藻类和固氮藻类的不同的同位素分馏特征引起的，因为固氮藻类利用了大气中的氮气（$\delta^{15}N$ 为 0）作为其氮源，导致其 $\delta^{15}N$ 接近 0[19,23]。

由于巢湖为浅水性湖泊，风浪对湖水的扰动作用十分强烈，所以表层水和上覆水颗粒有机物的 $\delta^{13}C$ 和 $\delta^{15}N$ 比率并无显著性差异。研究表明，人类活动产生的有机污染物和水生生物的排泄物都具有较高 $^{15}N$ 的含量[25]。也有研究表明，富营养化湖泊沉积物中与碳和氮的代谢相关的物理化学和生物化学反应均会引起 $\delta^{13}C$ 和 $\delta^{15}N$ 的增加[26-28]。因此，西湖区颗粒有机物 $\delta^{13}C$ 和 $\delta^{15}N$ 显著高于东湖区的主要原因是周边城市大量人类活动产生的有机废物通过排污系统排入巢湖西湖区，从而导致西湖区的高 $\delta^{13}C$ 和 $\delta^{15}N$ 本底值。

湖鲚是巢湖的优势鱼类，同时是重要的经济鱼类。在本研究中没有观察到湖鲚肌肉和颗粒有机物 $\delta^{13}C$ 空间变化上的相互关系，这可能说明湖鲚的活动和摄食的范围非常大。湖鲚和颗粒有机物 $\delta^{13}C$ 之间的显著正相关关系说明初级生产者 $\delta^{13}C$ 的季节变化通过食物链内的跨营养级传递作用反映到更高营养级生物的体内，主要原因是摄食过程中 $\delta^{13}C$ 为 0～1‰[29]。Wada 等在对南极地带的一个生态系统研究中建立了动物 $\delta^{15}N$ 与其营养级水平之间的相互关系[29]，公式为

$$营养级=1+\frac{\delta^{15}N_{动物}-\delta^{15}N_{藻类}}{3.3‰} \qquad (6\text{-}3)$$

在营养级传递过程中 $\delta^{15}N$ 的富集因子为 3.3‰ 的条件下，湖鲚的营养级位置为 2.9～4.1（$3.5 \pm 0.4$），这说明湖鲚食物来源不仅仅是浮游动物，还包括鱼类。这与 Diao 和 Luo 以及 Diao 和 Wu 巢湖湖鲚的胃含物研究结果一致[32]。

## 6.3 湖鲚个体发育过程中的食性转变：来自 $\delta^{13}C$ 和 $\delta^{15}N$ 的证据

### 6.3.1 材料和方法

巢湖是我国长江中下游五大淡水湖之一，从 20 世纪 50 年代开始巢湖暴发了严重的夏季水华。水生高等植物数量已经相当低，在总初级生产力中所占比例非常小，几乎可以忽略不计[33]。前人研究记载的鱼类包括 20 科、94 种。巢湖通过裕溪河与长江相连，但是 20 世纪 70 年代初修建的巢湖闸隔断了巢湖和裕溪河的连接，从而也减少了巢湖与长江的联系，导致了巢湖中洄游或者半洄游性鱼类种类和数量锐减，有些物种甚至已经绝迹。在 2003 年的鱼类调查中仅发现约 40 个物种。

湖鲚是巢湖最重要的经济型鱼类，占总渔产量的 50% 以上[41]。通常湖鲚在体长大于 50 mm 时达到性成熟，产卵期最早出现在每年的 4 月，6、7 月达到最大值。幼鱼出现在 5 月，在 7、8 月达到峰值[41]。在环境适宜的条件下，幼鱼在出生 40 天后体长达到 20～50 mm，5 个月后体长达到 70～100 mm。渔获物中当年生的湖鲚占到总渔获物的 97%。前人对胃含物的研究表明巢湖湖鲚的食物来源主要包括浮游甲壳动物、水生昆虫幼虫、虾类和小型鱼类[41]。

巢湖渔业期主要是 7—10 月。2003 年 9 月 15 日在巢湖姥山附近的一位渔民的渔获物中采集到不同体长的湖鲚 61 条。渔民所用网具为双机动船作业的拖网（网孔尺寸约为 5 mm × 5 mm）。在姥山附近采集湖水，水样经预烧的玻璃纤维滤膜（GF/C Whatman）过滤获得含有颗粒有机物样品。滤膜用铝箔纸包裹，放入封口袋内。附着藻类采自沿岸带石头表层。同时在这一地区采集了通过刮食附着藻类作为主要食物的螺类（*Bellamya aeruginosa*）和滤食水体中浮游藻类的河蚬（*Corbicula fluminea*）。全部样品均用移动冰箱带回实验室。在实验室中，称量湖鲚的体长和体重。所有动物样品均取肌肉用于稳定同位素分析。滤膜用过量的 1N 盐酸溶液酸化处理，以便去除可能影响 $\delta^{13}C$ 测量的碳酸钙等碳酸盐。酸化后的滤膜用蒸馏水冲洗。所有样品在 60℃下烘干至恒重，用研钵研磨成均一的粉末，放入干燥器中保存待测。

分析所用仪器、碳氮稳定同位素国际标准、分析结果的表达以及分析所用的国际标准物质详见第 2 章。大于 20% 的样品被分析两次或两次以上，以此作为重复。为了确保仪器分析的一致，测量后分析一个至两个标准物质。重复样品的 $\delta^{13}C$ 和 $\delta^{15}N$ 标准偏差分别为 0.3‰ 和 0.4‰。

### 6.3.2 结果与讨论

湖鲚体重变化为0.5～66.0 g，体长变化为54～290 mm，体长和体重呈典型的指数关系（$y$=0.0035x3.0，$n$=61，$r$=0.99，$P$＜0.01，图6-7）。$\delta^{15}$N变化为10.8‰～16.6‰，平均值为13.5‰。湖鲚的$\delta^{15}$N随着体长的增加而增加（$n$=61，$r$=0.77，$P$＜0.01）。$\delta^{13}$C变化为-28.7‰～-22.9‰，平均值为-26.1‰，并且体长增长也伴随着$\delta^{13}$C的增加（$n$=61，$r$=0.73，$P$＜0.01）。对$\delta^{15}$N和$\delta^{13}$C的相关关系分析发现两种同位素组成的独特变化。大个体湖鲚（＞130 mm，$n$=25）的$\delta^{15}$N和$\delta^{13}$C（平均值分别为15.3‰±0.9‰和-24.6‰±0.8‰）显著高于小个体湖鲚（≤130 mm，$n$=36）的$\delta^{15}$N和$\delta^{13}$C（平均值分别为12.9‰±1.3‰和-27.1‰±1.1‰）。浮游性的颗粒有机物与附着藻类的$\delta^{15}$N显著低于湖鲚的$\delta^{15}$N。浮游性的颗粒有机物$\delta^{13}$C低于附着藻类$\delta^{13}$C但是也存在一定的重叠。蜗牛$\delta^{13}$C和$\delta^{15}$N均高于河蚬的$\delta^{13}$C和$\delta^{15}$N（图6-8）。

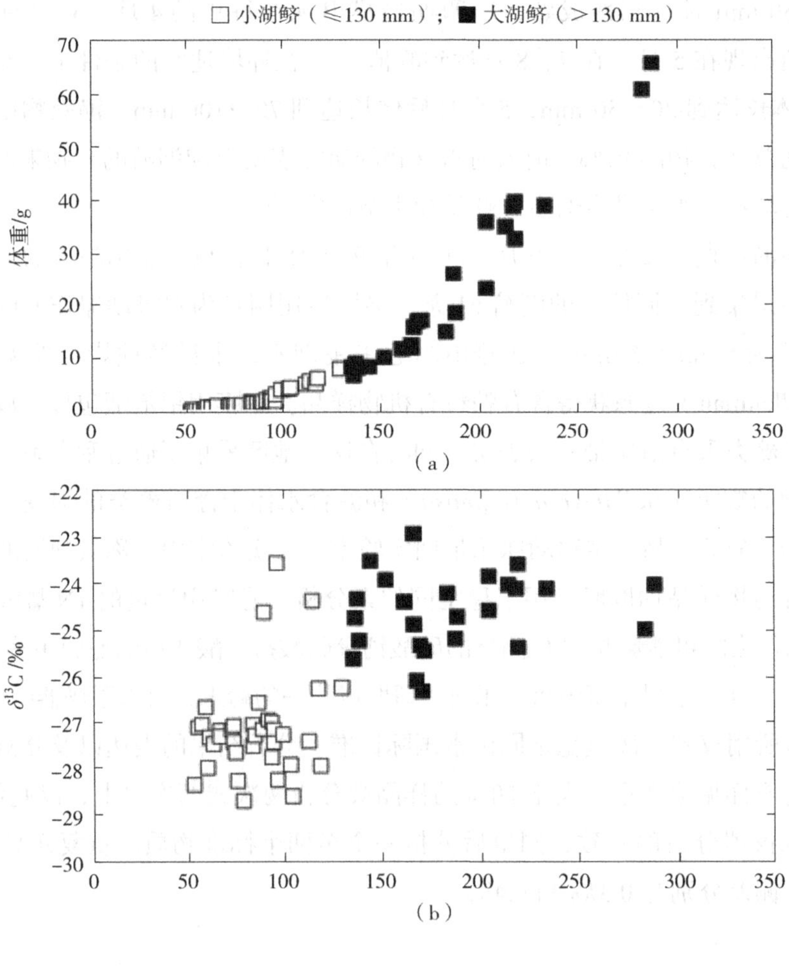

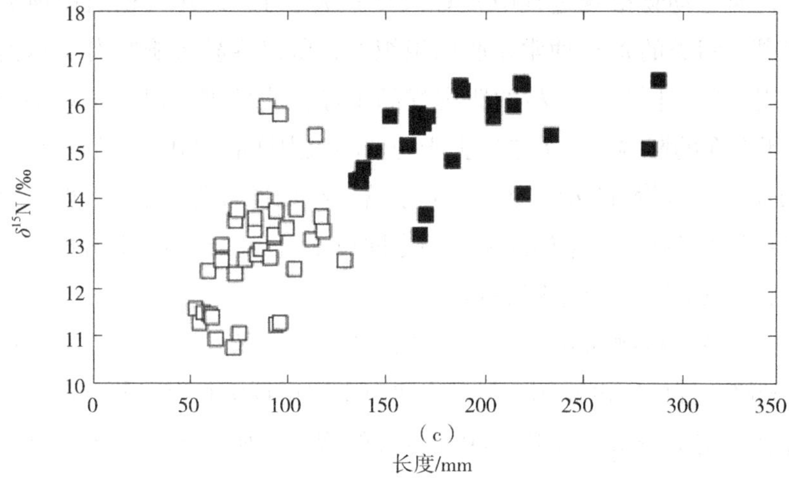


图 6-7 湖鲚体重（a）及其肌肉组织的 $\delta^{13}C$（b）和 $\delta^{15}N$（c）与体长变化的相互关系

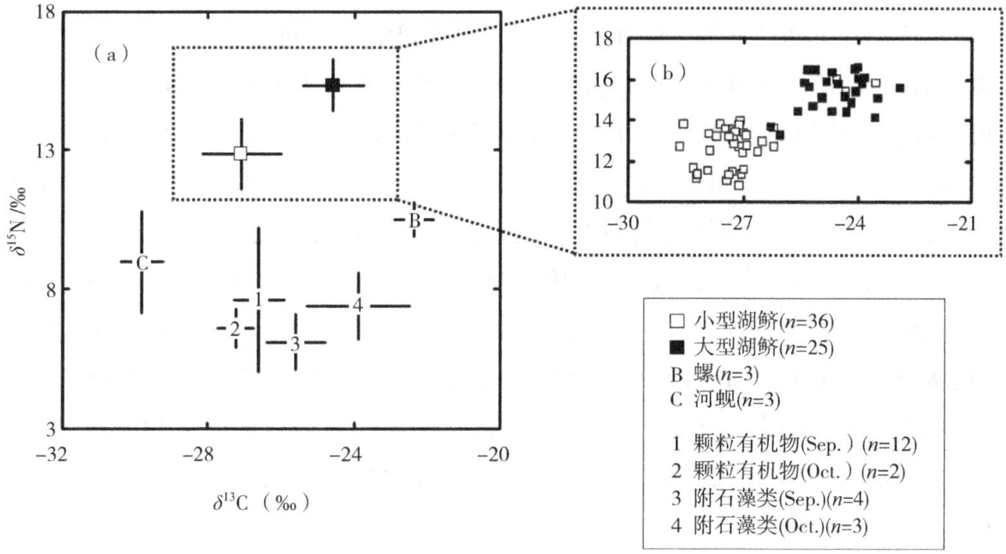


图 6-8 （a）巢湖湖鲚、河蚬、螺以及初级生产者的碳、氮稳定性同位素比率（平均值 ± 标准差）；（b）湖鲚碳、氮稳定同位素比率种间变化（$n$=61）

本研究通过分析湖鲚肌肉的 $\delta^{15}N$ 和 $\delta^{13}C$ 发现大个体湖鲚与小个体湖鲚的稳定同位素组成存在显著差异，这说明大个体与小个体湖鲚在相对较长的一段时间里摄食了稳定同位素组成存在差异的不同食物，否则不会产生显著的种内 $\delta^{15}N$ 和 $\delta^{13}C$

变化[38]。同时，这种种内的 $\delta^{13}C$ 差异也不可能是由于大小湖鲚的稳定同位素分馏存在差异，因为动物摄食过程中 $\delta^{13}C$ 改变不大于 1‰，并且相同食物来源的生物 $\delta^{13}C$ 相似[44]。脂类的 $\delta^{13}C$ 通常比肌肉组织低，所以容易影响肌肉 $\delta^{13}C$ 的分析。尽管本研究用于稳定同位素分析的肌肉样品未经去脂处理，但是 $\delta^{13}C$ 的 7‰ 变化不可能是脂类存在的影响，因为未经去脂处理的肌肉样品与处理后的样品 $\delta^{13}C$ 变化为 0.2‰～4.1‰[38,45]。$\delta^{15}N$ 的 6‰ 变化也大于营养级传递过程中 3‰～4‰ 的增加[46-48]。因此引起大个体湖鲚与小个体湖鲚的稳定同位素组成存在显著差异的主要原因是它们摄食了不同稳定同位素组成的不同食物。

浮游性颗粒有机物和附着藻类的 $\delta^{15}N$ 和 $\delta^{13}C$ 主要用于评价浮游性和底栖性食物来源在湖鲚食性中所占比例。但是本研究中浮游性颗粒有机物和附着藻类的 $\delta^{15}N$ 和 $\delta^{13}C$ 存在一定的季节性变化和相互重叠的现象，所以无法准确评价湖鲚的营养级以及不同来源的食物在湖鲚食性中所占的比例。滤食性的河蚬与刮食性的螺类分别以浮游性的颗粒有机物（主要为浮游藻类）和附着藻类为主要食物，但是由于它们个体相对较大，生活时间较长，所以受到浮游藻类和附着藻类季节性变化的影响较小。这两种生物的 $\delta^{15}N$ 和 $\delta^{13}C$ 已被用于反映浮游食物网和底栖（沿岸带）食物网的同位素基值，同时用于评价次级消费者和更高营养级生物的营养级位置[48,49]。通过与河蚬和螺类 $\delta^{13}C$ 比较，小个体湖鲚 $\delta^{13}C$ 平均值为 −27.1‰，说明其食性以浮游生物为主，大个体湖鲚 $\delta^{13}C$ 为 −24.6‰，说明其食性以底栖生物为主。应用同位素混合模型计算浮游性食物在大小湖鲚食性中所占百分比分别为 30% 和 64%。通过与河蚬和螺类 $\delta^{15}N$ 比较，大湖鲚与小湖鲚的营养级分别为 3.0 和 3.6，这说明小湖鲚主要以浮游动物为食，而大湖鲚摄食过程中增加了肉食性食物的比例。同时大湖鲚极高的胃肠排空率（40%）也说明其肉食食性[50]。大小湖鲚 $\delta^{15}N$ 和 $\delta^{13}C$ 的重叠说明它们经常捕食相同的食物，这与前人进行的胃含物分析结果一致，也可能说明一些小湖鲚比其他小湖鲚在个体发育过程中更早地发生了食性的转变[51]。

以前对湖鲚胃含物分析的结果说明湖鲚随其生长逐渐增加底栖性和肉食性的食物比例（图 6-9）。而本研究发现的大小湖鲚 $\delta^{15}N$ 和 $\delta^{13}C$ 的显著差异说明了大小湖鲚食物来源以及营养级位置的显著差异，也证明了湖鲚个体发育过程中的食性转变现象。本研究也说明在应用稳定同位素技术研究生物食性和营养级位置的研究中应注意生物的种内 $\delta^{13}C$ 和 $\delta^{15}N$ 变化[51]。

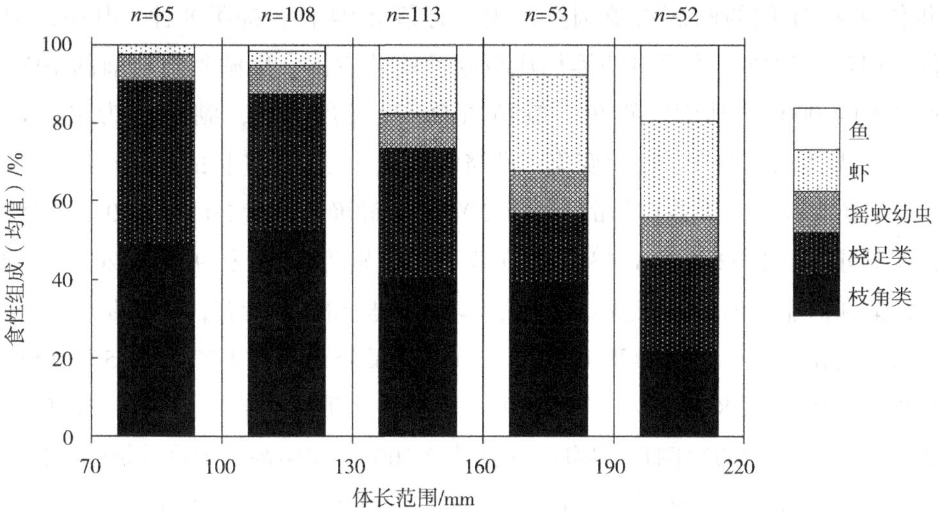


图 6-9 不同体长湖鲚肠含物分析结果（改自 Diao 和 Wu 1982）

## 6.4 应用 $\delta^{13}C$ 和 $\delta^{15}N$ 研究巢湖食物网结构和营养级关系

### 6.4.1 材料和方法

巢湖位于长江和淮河之间的安徽省中部，东经 117º16′54″～117º51′46″，北纬 31º25′28″～31º43′28″。湖盆长约 53 km，平均宽度约为 15 km，最大宽度约为 21 km。巢湖属北亚热带季风气候，平均水温为 17.3℃。湖沿岸线总长约为 185 km。水位在 7.5～7.8 m 时，湖泊面积约为 760 $km^2$，是我国五大淡水湖之一。巢湖不仅是其沿湖地区工农业生产以及人民生活用水的重要水源，也是渔业生产的重要基地。然而，随着沿湖地区工农业生产的蓬勃发展和过快的人口增长，大量未经处理的城市污水排入湖中，使巢湖水体内营养物质不断累积，初级生产力不断提高，导致湖泊富营养化程度日趋严重，对沿湖地区工农业生产和人口生活造成的危害日趋明显。比较全面的巢湖湖泊营养状况研究开始于 20 世纪 80 年代。多年的研究结果表明，巢湖在 20 世纪 80 年代就已经成为典型的富营养化湖泊，如高浓度的总氮和总磷含量、蓝藻水华的暴发、低透明度以及异常的沉积作用等。表 6-3 反映了自 1984 年以来，尽管总磷和总氮浓度的年平均值变动相对较大，但是其浓度均是相对较高（TN＞1.5 mg/L；TP＞0.1 mg/L）。几乎所有年份的总磷和总氮含量均达到或超过 OECD 的湖泊富营养化标准。巢湖鱼类区系组成以定居性鱼类为主。据 20 世纪

60 年代和 80 年代的两次资源调查发现，有鱼类 94 种，虾类 8 种，其中，湖鲚、银鱼、鲤鱼、鲫鱼、秀丽白虾等构成巢湖渔业的主体。巢湖闸修建前的 1952 年，年产鱼约 4 000 t，其中，鲢鱼、鳙鱼占总产量的 37.1%，湖鲚约为 30.5%。到 1978 年，上述比例发生了很大变化，湖鲚产量上升到总渔产量的 75%～80%，其他大、中型鱼类仅占总渔业产量的 15%～20%。巢湖渔业产量 20 世纪 60 年代处于相对较低的水平。1962 年和 1963 年的渔业产量分别为 550 t 和 900 t。20 世纪 80 年代后，巢湖渔业管理部门加强了渔业资源增殖保护和管理措施，使渔业产量得到了较快的恢复和上升。1984 年和 1986 年的渔业产量分别达到 4 000 t 和 5 000 t 以上，到 2002 年则增加到 8 000 多 t（图 6-10）。此外，巢湖盛产虾类，秀丽白虾和日本沼虾是其优势种类。2002 年虾类的年产量约为 2 100 t。水生高等植物数量已经相当低，在总初级生产力中所占比例非常小，几乎可以忽略不计。巢湖通过裕溪河与长江相连，但是 20 世纪 70 年代初修建的巢湖闸河裕溪闸隔断了巢湖与裕溪河及长江的连接，从而也减少了巢湖与长江的联系，导致了巢湖中洄游或者半洄游性鱼类种类和数量锐减，有些物种甚至已经绝迹。在 2003 年的鱼类调查中仅发现约 40 个物种。

表 6-3　巢湖总氮、总磷年平均值的变化（引自邓道贵，2004）

| 年份 | 总磷 /（mg/L） | 总氮 /（mg/L） |
|---|---|---|
| 1984 | 0.13 | 1.7 |
| 1987 | 0.24 | 2.2 |
| 1988 | 0.26 | 2.6 |
| 1989 | 0.14 | 2.7 |
| 1990 | 0.26 | 3.5 |
| 1991 | 0.28 | 1.9 |
| 1992 | 0.25 | 2.5 |
| 1993 | 0.24 | 3.7 |
| 1994 | 0.35 | 3.5 |
| 1995 | 0.42 | 4.6 |
| 1996 | 0.30 | 3.8 |
| 1997 | 0.31 | 4.2 |
| 1998 | 0.36 | 2.9 |
| 1999 | 0.20 | 3.0 |
| 2002 | 0.17 | 2.3 |

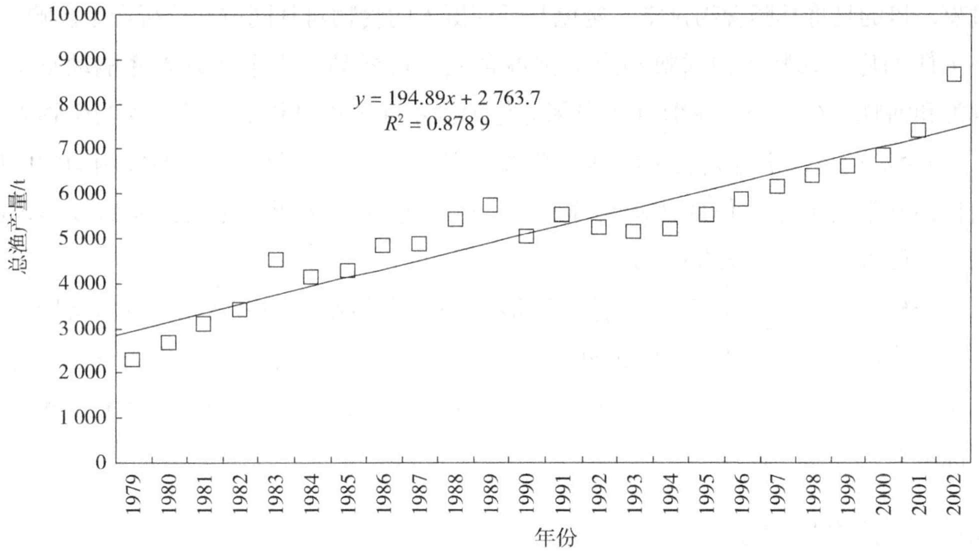


图 6-10　1979—2002 年巢湖总渔产量的变化（改自邓道贵，2004）

生物样品分别采于 2002 年夏季和 2003 年秋季（7—10 月）。初级生产者样品采于巢湖姥山周围，包括附着藻类、水生高等植物、陆源碎屑和浮游植物等被认为可能对巢湖生态系统贡献很大的碳源。用手采集水生高等植物，然后用清水洗净其表面上附着的淤泥、碎屑和藻类。当水位降低时，从沿岸带石头表面刮取附着藻类和底栖丝状藻类的样品，然后用大量的清水冲洗，洗去其中粗糙的、颗粒较大的碎屑。水华样品采集于中庙附近湖面上形成的水华浮沫（bloom scums）。悬浮的颗粒有机物是将湖水真空抽滤到预烧的玻璃纤维滤膜上（Whatman CF/C）获得。滤膜用铝箔纸包裹，放入聚乙烯封口袋内，用移动冰箱带回实验室。在实验室中，用过量的 1N 盐酸溶液酸化处理，以便去除可能影响 $\delta^{13}$C 测量的碳酸钙等碳酸盐。酸化后的滤膜用蒸馏水冲洗。所有初级生产者样品均在 50～70℃下烘干至恒重，用研钵研磨成均匀的粉末，放入干燥器中（干燥剂为硅胶）保存待测。浮游动物样品用浮游动物网采集（120 μm），放入塑料瓶内，浮游动物的肠含物在样品运送到实验室的过程中排空几个小时。样品冷冻保存。2003 年 5 月，浮游动物以 *Daphnia carinata* 为主，所以将浮游动物的样品在显微镜下分离和纯化为 *D. carinata* 样品一份。网采浮游动物样品与分离纯化的 *D. carinata* 样品均在 60℃下烘干至恒重，用研钵研磨成均匀的粉末，放入干燥器中保存待测。鱼类样品主要是通过设置网具或从渔民的渔获物中获得。取其背部肌肉，至冰箱冷冻保存。底栖无脊椎动物用彼得森采泥器在沿岸带采集。采样过程重复多次，直到个体较小的优势种（如摇蚊幼虫）的生物量满足稳定同位素的分析需要。底栖动物种类鉴定后被放置于蒸馏水中过夜，目的是将其肠含物排空，避免其近期摄入的食物对其同位素分析产生影响[52]。小个体的底栖动物（如摇蚊幼虫）被混合成一份样品。大个体有壳底栖动物（如螺类和河蚬）被去壳，仅取其肌肉部分作为稳定同位素分析的样品，因为生物壳中 $^{13}C$ 的含量较高，不能真实反映其捕食者的实际吸收[53]。鱼类、大型底栖动物的肌肉样品和混合的小个体底栖动物样品在60℃下烘干至恒重，用研钵研磨成均匀的粉末，放入干燥器中保存待测。

分析所用仪器、碳氮稳定同位素国际标准、分析结果的表达以及分析所用的国际标准物质详见第2章。20%的样品被分析两次或两次以上，以此作为重复。为了确保仪器分析的一致，测量后分析一个至两个标准物质。重复样品的 $\delta^{13}C$ 和 $\delta^{15}N$ 标准偏差为 ±0.3‰。

## 6.4.2 结果和讨论

巢湖生物的 $\delta^{13}C$ 和 $\delta^{15}N$ 变化范围分别为 -33‰～-22‰ 和 2‰～18‰，并且从初级生产者到高级消费者逐渐增加（图6-11），这说明 $\delta^{13}C$ 和 $\delta^{15}N$ 在食物的消化和吸收过程中产生富集[54]。从2002年与2003年的比较结果可以看出，初级生产者中陆源的 $C_3$ 植物和湿生植物的 $\delta^{13}C$ 和 $\delta^{15}N$ 季节性变化不大，但是水生的初级生产者（包括颗粒有机物、网采浮游植物、底栖藻类、附着藻类等）表现出明显的季节性变化，如巢湖的颗粒有机物的 $\delta^{13}C$ 和 $\delta^{15}N$ 存在明显的季节性变化和空间性变化。同时不同初级生产者的 $\delta^{13}C$ 和 $\delta^{15}N$ 也存在一定程度的重叠。这些将影响应用稳定同位素对不同碳源对食物网中的高营养级生物的能量来源的贡献的定量评价[55]。在某些情况下，生物的同位素组成也反映某种未知的碳源，如圆尾斗鱼的 $\delta^{13}C$ 和 $\delta^{15}N$ 分别为 -34.4‰ 和 9.1‰，其主要食物来源可能并不是浮游生物。尽管巢湖初级生产者的 $\delta^{13}C$ 和 $\delta^{15}N$ 存在一定的季节性和空间性变化以及相互间的重叠，初级生产者的 $\delta^{13}C$ 可以反映出内源碳源（如浮游植物、颗粒有机物、底栖藻类、附着藻类等）是巢湖生态系统中绝大多数浮游性和底栖性生物的主要碳源，而外来的碳源（如陆生植物的碎屑）对巢湖食物网的贡献几乎可以忽略不计。浮游性碳源和底栖性碳源的稳定同位素重叠可能是由于湖泊本身的富营养化以及该生态系统是一个浅水性湖泊，缺少明显的敞水区和沿岸带分界[55]。许多研究发现浮游植物是湖泊生态系统食物网中最主要的碳源[21,56]。同时，其他研究发现底栖初级生产者（如底栖藻类和附着藻类）是湖泊生物重要的碳源。例如，Hecky 和 Hesslein 通过统计分析大量湖泊稳定同位素数据发现湖泊中浮游植物和底栖藻类对生物碳的贡献几乎相等[57]。水生高等植物，尤其是沉水植物，直接对巢湖生物的碳源的贡献很小，这与许多稳定同位素研究结果一致[58]。本研究发现，除草鱼、鳊鱼等鱼类直接利用了沉水植物（或其碎屑）外，绝大多数生物并未直接利用沉水植物（或其碎屑）。但是这也可能说明水生高等植物（或其碎屑）作为碳源是通过其他方式进入食物网。已有研究表明，水生植物碎屑在被微生物分解的过程中经历着非常复杂的生物化学反应，这些过程中稳定同位素的富集也相对复杂。这种情形下很难分辨水生高等植物作为碳源进入食物网的方式[58]。尽管一些研究也发现陆源的有机碎屑是水生生物重要的碳源[59]，但本研究结果表明，在浅水富营养湖泊，浮游植物和底栖藻类是食物网高营养级生物的主要碳源。

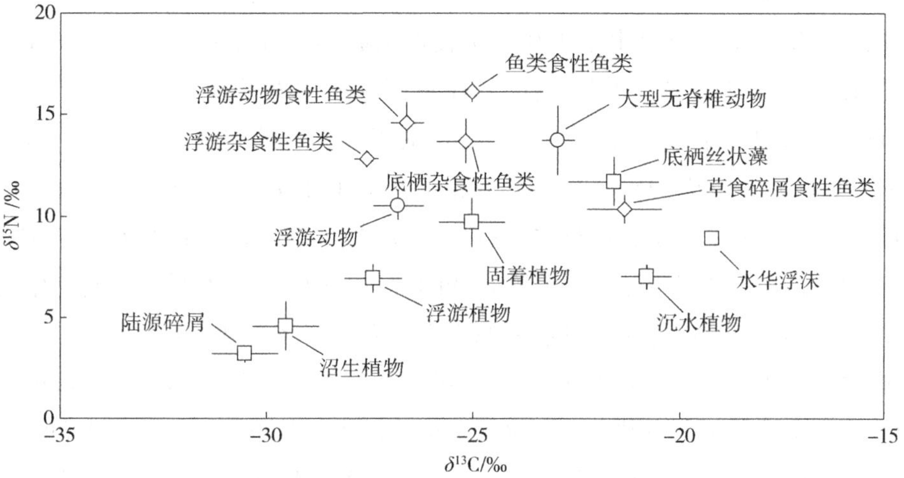


图 6-11　2002 年巢湖主要初级生产者和消费者类群的 $\delta^{13}C$ 和 $\delta^{15}N$（平均值 ± 标准差）

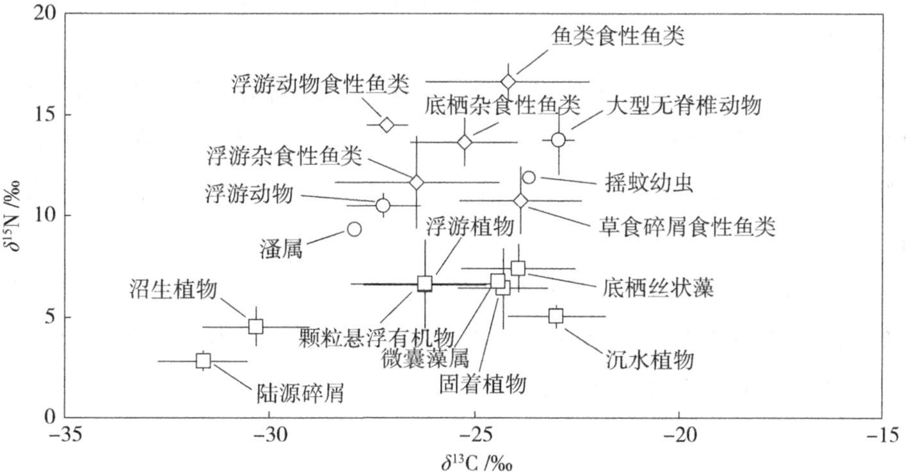


图 6-12　2003 年巢湖主要初级生产者和消费者类群的 $\delta^{13}C$ 和 $\delta^{15}N$（平均值 ± 标准差）

本研究期间，消费者（包括鱼类和无脊椎动物等）相对其食物来源 $\delta^{15}N$ 的富集多数情况下并不是通常认为的 3‰～4‰。与贫营养型湖泊敞水区的相对简单的食物链和不连续的营养级关系相比，巢湖生态系统生物的 $\delta^{13}C$ 和 $\delta^{15}N$ 说明只有很少一部分鱼类或底栖无脊椎动物种类可以清晰地反映出属于某一特定营养级或者简单营养级关系，大多数生物的 $\delta^{15}N$ 存在一定水平的重叠，反映了营养级变化的连续性。巢湖初级生产者的稳定同位素的季节性和空间性变化是引起消费者同位素变化的因素之一。同时巢湖大多数消费者均为杂食性，大多数消费者的胃含物中同时出现藻类、浮游动物、底栖底栖动物（如水生昆虫的幼虫）这也是引起 $\delta^{15}N$ 的富集与喂食实验中 3‰～4‰ 产生差异的主要原因 [60]。同时高营养级生物的 $\delta^{13}C$ 的变化在一定水平上也是由于生物的杂食性引起的。许多研究结果也发现杂食性普遍存在水生生态系统中 [55]。例如，在本研究期间发现肉食性的鲌类（如翘嘴鲌）的胃含物中有浮游鱼类（如湖鲚），同时发现大量的秀丽白虾存在。对巢湖湖鲚（*Coilia ectenes taihuensis*）不同体长的肌肉 $\delta^{13}C$ 和 $\delta^{15}N$ 组成分析过程中也发现大湖鲚（≤130 mm）与小湖鲚（＞130 mm）之间 $\delta^{13}C$ 和 $\delta^{15}N$ 存在显著性差异，这说明湖鲚存在个体发育过程中食性转变的现象，即两种湖鲚处于食物网中的不同位置，其中小湖鲚是以浮游性食物来源为主，而大湖鲚的摄食方式更偏向于底栖食性和肉食性。大湖鲚和小湖鲚的 $\delta^{13}C$ 和 $\delta^{15}N$ 也存在一定程度的重叠，这可能说明大湖鲚和小湖鲚偶尔分享共同的食物，也可能说明一些小湖鲚比其他小湖鲚在个体发育过程中更早地发生了食性转变。尽管引起鱼类食性转变的具体原因尚无明确定论，但许多研究发现鱼类个体发育过程产生食性转变是一个普遍现象 [61–63]。所以引起巢湖食物网消费者同位素变化的因素也包括其中某些生物生长过程中食物来源的变化。

本研究结果显示，在浅水富营养化湖泊中食物网结构和营养级关系变化复杂，受到如碳源的季节性和空间性变化以及生物食物来源的变化等多种因素的影响。大量生物食性复杂，限制了营养级的评价，但是证明了杂食性生物普遍存在水生生态系统。尽管巢湖主要碳源的时空变化，以及生物间同位素的相互重叠限制了应用稳定同位素评价不同碳源对食物网中不同生物的贡献，但是 $\delta^{13}C$ 结果表明，巢湖食物网中绝大多数生物的主要碳源以湖泊内的浮游植物、底栖藻类以及沉水植物为主，陆源的碳源对食物网的贡献相对较小。

# 6.5 应用 $\delta^{13}C$ 和 $\delta^{15}N$ 研究鄱阳湖食物网结构和营养级关系

## 6.5.1 材料与方法

鄱阳湖是中国第一大淡水湖，是长江中下游流域仅存的两个仍与长江保持自然连通的湖泊之一。鄱阳湖与长江在北部湖口地区交汇，承接饶河、信江、抚河、赣江和修水“五河”来水外，有着季节性水位变化和复杂的水文节律。鄱阳湖的水位在丰水期（4—9 月）和枯水期（10 月—次年 3 月）间变化很多，水位与湖泊面积呈正相关，与周边湿地面积呈负相关（图 6-13）。本书对重要性使用混合模型进行了估算，同时对鱼类在丰枯水期的营养位置变化进行了研究。

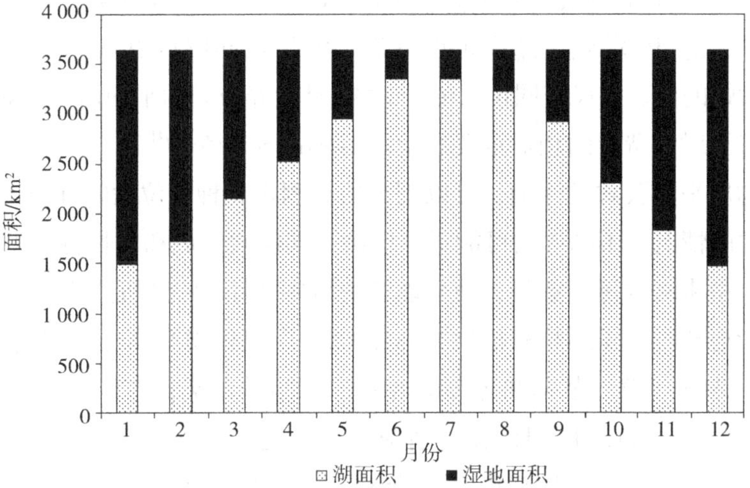


图 6-13 鄱阳湖湖水位、湖面积及湿地面积关系图（改自刘影等，2010）

大量的湿地植物，主要是莎草科湿生植物苔草（*Carex* sp.）和芦苇（*Artemisia selengensis*）广泛分布在鄱阳湖入湖河流和沿岸带湿地。主要的水生植物有金鱼藻（*Ceratophyllum demersum*）、竹叶眼子菜（*Potamogeton malaianus*）、菹草（*Potamogeton crispus*）、黑藻（*Hydrilla verticillata*）。湿地植物通常在春季开始生长，当夏季洪水来临时被淹没。等到秋季退水时植物又开始新一轮生长。因而，在丰枯水期水生生态系统的物质交换充分利用了这种水陆交互作用。

2009 年 1 月—2010 年 4 月在鄱阳湖枯水期 2009 年 1 月、2009 年 4 月、2010 年 1 月，丰水期 2009 年 4 月、2009 年 7 月、2010 年 4 月共进行了 6 次季度采样采集到以下常见消费者：2 种底栖动物（滤食者：河蚬 *Corbicula fluminea*；刮食者：铜锈环棱螺 *Bellamya aeruginosa*）；2 种杂食性虾（秀丽白虾 *Exopalaemon modestus*；日

本沼虾 *Macrobrachium nipponensis*）；10 种鱼类（植食性：鳊 *Parabramis pekinensis*；浮游植物食性：鳘 *Hemiculter leucisculus*；杂食性：鲤 *Cyprinus carpio*，光泽黄颡鱼 *Pelteobagrus nitidus*，瓦氏黄颡鱼 *Pelteobagrus vachelli*，蛇鮈 *Saurogobio dabryi*；浮游动物食性：短颌鲚 *Coilia brachygnathus*；肉食性：鲶 *Silurus asotus*，鳜 *Siniperca chuatsi*；碎屑食性：花斑副沙鳅 *Parabotia fasciata*）。其他样品采集和稳定同位素分析方法详见第 3 章。

基于氮稳定同位素在营养级间的富集值[48]，每个物种的营养级位置计算公式如下：

$$\alpha = \frac{\delta^{13}\mathrm{C}_{\mathrm{fish}} - \delta^{13}\mathrm{C}_{\mathrm{planktonic}}}{\delta^{13}\mathrm{C}_{\mathrm{fbenthic}} - \delta^{13}\mathrm{C}_{\mathrm{planktonic}}} \quad (6\text{-}4)$$

$$\mathrm{TP}=(\delta^{15}\mathrm{N}_{\mathrm{fish}}-[\delta^{15}\mathrm{N}_{\mathrm{benthic}} \times \alpha+\delta^{15}\mathrm{N}_{\mathrm{planktonic}} \times (1-\alpha)])/3.4+2 \quad (6\text{-}5)$$

式中，$\delta^{13}\mathrm{C}_{\mathrm{planktonic}}$ 和 $\delta^{15}\mathrm{N}_{\mathrm{planktonic}}$ 是河蚬的碳、氮稳定同位素值，$\delta^{13}\mathrm{C}_{\mathrm{benthic}}$ 和 $\delta^{15}\mathrm{N}_{\mathrm{benthic}}$ 是铜锈环棱螺的碳、氮稳定同位素值，3.4‰ 是营养级间的平均值（Post，2002b）。

食物来源对消费者的相对重要性使用 Isosource 模型[64]进行计算。Isosource 模型是基于物质平衡公式设计的，可以用来估算测定 $n$ 种同位素特征值，而存在 $n$+1 种食物来源的情况下不同源的可能贡献比例。同位素组成和生长特征类似的生产者被划分在组中来减少源的数量，使可能解的范围变小和变窄更具说明性。5 组生产者被纳入考虑范围：①颗粒有机物 POM；②表层沉积物 SOM；③水生植物，包括金鱼藻、马来眼子菜、菹草和黑藻的叶片；④附着藻类；⑤陆生植物，主要是苔草叶片。使用 Isosource 模型计算前消费者氮稳定同位素被矫正，即减去 3.4‰ 的营养级间稳定氮同位素平均富集值。最终双同位素（$\delta^{13}$C 和 $\delta^{15}$N）5 源混合模型被用来计算所有食物来源可能贡献比例（范围为 0～100%），模型增率为 1%，容忍度设为 0.5%。如果混合物的值超过了 5 种源组成的多边形，容忍度则增加 0.5%，最大为 2.5%。贡献比例范围很大及出现贡献率为 0 的食物来源重要性就比较模糊。Isosource 模型输出结果的表达方式是，给出平均贡献值并附上排序在第 1 位和第 99 位的贡献值。

使用独立样本 $t$ 检验比较丰枯水期食物来源和消费者碳稳定同位素、氮稳定同位素季节差异显著性。

### 6.5.2 结果与讨论

在鄱阳湖丰枯水期 6 次采样中共分析了 354 个消费者和 338 个食物基本来源样

品的碳稳定同位素、氮稳定同位素比值。2个季节在鄱阳湖采集的5种潜在食物来源的碳稳定同位素、氮稳定同位素含量区分较明显，其中，陆生植物的$\delta^{13}$C值最低（枯水期为-30.1‰，丰水期为-29.1‰），而水生植物则是$\delta^{13}$C值最高的食物来源（枯水期为-21.2‰，丰水期为-21.4‰）（图6-14）。颗粒有机物（枯水期为-26.9‰，丰水期为-27.1‰）$\delta^{13}$C值比表层沉积物（枯水期为-25.2‰，丰水期为-24.7‰）$\delta^{13}$C值要低。附着藻类的$\delta^{13}$C值在丰水期显著降低（Student's *t* test：$t$=-11.725，d$f$=5，$P<0.001$）。而陆生植物（Student's *t* test：$t$=80.495，d$f$=10，$P<0.001$），水生植物（Student's *t* test：$t$=19.746，d$f$=27，$P<0.001$）则在丰水期$\delta^{13}$C值显著升高（图6-14）。颗粒有机物和$\delta^{13}$C值（Student's *t* test：$t$=-1.144，d$f$=131，$P$=0.254）和表层沉积物$\delta^{13}$C值（Student's *t* test：$t$=1.577，d$f$=48，$P$=0.121）季节变化不明显（图6-14）。在枯水期所有的潜在食物来源中，附着藻类的$\delta^{15}$N值最低（-1.9‰）而颗粒有机物的$\delta^{15}$N值最高（8.6‰）[图6-14（a）]。在丰水期所有的潜在食物来源中，颗粒有机物的$\delta^{15}$N值最低（5.1‰），而水生植物的$\delta^{15}$N值最高（8.4‰）[图6-14（b）]。$\delta^{15}$N值仅颗粒有机物的在丰水期显著降低（Student's *t* test：$t$=-4.868，d$f$=131，$P<0.001$），附着藻类（Student's *t* test：$t$=18.806，d$f$=5，$P<0.001$），陆生植物（Student's *t* test：$t$=-28.142，d$f$=10，$P<0.001$），水生植物（Student's *t* test：$t$=-15.661，d$f$=27，$P<0.001$）和表层沉积物（Student's *t* test：$t$=3.345，d$f$=48，$P$=0.002）的$\delta^{15}$N值在丰水期都显著升高，且附着藻类在丰水期升高幅度最大[图6-14（b）]。

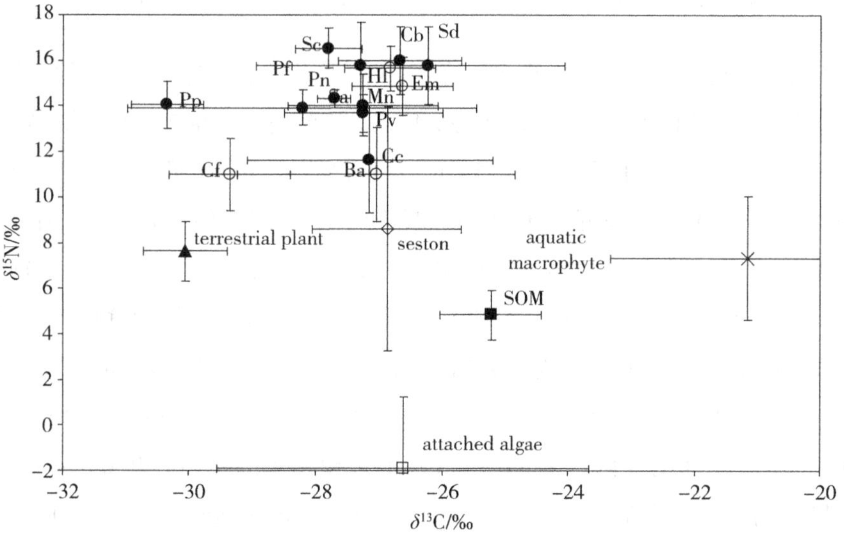


（a）

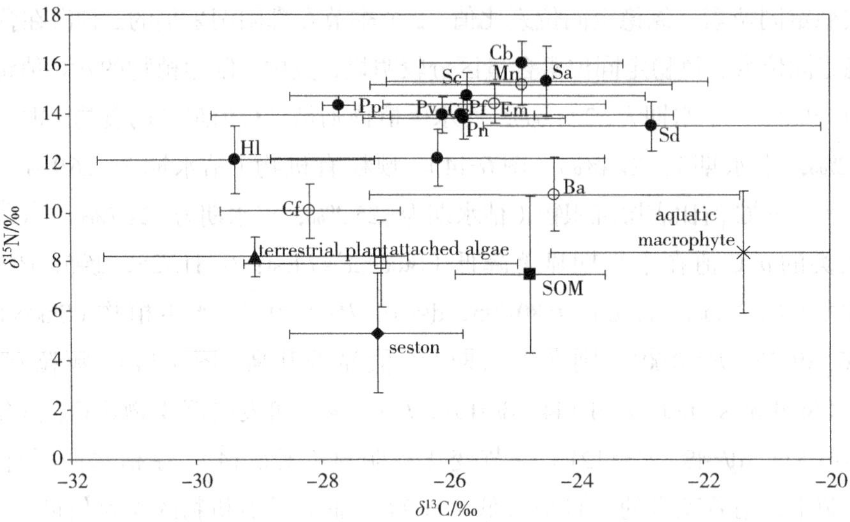


（b）

图 6-14　鄱阳湖主要生产者，无脊椎动物（空心圆圈）和鱼类（黑色圆圈）在枯水期（a）和丰水期（b）碳、氮稳定同位素含量图

注：a 枯水期采集水生植物 $n$=3，附着藻类 $n$=2，颗粒有机物 $n$=67，表层沉积物 $n$=23，陆生植物 $n$=4。无脊椎动物：Ba 代表铜锈环棱螺 $n$=21，Cf 代表河蚬 $n$=59，Em 代表秀丽白虾 $n$=4，Mn 代表日本沼虾 $n$=5。鱼类：Cb 代表短颌鲚 $n$=11，Cc 代表鲤 $n$=9，Hl 代表䱗 $n$=9，Pf 代表花斑副沙鳅 $n$=5，Pn 代表光泽黄颡鱼 $n$=2，Pp 代表鳊 $n$=2，Pv 代表瓦氏黄颡鱼 $n$=10，Sa 代表鲶 $n$=5，Sc 代表鳜 $n$=5，Sd 代表蛇够不鮈 $n$=5。

b 丰水期采集水生植物 $n$=31，附着藻类 $n$=5，颗粒有机物 $n$=66，表层沉积物 $n$=26，陆生植物 $n$=8。无脊椎动物：Ba 代表铜锈环棱螺 $n$=35，Cf 代表河蚬 $n$=42，Em 代表秀丽白虾 $n$=14，Mn 代表日本沼虾 $n$=6。鱼类：Cb 代表短颌鲚 $n$=49，Cc 代表鲤 $n$=13，Hl 代表䱗 $n$=3，Pf 代表花斑副沙鳅 $n$=4，Pn 代表光泽黄颡鱼 $n$=12，Pp 代表鳊 $n$=3，Pv 代表瓦氏黄颡鱼 $n$=8，Sa 代表鲶 $n$=6，Sc 代表鳜 $n$=7，Sd 代表蛇鮈 $n$=8。

无脊椎动物和大部分鱼类的 $\delta^{13}$C 值均在所采集的潜在食物来源的 $\delta^{13}$C 值变化范围内。河蚬的 $\delta^{13}$C 值（枯水期为 −29.4‰，丰水期为 −28.2‰）比铜锈环棱螺低（枯水期为 −27.5‰，丰水期为 −24.3‰），表明它们的食物来源是有所差异的。无脊椎动物的 $\delta^{13}$C 和 $\delta^{15}$N 平均值在枯水期都略低于丰水期，但是仅铜锈环棱螺的 $\delta^{13}$C 值季节性变化在统计上是显著的（Student's $t$ test：$t$=2.424，d$f$=65，$P$=0.018），其他在统计上并不显著（$P$>0.01）（图 6-19）。在不同季节，各种食性的鱼类中除了䱗（*H. leucisculus*）以外的其他种类枯水期 $\delta^{13}$C 值也是低于丰水期的，然而这种趋势在统计上也不显著，仅浮游动物食性的短颌鲚（Student's $t$ test：$t$=4.972，d$f$=58，$P$=0.013）和杂食性的蛇鮈（Student's $t$ test：$t$=2.424，d$f$=11，$P$=0.034）的 $\delta^{13}$C 值变化是显著的。植食性的鳊（*P. pekinensis*）和䱗（*H. leucisculus*）分别是枯水期和丰水期 $\delta^{13}$C 值最低的种。杂食性的蛇鮈（*S. dabry*）在两个季节中 $\delta^{13}$C 值都最高。在丰、枯期间 2 种虾的 $\delta^{15}$N 值比底栖动物都要高很多与其营养物质来源路径主要与浮游层有关。在鱼类中，食肉性鱼类的 $\delta^{15}N$ 值比食碎屑和杂食性鱼类都要高，说明其营养级位置较高。营养位置计算结果表明鄱阳湖中存在 4 个营养级，杂食性鲤（*C. carpio*）在两个季节中都占据着最低的营养位置。4 种无脊椎动物的 $\delta^{15}N$ 值在丰水期都均有所降低，鱼类的 $\delta^{15}N$ 值季节性变化在各个取食习惯不同的种类中均有所不同。

对于丰、枯水期采集的河蚬、铜锈环棱螺、虾类和鱼类的食物来源使用 IsoSource 模型分析得出了截然不同的结果（表 6-4）。在枯水期，铜锈环棱螺大部分的食物来源是颗粒有机物 48.4%（6%～82%）和陆生植物 27.9%（7%～61%），河蚬的可能食物来源主要是陆生植物 84.0%（77%～92%），而对于 2 种虾的食物来源主要是浮游层的颗粒有机物（第 1 位贡献比例大于 0），对于全部鱼类，颗粒有机物是最重要的食物来源，同时陆生植物对为鲤和鳊分别提供了 16.4%（7%～29%）和 37.2%（31%～45%）食物贡献（表 6-4）。枯水期颗粒有机物作为确定的食物来源为本研究中的 14 种消费者提供了 48.4%～97.9% 的能量，陆生植物提供了 16.4%～84.0% 的能量，表层沉积物、水生植物和附着藻类对食物网可能也有所贡献但它们的重要性不明确（表 6-4）。

表 6-4 鄱阳湖枯水期采集的消费者 Isosource 软件分析结果

| 物种 | 枯水期潜在食物来源 | | | | |
|---|---|---|---|---|---|
| | 颗粒有机物 | 表层沉积物 | 陆生植物 | 水生植物 | 附着藻类 |
| **无脊椎动物** | | | | | |
| 铜锈环棱螺 *B. aeruginosa* | **48.4（6～82）** | 8.0（0～23） | **29.7（7～61）** | 11.1（0～31） | 2.8（0～9） |
| 河蚬 *C. flumine* | 10.2（0～20） | 2.4（0～7） | **84（77～92）** | 2.7（0～8） | 0.7（0～3） |
| 秀丽白虾 *E. modestus* | **92.1（85～99）** | 0.8（0～3） | 4.0（0～14） | 3.0（0～10） | 0.1（0～1） |
| 日本沼虾 *M.nipponensis* | **82.3（66～69）** | 2.0（0～8） | 8.7（0～30） | 6.6（0～23） | 0.4（0～2） |
| **鱼类** | | | | | |
| 短颌鲚 *C. brachygnathus* | **97.9（96～100）** | 1（0～1） | 1.2（0～4） | 0.8（0～3） | 0 |
| 鲤 *C. carpio* | **76.8（60～89）** | 2.5（0～8） | **16.4（7～29）** | 3.6（0～11） | 0.7（0～7） |
| 鳘 *H. leucisculus* | **77.9（57～95）** | 2.6（0～10） | 10.7（0～37） | 8.2（0～29） | 0.7（0～3） |
| 花斑副沙鳅 *P. fasciata* | **95.3（91～99）** | 0.4（0～2） | 2.4（0～8） | 1.8（0～6） | 0 |
| 鳊 *P. pekinensis* | 61.0（54～67） | 0.7（0～3） | **37.2（31～45）** | 1（0～4） | 0.1（0～1） |

续表

| 物种 | 枯水期潜在食物来源 | | | | |
|---|---|---|---|---|---|
| | 颗粒有机物 | 表层沉积物 | 陆生植物 | 水生植物 | 附着藻类 |
| 光泽黄颡鱼 *P. nitidus* | **90.3（81～98）** | 1.0（0～4） | 4.9（0～17） | 3.7（0～13） | 0.1（0～1） |
| 瓦氏黄颡鱼 *P. vachelli* | **90.3（81～98）** | 1.0（0～4） | 4.9（0～17） | 3.7（0～13） | 0.1（0～1） |
| 蛇鉤 *S. dabryi* | **87.6（76～98）** | 1.3（0～6） | 6.2（0～22） | 4.7（0～17） | 2.0（0～2） |
| 鲶 *S. asotus* | **88.9（79～98）** | 1.2（0～5） | 5.5（0～19） | 4.2（0～15） | 0.2（0～1） |
| 鳜 *S. chuatsi* | **77.5（57～95）** | 2.6（0～10） | 10.9（0～38） | 8.3（0～29） | 0.6（0～3） |

注：粗体表示通过 Isosource 软件计算确定的潜在食物来源。

在丰水期，颗粒有机物 37%（24%～52%）和水生植物 39.2 %（19%～54%）构成了河蚬主要的食物来源，Isosource 模型分析结果指出，铜锈环棱螺的食物来源转向主要依赖水生植物 37.8%（11%～54%），虾类则变成完全依赖水生植物（表 6-5）。在丰水期，对 10 种鱼类来说水生植物是重要的食物来源，而陆生植物对于 7 种鱼类来说也是非常重要的食物来源（表 6-5）。在丰水期，颗粒有机物对于鄱阳湖水生食物网的贡献较小。丰水期水生植物作为确定的食物来源为本研究中的 14 种消费者提供了 12.7%～93.0% 的能量，陆生植物提供了 17.9%～81.0% 的能量，颗粒有机物提供了平均 37.0% 的能量，表层沉积物和附着藻类的贡献重要性并不确定。虽然丰水期鄱阳湖最主要的能量来源仍然是来自内源，但是外源能量的贡献比例大幅度提高，主要食物来源种类也有所增加。

表 6-5　鄱阳湖丰水期采集的消费者 Isosource 软件分析结果

| 物种 | 丰水期潜在食物来源 | | | | |
|---|---|---|---|---|---|
| | 颗粒有机物 | 表层沉积物 | 陆生植物 | 水生植物 | 附着藻类 |
| **无脊椎动物** | | | | | |
| 铜锈环棱螺 *B. aeruginosa* | 17.5（0～42） | 26.7（0～78） | 7.2（0～24） | **37.8（11～54）** | 10.9（0～36） |
| 河蚬 *C. flumine* | **37.0（24～52）** | 15.3（0～53） | 3.3（0～12） | **39.2（19～54）** | 5.2（0～19） |
| 秀丽白虾 *E. modestus* | 0.7（0～3） | 3.9（0～14） | 24.6（0～69） | **61.8（25～83）** | 9.1（0～30） |
| 日本沼虾 *M.nipponensis* | 0 | 0.6（0～3） | 4.8（0～15） | **93.0（84～98）** | 1.6（0～6） |

续表

| 物种 | 丰水期潜在食物来源 | | | | |
|---|---|---|---|---|---|
| | 颗粒有机物 | 表层沉积物 | 陆生植物 | 水生植物 | 附着藻类 |
| **鱼类** | | | | | |
| 短颌鲚 *C.brachygnathus* | 1.1（0～5） | 5.2（0～19） | 26.2（0～82） | **56.9（9～91）** | 10.6（0～37） |
| 鲤 *C. carpio* | 0 | 0 | **50.0（50～50）** | **50.0（50～50）** | 0 |
| 鳘 *H. leucisculus* | 0 | 0 | **87.0（86～88）** | **12.7（12～13）** | 0.3（0～1） |
| 花斑副沙鳅 *P. fasciata* | 1.6（0～6） | 7.5（0～25） | **31.3（1～71）** | **43.0（11～71）** | 16.6（0～52） |
| 鳊 *P. pekinensis* | 0.3（0～2） | 2.0（0～8） | **48.8（31～79）** | **43.4（19～56）** | 5.5（0～20） |
| 光泽黄颡鱼 *P. nitidus* | 0.0（0～1） | 1.0（0～4） | **30.5（21～47）** | **65.5（52～72）** | 2.9（0～10） |
| 瓦氏黄颡鱼 *P. vachelli* | 1.7（0～6） | 7.5（0～25） | **34（1～74）** | **39.5（7～67）** | 17.3（0～54） |
| 蛇鮈 *S. dabryi* | 0.3（0～2） | 2.3（0～9） | 11.5（0～34） | **81.0（62～96）** | 4.9（0～17） |
| 鲶 *S. asotus* | 3.0（0～10） | 12.0（0～39） | 27.0（0～69） | **36.8（1～82）** | 21.1（0～72） |
| 鳜 *S. chuatsi* | 0 | 0.4（0～2） | **17.9（12～26）** | **80.1（73～84）** | 1.6（0～5） |

注：粗体表示通过 IsoSource 软件计算确定的潜在食物来源。

根据丰枯水期年鄱阳湖常见水生生物碳、氮稳定同位素值含量，消费者食物来源比例分析（表 6-4 和表 6-5 以及营养级关系分析，发现鄱阳湖内部来自浮游层和底栖层初级生产力共同为食物网中的食物提供能量来源，同时来自陆地的外源生产力也有一定的贡献。枯水期主要的食物来源是浮游层的生产力，丰水期除了水生植物外，陆生植物也通过碎屑颗粒有机物以及陆生昆虫等间接方式为鄱阳湖水生食物网提供能量来源。根据丰、枯水期鄱阳湖水生食物网的主要食物来源贡献比例的差异，分别绘制了鄱阳湖丰、枯水期简化食物网能量来源模型，见图 6-15 和图 6-16。

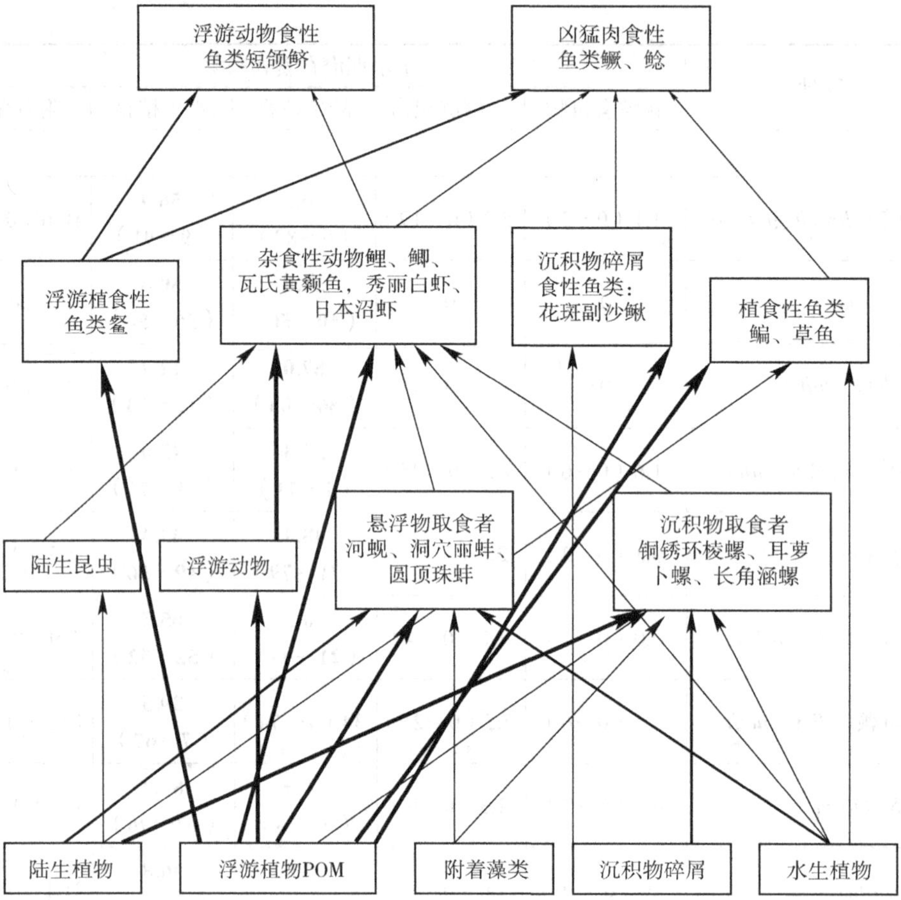


图 6-15　鄱阳湖枯水期水生食物网能量来源图（粗箭头代表较强能流）

湖水的可溶性无机碳浓度，浮游植物种类和生理因素都会影响颗粒有机物的 $^{13}C$ 含量。在丰水期鄱阳湖的总氮、总磷、溶解氧、水温、叶绿素 a 和透明度都增加了，在这种环境下浮游植物会更多地吸收由于种群呼吸增加产生的 $CO_2$ 从而导致颗粒有机物的 $\delta^{13}C$ 值降低。高水位和水体频繁交换将陆地碳源带入主湖体，也会导致颗粒有机物的 $\delta^{13}C$ 值降低。有报道指出，颗粒有机物 $\delta^{13}C$ 值与水体总氮、总磷浓度呈显著正相关。这两个研究结果都表明浮游植物生产力随着营养（N 或者 P 或者二者同时作用）的增加而增加。然而鄱阳湖是个开放性的中营养湖泊，初级生产力由多种植物类型组成，因而颗粒有机物的 $\delta^{13}C$ 值季节性变化并不显著。微生物对碎屑的分解作用会导致碎屑比新鲜植物的 $\delta^{13}C$ 值低，从而导致表层沉积物的 $\delta^{13}C$ 值低。表层沉积物同时是湖泊营养状况的历史记录，因此其季节性变化趋势可能会与颗粒有机物相反。附着藻类的 $^{13}C$ 含量受到水体扰动引起的 $CO_2$ 扩散时边界层影响，水体交换频繁将带来大量 $CO_2$ 及陆源溶解有机碳 [39] 也会导致附着藻

类的 $\delta^{13}C$ 值在丰水期降低。溶解无机碳和其他来自水体和沉积物中的营养物质共同影响着水生和陆生植物的 $^{13}C$ 含量[62]。陆生植物的 $\delta^{13}C$ 值的季节性变化还可能是由于 $^{13}CO_2$ 分布的时空差异性，土壤含水量和水分利用效率以及叶片气孔导度所控制的光合能力导致[60]。

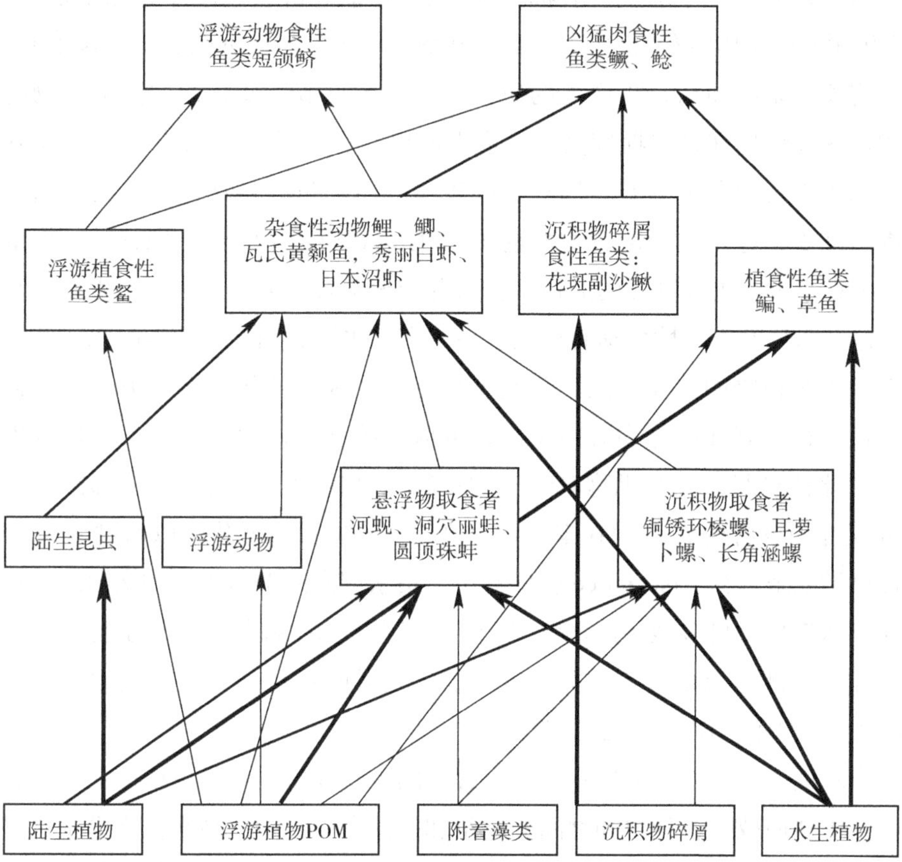


图 6-16 鄱阳湖丰水期水生食物网能量来源图（粗箭头代表较强能流）

颗粒有机物的 $^{15}N$ 含量由浮游植物组成和其吸收同位素值不同的可溶无机氮的能力变化所决定，因为 $NH_4^+$（20‰～30‰）$\delta^{15}N$ 值通常比 $NO_3^-$（<10‰）要高。鄱阳湖丰水期水体 $NO_3^-$ 浓度增加可能会使浮游植物从吸收 $NH_4^+$ 转向更多地吸收 $NO_3^-$，从而导致颗粒有机物的 $\delta^{15}N$ 值降低。蓝藻在丰水期在浮游植物中的比重突然增加也会导致颗粒有机物的 $\delta^{15}N$ 值降低（见第 3 章），因为蓝藻可以直接利用大气中的 $N_2$ 且同位素分馏作用小。其他 4 种食物来源 $\delta^{15}N$ 值的增加可能是由于高水位，高温度导致光合效率高从而吸收了更多的氮源。水生植物的 $\delta^{15}N$ 值会随着水体中可溶性无机氮的同位素特征值变化而变化。在丰水期来自 5 条支流的洪水将上游包含农

田污水，城市废水在内的大量受污染的水带入主湖体，从而使水生植物和附着藻类的 $\delta^{15}N$ 值升高。陆生苔草 $\delta^{15}N$ 值的升高可能是由于吸收 $NH_4^+$ 和 $NO_3^-$ 的比例发生了变化或者是微生物矿化作用，土壤湿度周期性变化导致土壤氮库 $\delta^{15}N$ 值的变化[60]。在丰水期大量雨水降落，洪水频发，水生植物和陆生植物碎屑大量进入水体从而导致表层沉积物的 $\delta^{15}N$ 值升高[53]。水陆转换过程中缺氧和富氧状态的变化以及大量有机物的提供了发硝化作用发生的环境，这一因素也会导致表层沉积物的 $\delta^{15}N$ 值升高。

之前关于鄱阳湖初级生产力的研究均报道了季节性变化，如浮游植物的丰富度和物种多样性均在枯水期较高，且最大值出现在 10 月；水生植物生物量在 9 月最高，枯水期地上部分死亡、腐烂；陆生植物生物量在 4 月最高，然后随着水位上涨逐渐减少，进入枯水期后生物量在 11 月达到第 2 个峰值。Isosource 模型分析结果指出在丰水期更多种类的潜在食物来源为消费者所取食，包括水生植物和陆生植物，这与水位的季节性变动有很大关系。在枯水期，当水位较低时水体浑浊营养物质多，沉水植物的生长受限，藻类生长超过了水生植物，水体中悬浮颗粒有机物多，鱼类被限制在湖体中心内生存，可取食的食物来源有限且都来自水生生态系统，因此枯水期颗粒有机物对鱼类的贡献比例较大。丰枯水期从鄱阳湖采集的 10 种鱼类中有 9 种的 $\delta^{13}C$ 值在丰水期升高，这种同位素变化可以通过 Isosource 模型的计算结果来解释。Isosource 软件对丰、枯水期鄱阳湖鱼类食物来源的分析结果表明在丰水期鱼类更多地转向取食 $^{13}C$ 较为富集的水生植物和陆生植物而非颗粒有机物。在南美洲河流枯水期鱼类也表现出了较低的 $\delta^{13}C$ 值，主要是因为初级生产者吸收了低 $^{13}C$ 值的溶解无机碳[66]。

在丰水期，洪水为沉水植物提供了合适的生长环境，鱼类可以广泛分布在水生植物群落中从而减少了种内和种间的竞争和被捕食的危险。高水位将沿岸带湿地植物的碎屑和新鲜叶片带入湖泊中，来自陆地的食物来源，如陆生植物新鲜叶片、碎屑、从植物上落下的昆虫以及在水陆交错带生活的水生无脊椎动物在丰水期都变得易于获取。同时，丰、枯水期的水位变化为微生物和无脊椎动物分解来自流域内的外源物质提供了良好的环境，从而使得碎屑易于进入水生食物网。因此，Isosource 模型分析结果表明消费者在丰水期取食了更多的水生和陆生植物食物。据报道，枯水期在亚马孙河采集的鱼类体内的 $\delta^{15}N$ 值在枯水期比丰水期高，可以用丰水期周边湿地洪水发生时鱼类主要呈现杂食性，而枯水期当湖体面积被限制时鱼类肉食性增强来解释。而丰、枯水期采集的消费者的 $\delta^{15}N$ 值分布范围都非常广泛，说明这些生物由于食性不同而占据食物网中营养级的不同位置。丰水期只有颗粒有机物的 $\delta^{15}N$ 值在枯水期较高，其他 4 种食物来源的 $\delta^{15}N$ 值都是在丰水期较高，因此消费

者的 $\delta^{15}N$ 值季节性变化并没有一致的规律。丰、枯水期表层沉积物和附着藻类对鄱阳湖水生食物网的贡献都不明确，难以确定可能与这两种源的 $^{13}C$ 含量与其他源差距较小，且容易接纳从水体表层落下的其他初级生产者的碎屑和尸体从而成为混合物，从而变得难以区分是否有关。

水文节律和主要的初级生产者生产力的季节性变化（如在特定时期特定食物来源生产力高）加上动物生长发育的特征（如洄游，性成熟和取食习惯的影响）共同决定着食物网中的能流路径。内源和外源的食物来源相对可获得性随着水深、营养物质浓度、荫蔽度，与陆地生态距离远近梯度而改变。淡水生态系统底栖动物和鱼类的群聚都是基于底层食物网的生产力。湖泊生态系统的大小同样也会影响食物来源对食物网的贡献比例，因为系统大小决定了初级生产力大小及与陆地栖息地的联系性。人类活动将湖泊破碎化并最终改变了湖泊食物网的结构。而人类活动导致的水文变化通常会大幅度地改变自然的营养供应，浮游层和水陆交汇过程。三峡工程运行后，鄱阳湖 5 月水位提早升高和枯水期水位整体下降的现象值得关注。尽管预测三峡运行在短期内能够提高光能有效性和苦草生产力，但是不同种类水生植物适应高水位的能力不同，几乎没有植物能够适应生长期发生的高水位。由于陆生植物同样对水位波动很敏感，因为它们只能在较为干燥的环境中生存。这种植被的变化会在食物网中传递。枯水期低水位会导致原先的水生环境变成干燥的陆生环境，破坏水生植被导致水体变浑，直接影响附着藻类和底栖无脊椎动物的存活。水位改变还会直接改变低水位时湖边合适产卵场和庇护所的分布，从而影响底栖鱼类的生存。这些证据都表明水文连通对于鄱阳湖食物网非常重要，这一相对开放环境的高生产力为当地水生食物网提供了大量的外源能量来源。

本研究通过稳定同位素分析技术结合 Isosource 混合模型分析结果说明，鄱阳湖丰、枯水期水位波动对潜在内源和外源食物来源同位素含量的季节性变化以及消费食物来源有相应的影响。长江中游、下游流域湖泊水位控制导致大型底栖动物和鱼类的生物多样性锐减 [16]。由于江西省是经济欠发达地区，中央政府在 2009 年 12 月批准了环鄱阳湖生态经济区建设，其中包括仍需研究的建设鄱阳湖水利枢纽的规划。据报道，在鄱阳湖北部入江道建设水利枢纽工程的提议受到很多中国科学家的反对。Dudgeon 预测中国减少温室气体排放的政策将会增加对水电的需求 [67]，在可预见的未来长江流域的大部分地区将会失去其自然特征，面临着损失该地区独特的生物多样的新危险。徐明和马超德 [68] 提出，长江流域 20 世纪 90 年代的平均气温仅增加 0.33℃，而在 2001—2005 年平均气温急剧升高了 0.71℃，他们还预测在该区域洪水和干旱等极端事件发生频率将增加，枯水期水位降低和气温升高将减少流域内湿地和水鸟、水生生物的栖息地。O'Reilly 等[69]研究指出，20 世纪初开始的气候变暖显著减少了非洲 Tanganyika 湖的生产力。温度改变已经影响了长江鱼类的洄游和鸟类迁徙路径[68]。干流和流域内栖息的连通一直是生物多样性讨论中的核心议题[3,5-7,16]。鉴于鄱阳湖是长江流域最大的淡水湖，在更进一步地人为控制水位季节性波动和水文连通性避免对该区域湿地植物、底栖动物、鱼类甚至越冬鸟类产生不可预测的破坏前，需要长期的监测来帮助判断。

## 6.6 鄱阳湖优势鱼类营养生态位研究

### 6.6.1 材料与方法

随着稳定同位素技术的快速发展，碳稳定同位素、氮稳定同位素方法为生态位的量化计算提供了有力的支持[70]。碳稳定同位素特征（$\delta^{13}C$）可以提供有关消费者食物来源的信息，而氮稳定同位素特征（$\delta^{15}N$）可用于指示消费者的营养级。因此种群的同位素生态位宽度可以由物种种群内的 $\delta^{13}C$ 和 $\delta^{15}N$ 的差异来体现，并作为量化营养生态位。

从根本上来说，同位素生态位的范围是"Hutchinsonian niche"的低维度层次。Hutchinsonian niche 是一个 *n* 维超量，定义了物种存在的所有生物与非生物需求[71]。同位素生态位空间显示了消费者的资源利用，对于理解何种因素决定营养生态位的变化从而评估食物网的结构至关重要。量化生态位宽度和生态位重叠对评估种间资源分配和竞争具有重要意义。

生态位宽代表的是消费者所消耗资源的丰富性和均匀性，对评估物种的生态功能至关重要[72]。当资源有限时，共存的物种可能沿多个生态位空间维度重叠，但必须至少在一个维度有所不同从而避免竞争排斥[73]。对广东省不同营养水平水体中浮游食性鲢、鳙的研究发现，这两个物种在资源缺乏的贫营养和资源过剩的超富营养水体中均存在生态位重叠，但是在中营养水体中生态位不重叠，合适的湖盆面积和生产力使鲢有机会掠夺性地取食浮游动物，而鲢则转向浮游植物[74]。

渔业是鄱阳湖周边居民重要的食物和来源。2000—2011 年鄱阳湖天然捕捞量平均为 3.1 × 104 t[75]。鄱阳湖记录有 137 种鱼类，其中，53 种为底栖食性，占 38.7%[76]。其中，鲫鱼（*Carassius auratus*）、黄颡鱼（*Pelteobagrus fulvidraco*）和鲶（*Silurus asotus*）由于适应能力强、分布广、产量高而成为该区域的重要经济鱼类，占总捕捞量的 35%[75]。鲫鱼为杂食性，主要吃植物碎屑、浮游动物和底栖动物[77]。

黄颡鱼主要摄食小鱼、小虾、螺、蚌和底栖昆虫。鲶主要取食鱼、虾、蟹和螺。

湿地流量减少会导致鱼类食谱重叠增加 [78]。研究已发现湿地鱼类的食谱组成随着水位的变化而发生变化 [79-81]。但是关于高水位时鄱阳鱼类的营养关系如何变化的研究较少。许多研究关注鄱阳湖水环境和营养盐指标的空间差异 [82,83]。仅有少数研究关注这些空间差异是否会影响这个大型洪泛平原湖泊鱼类的生态位和营养关系 [84]。

2011 年 8 月，丰水期在鄱阳湖南部和北部湖区采集鱼类和底栖动物样品。鄱阳湖北部湖区为通江水道，自湖口至庐山市。南部湖区为湖泊主体。在两个区域分别选择两个样点采集鲫鱼、黄颡鱼、鲶，其中，底栖动物和水样各调查了 10 个样点。

使用非参数单因素方差分析来比较鄱阳湖南部和北部湖区底栖动物生物量和丰度、水质指标，鲫鱼、黄颡鱼、鲶同位素比值差异。

通过比较每种鱼的 $\delta^{13}$C 和 $\delta^{15}$N 二轴图的标准椭圆面积（SEA）来比较同位素生态位。小样本量下校正过的标准椭圆面积可以表示核心同位素区域（单变量数据二元，等同于标准偏差，包含大约 40% 的数据），代表种群典型的资源利用情况 [85]。在 R 中使用 SIAR 程序包计算 [85]。生态位重叠使用 nicheROVER 程序包计算 [86]。

## 6.6.2 结果和讨论

用于稳定同位素分析的鱼类样本数量，长度范围和平均体长见表 6-6。在鄱阳湖南部和北部采集的 3 种鱼类体长无显著差异（表 6-6，$p>0.05$）。

表 6-6 2011 年 8 月在鄱阳湖南北和北部采集的鱼类体长

| 物种 | 北部 | | | 南部 | | | $p$ |
|---|---|---|---|---|---|---|---|
| | 体长范围 /cm | 平均体长 /cm | 数量 | 体长范围 /cm | 平均体长 /cm | 数量 | |
| 鲫鱼 | 11.5～13.0 | 12.11 | 8 | 10.5～15.5 | 12.15 | 16 | 0.949 |
| 黄颡鱼 | 7.7～16.5 | 12.91 | 14 | 8.5～17 | 12.02 | 18 | 0.346 |
| 鲶 | 13.6～20.8 | 17.35 | 15 | 12.4～21.4 | 17.95 | 13 | 0.750 |

刮食性的铜锈环棱螺和滤食性的河蚬在鄱阳湖南北部湖区出现频率分别为 80.0% 和 63.6%。这两个物种在南北部湖区底栖动物生物量中分别占 67.3% 和 76.5%。北部湖区底栖动物生物量和丰度略低于南部湖区（表 6-7，$p>0.05$）。水质指标中仅北部湖区 $NH_4$-N 显著低于南部湖区，其他水环境物理化学指标差异均不显著（表 6-7）。

表 6-7　南北部湖区 10 个采样点底栖动物生物量，丰度和水质指标平均值和标准差

| 变量 | 单位 | 北部 | 南部 | $p$ |
|---|---|---|---|---|
| | | 平均值 ± 标准差 | 平均值 ± 标准差 | |
| 底栖动物生物量 | $g/m^2$ | **128.74 ± 163.37** | **415.33 ± 473.34** | **0.046** |
| 底栖动物丰度 | $ind/m^2$ | 361.14 ± 211.59 | 478.40 ± 359.31 | 0.325 |
| TN | mg/L | 1.70 ± 0.69 | 2.48 ± 1.69 | 0.195 |
| $COD_{Mn}$ | mg/L | 3.95 ± 0.46 | 4.32 ± 0.65 | 0.331 |
| 悬浮颗粒有机物 | mg/L | 25.72 ± 21.4 | 25.48 ± 26.49 | 0.166 |
| $NO_3$-N | mg/L | 1.02 ± 0.58 | 1.12 ± 0.56 | 0.368 |
| $NH_4$-N | mg/L | **0.22 ± 0.12** | **0.62 ± 0.05** | **0.018** |
| Chlorophyll-a | μg/L | 10.43 ± 6.05 | 9.02 ± 8.74 | 0.255 |
| 水深 | m | 2.11 ± 1.08 | 1.63 ± 0.80 | 0.324 |
| 透明度 | m | 0.56 ± 0.34 | 0.56 ± 0.20 | 0.704 |
| 浊度 | NTU | 50.14 ± 37.06 | 44.98 ± 50.27 | 0.080 |

注：表中字体加粗代表 $p<0.05$。

螺和蚌的 $\delta^{13}C$ 和 $\delta^{15}N$ 比值在南北部湖区差异显著。3 种鱼类 $\delta^{15}N$ 比值南部湖区显著高于北部湖区。3 种鱼类中鲶占据的营养级位置最高。北部湖区 3 种鱼类营养生态位宽度比南部小 24.7%。在南部湖区鲤鱼和鲶食谱重叠高达 90.09%，鲶和鲫鱼食谱重叠为 73.39%。生态位重叠最低的是北部湖区的鲶和鲫鱼。总体上南部湖区 3 种鱼类生态位重叠高于北部。

表 6-8　鄱阳湖南部和北部底栖动物和鱼类 $\delta^{13}C$、$\delta^{15}N$ 比值差异

| 物种 | $\delta^{13}C$ | | | $\delta^{15}N$ | |
|---|---|---|---|---|---|
| | d$f$ | F | $p$ | F | $p$ |
| 铜锈环棱螺 | 1.53 | 2.487 | 0.121 | 8.784 | **0.005** |
| 河蚬 | 1.29 | 5.164 | **0.031** | 6.887 | **0.011** |
| 鲫鱼 | 1.23 | 0.041 | 0.842 | 12.908 | **0.002** |
| 黄颡鱼 | 1.31 | 0.709 | 0.407 | 10.985 | **0.002** |
| 鲶 | 1.26 | 0.335 | 0.568 | 23.447 | **0** |

注：表中字体加粗代表 $p<0.05$。

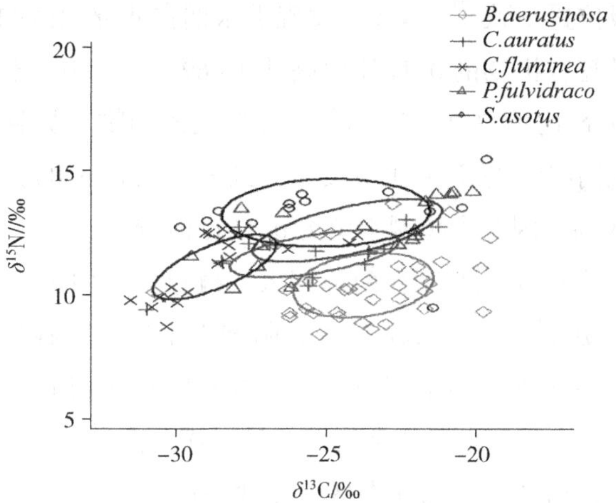


图 6-17 北部湖区底栖动物和鱼类同位素生态位重叠

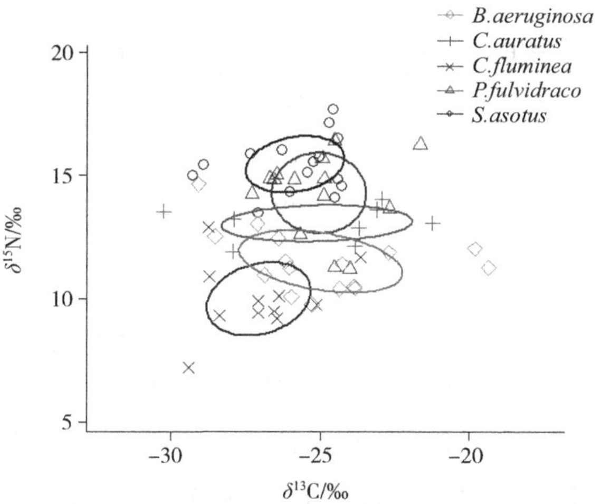


图 6-18 南部湖区底栖动物和鱼类同位素生态位重叠

北湖湖区流速高于南部 [87]，营养物质容易扩散，因此营养盐浓度略低于南部（如 TN、$NO_3$-N、$NH_4$-N）。Chen 等研究也指出，鄱阳湖水样中 TN 浓度自南向北递减。同时，悬浮颗粒物和浊度在南部较高 [88]。

在北部湖区螺和蚌 $\delta^{13}C$ 重叠但是 $\delta^{15}N$ 无重叠，但是在南部湖区关系则相反。南部湖区螺和蚌 $\delta^{13}C$ 比值分离意味着不同资源的利用 [89]。南部开阔湖区河蚬 $\delta^{13}C$ 比值更偏负，说明同化了周围湿地的陆源有机碳，而铜锈环棱螺 $\delta^{13}C$ 比值较高表明同化的是水体中的有机碳。Wang 和 Zhang 研究指出，陆源植物对鄱阳湖鱼类碳源的贡献 [80,89]。鲶的 $\delta^{15}N$ 比值最高，鲫鱼的 $\delta^{15}N$ 比值最低，这和之前通过胃含物分析确定的营养级位置一致[77]。Wang发现洪水期在北部湖区的星子由于生活污水和养殖污染悬浮颗粒有机物的 $\delta^{15}N$ 比值高达19.69‰[91]。由于非点源污染和土壤侵蚀导致沉积物的 $\delta^{15}N$ 比值高达6.72‰[92]。大型底栖动物趋势悬浮颗粒有机物和表层沉积物，它们肌肉组织的 $\delta^{15}N$ 比值较高受到食物的 $\delta^{15}N$ 的影响[92]。由于北部基准生物 $\delta^{15}N$ 比值较高，因此食物网中鱼类 $\delta^{15}N$ 比值较高[84]。

由于基准生物 $\delta^{13}C$ 比值幅度在南部较大，鲫鱼、黄颡鱼、鲶的SEA在南部也大于北部，反映了更宽的食物来源[93]。鄱阳湖水生植物较容易获得，因此鲫鱼的SEA最小，因为当资源充足时消费倾向于专性和缩小它们的营养生态位[94]。由于鄱阳湖渔业捕捞强度大[5]，小型鱼类也被大量捕捞，肉食性的鲶食物资源可能会短缺，因此它们的食谱增宽，在南北湖区SEA均最大（表6-9）。营养重叠意味着取食共同的食物资源，在鄱湖湖3种底栖鱼类之间的生态位重叠可能是由于都取食底栖动物。

表6-9 鄱阳湖底栖动物和鱼类标准椭圆面积

| | 北部 | 南部 |
|---|---|---|
| | SEA | SEA |
| 鲫鱼 | 6.08 | 7.22 |
| 黄颡鱼 | 8.63 | 9.92 |
| 鲶 | 8.48 | 15.53 |

最优觅食理论预测由于食物减少，消费者被迫取食非最优食物而导致生态位增宽[94]。在鄱阳湖南部鲶和鲫鱼，鲶和黄颡鱼的生态位重叠高于北部，意味着种间竞争更激烈（表6-10），导致共存种营养专一性减少，食谱增宽，从而导致鲶营养生态位增大。

表6-10 鄱阳湖3种鱼类营养生态位重叠 单位：%

| | 北部 | | | 南部 | | |
|---|---|---|---|---|---|---|
| | *C. auratus* | *P. fulvidraco* | *S. asotus* | *C. auratus* | *P. fulvidraco* | *S. asotus* |
| 鲫鱼 | — | 68.21 | 28.86 | — | 90.09 | 83.79 |
| 黄颡鱼 | 52.58 | — | 65.59 | 73.39 | — | 88.83 |
| 鲶 | 23.54 | 86.5 | — | 45.16 | 68.52 | — |

# 7

# 稳定同位素在池塘生态系统中的应用

稳定同位素技术在池塘生态系统中的应用，主要体现在池塘养殖系统中。相对于湖泊、河流等开放水体，池塘养殖系统的空间相对较小，受人工调控影响较大。在一个特定的池塘养殖系统中，由于人为养殖活动干预，能量流动和物质循环路径相对较清晰，食物网营养层级较为简单，且能量蓄积在某一营养层相对集中[1]。因此，稳定同位素技术在池塘养殖系统中的应用有其局限性，分析数值可能还不能完全、准确和及时反映养殖活动的影响。虽然如此，稳定同位素技术在描述同一时期不同养殖品种和不同养殖模式下生物的摄食、营养关系及有机物质迁移、转化、积累和分配等具有重要的应用价值，进而优化养殖品种配置和养殖投饲技术，提升单位水体的生态效益和经济效益。

## 7.1 指示食物网结构和生物营养级

中华绒螯蟹（*Eriocheir sinensis*）俗称河蟹，因其肉鲜味美、营养价值高等优点，已成为中国淡水养殖的支柱产业之一[2]。近 20 年来，养殖产量逐年增加，根据《中国渔业统计年鉴》2018 年全国产量达到 $7.6\times10^8$ kg，相当于产值 $7.8\times10^9$ 美元。池塘河蟹养殖多采用蟹 - 鱼生态混养，探讨河蟹与鳜、翘嘴鲌、黄颡鱼、鲢、鳙等套养鱼类之间的生态位关系，可进一步评估水生植物等初级生产者对河蟹、青虾及套养鱼类的食源贡献大小及食物链传递途径。通过对河蟹养殖池塘内放养及野生的鱼类、中华绒螯蟹等无脊椎动物以及基础食源取样，分析蟹池食物网中初级生产者和消费者的碳稳定同位素、氮稳定同位素比值，研究鱼类等主要消费者的食物来源和营养关系，构建固城湖河蟹养殖池塘水生系统的食物网结构，以期为主要养殖品种间的优化配置及蟹 - 鱼复合养殖技术模式的建立提供科学依据和研究基础。

### 7.1.1 食物源和消费者的稳定同位素特征

作为人工条件干扰下的河蟹养殖池塘，其水生生态系统中碳源丰富，既包括水体内部生长的藻类，也包括人工栽植的大型沉水植物以及饲料投喂带来的外源物质如饵料鱼、螺等。在本研究的蟹池水生生态系统中，有以下 4 种初级生产者可用于动物的消费：水体中的悬浮颗粒物（主要为浮游藻类）、表层沉积物（主要为底栖藻类）、水生植物（主要为伊乐藻和苦草）和附植生物（主要为附着藻类），其碳稳定同位素、氮稳定同位素测定结果如表 7-1 所示。固城湖蟹池食物网中各基础食源的 $\delta^{13}$C 值范围跨度较大，数值为 -20.5‰～-24.3‰（图 7-1），其中，附植生物的 $\delta^{13}$C 值最高，SPOM 的 $\delta^{13}$C 值最低。4 种有机碳源的 $\delta^{13}$C 值差异极显著（Kruskal-Wallis ANOVAs，$p<0.001$），这有利于食物网中消费者的食物来源分析。食物源的 $\delta^{15}$N 值变化范围较小，以附植生物最高（7.0‰），沉水植物苦草最低（5.7‰）。

表 7-1 固城湖河蟹养殖池塘的基础食源及消费者的稳定同位素值与营养级（$\delta^{13}$C/$\delta^{15}$N，±SD）

| 种类 | 尺寸 / mm | n | $\delta^{13}$C/‰ | | $\delta^{15}$N/‰ | | C/N | | 营养级 |
|---|---|---|---|---|---|---|---|---|---|
| | | | 均值 | 标准差 | 均值 | 标准差 | 均值 | 标准差 | |
| **食物来源** | | | | | | | | | |
| 悬浮颗粒有机物 | | 4 | -24.32 | 0.55 | 5.67 | 0.36 | 5.47 | 0.65 | |
| 伊乐藻 | | 4 | -22.46 | 0.63 | 6.78 | 0.28 | 9.37 | 0.59 | |
| 苦草 | | 4 | -21.41 | 0.83 | 6.19 | 0.44 | 9.54 | 0.76 | |
| 附着藻类 | | 4 | -20.50 | 0.37 | 6.99 | 0.71 | 9.10 | 0.48 | |
| 沉积有机质 | | 4 | -22.61 | 0.58 | 6.00 | 0.33 | 5.88 | 0.79 | |
| **无脊椎动物** | | | | | | | | | |
| 浮游动物 | | 4 | -24.03 | 0.47 | 8.23 | 0.36 | 6.72 | 0.36 | 2.00 |
| 摇蚊 | | 4 | -23.35 | 0.68 | 8.19 | 0.53 | 4.90 | 0.35 | 1.98 |
| **软体动物** | | | | | | | | | |
| 铜锈环棱螺 | 2～3 | 4 | -23.46 | 0.88 | 8.52 | 0.22 | 4.09 | 0.43 | 2.13 |
| 椭圆萝卜螺 | 1～2 | 4 | -23.23 | 0.35 | 8.49 | 0.63 | 3.69 | 0.48 | 2.12 |
| 长角立螺 | 2～3 | 4 | -21.57 | 0.83 | 7.88 | 0.52 | 5.29 | 0.42 | 1.84 |
| **环节动物** | | | | | | | | | |
| 霍甫水丝蚓 | 3～6 | 4 | -22.60 | 0.48 | 7.57 | 0.54 | 3.11 | 0.45 | 1.70 |
| 苏氏尾鳃蚓 | 8～12 | 4 | -23.73 | 0.60 | 7.86 | 0.45 | 2.59 | 0.28 | 1.83 |

续表

| 种类 | 尺寸 / mm | $n$ | $\delta^{13}C$/‰ | | $\delta^{15}N$/‰ | | C/N | | 营养级 |
|---|---|---|---|---|---|---|---|---|---|
| | | | 均值 | 标准差 | 均值 | 标准差 | 均值 | 标准差 | |
| **甲壳纲动物** | | | | | | | | | |
| 日本沼虾 | 7～9 | 6 | −20.00 | 0.38 | 9.46 | 0.50 | 3.48 | 0.24 | 2.56 |
| 克氏原螯虾 | 10～14 | 6 | −20.03 | 0.41 | 7.85 | 0.46 | 3.38 | 0.26 | 1.83 |
| 中华绒螯蟹 | 6～7 | 6 | −20.91 | 0.32 | 9.18 | 0.42 | 3.68 | 0.21 | 2.43 |
| **鱼类** | | | | | | | | | |
| **浮游食性鱼类** | | | | | | | | | |
| 鲢 | 28～38 | 5 | −23.98 | 0.77 | 8.98 | 0.32 | 3.48 | 0.37 | 2.34 |
| 鳙 | 32～42 | 4 | −24.36 | 0.19 | 9.57 | 0.46 | 3.43 | 0.33 | 2.61 |
| **草食性鱼类** | | | | | | | | | |
| 中华鳑鲏 | 4～6 | 6 | −18.94 | 0.81 | 9.35 | 0.23 | 3.43 | 0.32 | 2.51 |
| 高体鳑鲏 | 3～5 | 3 | −19.79 | 0.41 | 8.76 | 0.49 | 3.49 | 0.31 | 2.24 |
| 兴凯鱊 | 6～9 | 4 | −19.93 | 0.42 | 8.96 | 0.50 | 3.35 | 0.22 | 2.33 |
| **杂食性鱼类** | | | | | | | | | |
| 细鳞鲴 | 14～19 | 4 | −19.02 | 0.67 | 8.77 | 0.54 | 3.39 | 0.20 | 2.25 |
| 䱗条 | 12～15 | 5 | −21.06 | 0.87 | 9.32 | 0.23 | 3.62 | 0.32 | 2.50 |
| 鲫 | 18～22 | 6 | −20.66 | 0.43 | 9.21 | 0.49 | 3.55 | 0.41 | 2.45 |
| 鳊 | 12～18 | 3 | −20.86 | 0.20 | 9.86 | 0.54 | 3.17 | 0.36 | 2.74 |
| 麦穗鱼 | 9～11 | 6 | −21.91 | 0.55 | 9.81 | 0.23 | 3.23 | 0.23 | 2.87 |
| **底栖食性鱼类** | | | | | | | | | |
| 黑鳍鳈 | 7～10 | 4 | −21.69 | 0.57 | 10.24 | 0.43 | 3.27 | 0.27 | 2.91 |
| 泥鳅 | 10～12 | 2 | −22.24 | 0.53 | 9.65 | 0.32 | 3.65 | 0.02 | 2.65 |
| 小黄黝鱼 | 4～6 | 6 | −23.22 | 0.29 | 9.95 | 0.60 | 3.25 | 0.49 | 2.79 |
| 棒花鱼 | 9～11 | 3 | −22.63 | 0.58 | 10.50 | 0.21 | 3.34 | 0.21 | 3.03 |
| **肉食性鱼类** | | | | | | | | | |
| 鳜 | 29～32 | 6 | −19.80 | 0.42 | 12.09 | 0.62 | 3.72 | 0.68 | 3.76 |
| 翘嘴鲌 | 22～27 | 6 | −21.28 | 0.50 | 11.81 | 0.71 | 3.53 | 0.57 | 3.63 |
| 红鳍原鲌 | 10～16 | 6 | −21.05 | 0.83 | 11.19 | 0.48 | 3.45 | 0.32 | 3.35 |
| 河川沙塘鳢 | 12～16 | 3 | −20.00 | 0.89 | 11.66 | 0.29 | 3.56 | 0.25 | 3.56 |
| 黄颡鱼 | 12～15 | 3 | −22.01 | 0.22 | 11.02 | 0.46 | 3.15 | 0.28 | 3.27 |
| 子陵吻鰕虎鱼 | 6～8 | 6 | −20.30 | 0.20 | 11.08 | 0.59 | 3.15 | 0.24 | 3.34 |
| 乌鳢 | 20～25 | 3 | −19.71 | 0.37 | 11.21 | 0.31 | 3.62 | 0.02 | 3.36 |

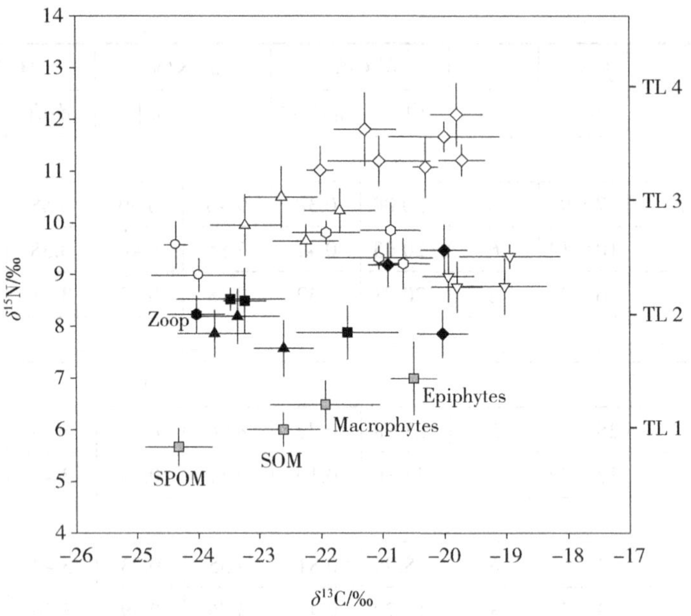


无脊椎动物：●-浮游动物；■-软体动物；▲-环节动物和摇蚊；
◆-甲壳动物。鱼类：○-浮游食性鱼类；▽-草食性鱼类；
△-底栖食性鱼类；-杂食性鱼类；◇-鱼食性鱼类。
Zoop：浮游动物；SPOM：悬浮颗粒物；SOM：表层沉积物；
Epiohytes：附生植物；Macrophytes：大型植物

图 7-1 固城湖河蟹养殖池塘的基础食源、无脊椎动物和鱼类的稳定同位素值

池塘中的SPOM是由数量众多、种类各异的藻类、细菌、原生动物等生命物质以及底泥悬浮物、植物碎屑等构成的复杂混合物，其中，浮游藻类是其主要组成部分。SOM的$\delta^{13}C$值则位于SPOM和水生植物之间，表明表层沉积物的有机碳来源除SPOM沉降外，$\delta^{13}C$值较高的水生植物也通过植物碎屑输入的方式向SOM提供了部分碳源。水生植物则表现出较高的$\delta^{13}C$值，且2种植物叶片的$\delta^{13}C$值存在差别，这可以由植物间生理因素的差异（如光合作用时酶的活性等）以及对不同形态碳源的固定（$HCO_3^-$或$CO_2$）来解释。附植生物的$\delta^{13}C$值最高，这些附生在植物叶片表面的有机体组成成分复杂，包括藻类、细菌、真菌、原生动物及其他非生命有机颗粒物等，其中，附着藻类和细菌是主要组成部分。附植生物对水生生态系统的碳源贡献往往被忽视，但附植生物的初级生产力通常可占水生植物生产力的48%～79%，其可能成为池塘水生食物网中的重要有机碳源。

主要消费者（10种无脊椎动物和21种鱼类）的碳稳定同位素、氮稳定同位素测定结果如表7-1和图7-1所示。消费者间的$\delta^{13}C$和$\delta^{15}N$值均呈现出极显著的差异（ANOVAs，$p<0.001$）。消费者的$\delta^{13}C$值亦表现出较大的分布范围，其中鳙的

$\delta^{13}C$ 值最低（-24.4‰），中华鳑鲏的 $\delta^{13}C$ 值最高（-19.8‰）。与食物源的同位素值分布趋势相反，消费者的 $\delta^{15}N$ 值范围跨度相对较大（7.6‰～12.1‰），无脊椎动物 $\delta^{15}N$ 值的变化为 7.6‰～9.5‰，以甲壳类动物较高；鱼类 $\delta^{15}N$ 值的变化为 8.8‰～12.1‰，以鱼食性鱼类较多。总体上说，鱼类的 $\delta^{15}N$ 值高于无脊椎动物，基于以前文献报道的较高营养层次生物的 $\delta^{15}N$ 值亦高于低营养层次生物。

分析了 10 种无脊椎动物和 21 种鱼类的稳定同位素值，这些生物种类的生物量占池塘消费者总生物量的 90% 以上，且在各个营养层次均有分布，能较好地代表整个蟹池水生系统的生物群落组成。无脊椎动物中浮游动物的 $\delta^{13}C$ 值最低，且与 SPOM 的 $\delta^{13}C$ 值相近，表明悬浮颗粒物是浮游动物摄食的主要食物来源。环节类（霍普水丝蚓、苏氏尾鳃蚓）与摇蚊的 $\delta^{13}C$ 值则处于 SOM 和 SPOM 之间，沉积物和悬浮颗粒物均成为这些动物的有机碳源。腹足类动物的 $\delta^{13}C$ 值则与 SOM 及水生植物的 $\delta^{13}C$ 值相近，表明腹足类动物主要以水生植物及表层沉积物为食。甲壳类动物（中华绒螯蟹、日本沼虾等）的 $\delta^{13}C$ 值与附植生物相近，附植生物为其主要有机碳来源，但甲壳类动物为杂食性生物，其食物来源比较复杂，可能还包括植物碎屑、饵料鱼等。

## 7.1.2 鱼类功能群与营养等级分析

以 21 种主要鱼类的 $\delta^{13}C$ 和 $\delta^{15}N$ 值进行组间连接聚类分析，使用 Euclidian similarities 系数为标准来划分鱼类功能类群。聚类分析结果表明，蟹池内主要的 21 种鱼类可以分为 3 个群组（图 7-2）：第 Ⅰ 组主要由浮游食性和底栖食性鱼类组成，第 Ⅱ 组主要由草食性和杂食性鱼类组成，第 Ⅲ 组主要由鱼食性鱼类组成。

稳定同位素的分析结果显示，鱼类的食性类型是鱼类群落中不同种类间复杂营养关系的重要影响因子。而聚类分析法在各类生态学研究中均有广泛应用，通过对不同营养层次鱼类种类的碳稳定同位素、氮稳定同位素值进行聚类，有助于将有着相近稳定同位素特征的鱼类归类，从而更好地判断鱼类群落间的营养关联[3]。本研究中聚类分析结果显示，蟹池主要的 21 种鱼类可以分为 3 个大类 5 个小类，其中，浮游食性鱼类群组（鲢和鳙）的 $\delta^{13}C$ 值最低，且与 SPOM 的 $\delta^{13}C$ 值相近，表明浮游食性鱼类的食物以 SPOM 和浮游藻类为主。与之相反，草食性鱼类的 $\delta^{13}C$ 值最高，且与附植生物的 $\delta^{13}C$ 值相近，说明附植生物是草食性鱼类的主要食物来源。鱼食性鱼类的 $\delta^{15}N$ 值高于其他鱼类功能群，其中，小型草食性鱼类（如鳑鲏、兴凯鱊）、杂食性鱼类（如鳘、麦穗鱼）及底栖食性鱼类（如小黄黝鱼、棒花鱼）均可能成为其捕食的对象。杂食性鱼类则未能通过聚类分析单独归为一类，其中麦穗鱼和底栖食性鱼类归为一组，可能与其食物中摇蚊、水丝蚓等底栖动物的比例相对较高有关。总体上说，对鱼类稳定同位素特征进行聚类分析的结果，与鱼类生态类型的分类取得较好的一致性。

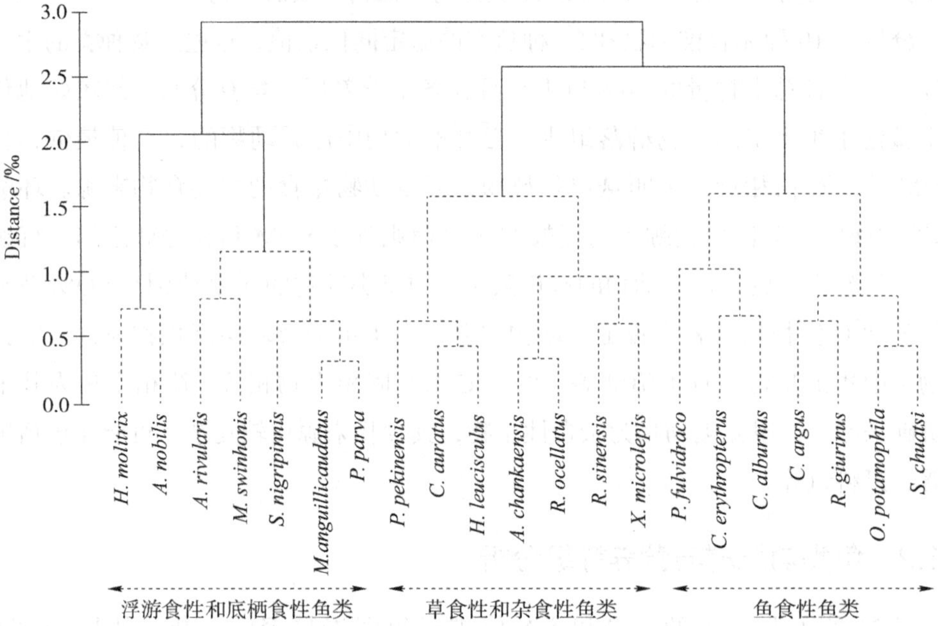


图 7-2 基于固城湖河蟹养殖池塘 21 种鱼类 $\delta^{13}C$、$\delta^{15}N$ 值的聚类分析

以浮游动物的 $\delta^{15}N$ 值作为计算营养级的基线、2.2‰ 为 $\delta^{15}N$ 营养富集度，计算蟹池水生生态系统中各消费者的营养级关系。结果显示，消费者的营养等级从 1.70 到 3.76，分属于第 2 至第 4 营养等级共 3 个营养等级，其中，大型肉食性鱼类鳜的营养级最高，环节动物霍普水丝蚓的营养级最低。无脊椎动物主要分布在第 2 营养等级，鱼类的营养等级则范围较广，从第 2 至第 4 营养等级均有分布。

食物网中 $\delta^{15}N$ 值随营养层次升高会出现稳定富集现象，固城湖河蟹养殖池塘不同生态类型鱼类的 $\delta^{15}N$ 值分布特征如图 7-3 所示，其中，草食性鱼类的 $\delta^{15}N$ 平均值最低（9.0‰），而鱼食性鱼类的 $\delta^{15}N$ 值最高（11.5‰）。与之相应，计算出的鱼类营养等级与其食性特征也有较好的一致性，如草食性鱼类的营养等级最低，而鱼食性鱼类的营养等级较高（表 7-1）。

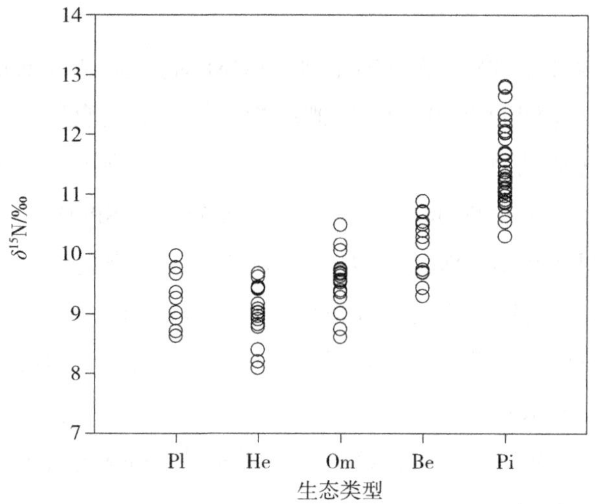


图 7-3 固城湖河蟹养殖池塘不同生态类型鱼类的 $\delta^{15}N$ 值分布特征

## 7.1.3 初级生产者对鱼类功能群的食源贡献率

近年在稳定同位素食物网研究中，采用基于统计学的办法建立的混合模型来分析营养来源的相关报道越来越多，而 Bayesian 混合模型（MixSIR/SIAR）克服了简单线性混合模型、Isosource 模型中同位素富集因子不确定等缺点，并可以提供更精确的食源贡献率范围以及更多的食源信息，逐渐被从事食物网研究的生态学者们接受并广泛应用 [4]。

本研究中，基础食源的 $\delta^{13}C$ 值范围跨度较大，有利于食物网中消费者的食物来源分析。通过聚类分析及生态类型划分，确定了浮游食性鱼类等 5 个鱼类功能群。在此基础上，运用 SIAR 混合模型统计 4 种初级生产者对 5 个鱼类功能群的营养贡献可能性（每个鱼类功能群的 $\delta^{13}C$、$\delta^{15}N$ 值取各类群中所有鱼类种类样品的平均值），计算结果见表 7-2 和图 7-3。

在鱼类群落中，不同种类的摄食策略是从同位素值分析中得出的复杂食物关系的主要影响因素。例如，浮游食性鱼类表现出最低的 $\delta^{13}C$ 值，表明其主要摄食 $^{13}C$ 富集度低的食物。这些食物源可能主要来自 SPOM，而 SIAR 模型的计算结果也表明 SPOM 对浮游食性鱼类的食源贡献最高（49.3%）。与之相反，草食性鱼类的 $\delta^{13}C$ 值最高，这与其以水生植物及其附着物为主食密切相关，其中，模型运算结果显示附植生物和水生植物对其食物贡献率分别为 55.2% 和 25.1%。杂食性鱼类的营养贡献结果与草食性鱼类相似，附植生物和水生植物的贡献率也最高，合计占 74.5%。尽管两种不同食性鱼类功能群的基础食源组成类似，但其食物链传递途径可能存在差异。

底栖食性鱼类的食物贡献分析表明SPOM对其食源贡献最大（36.6%），而SOM的贡献则相对较小（23.0%）。底栖动物食性鱼类的食物组成中，摇蚊、水丝蚓、软体动物等底栖动物所占比重较高，这些底栖动物主要以池塘底部的有机颗粒及底栖藻类为食，而SOM的有机颗粒中大部分源自SPOM沉降，故底栖食性鱼类的基础食源也显示出SPOM的重要性。高营养级的肉食性鱼类，其$\delta^{13}C$值则处在草食性鱼类和底栖食性鱼类的中间值位置，这表明肉食性鱼类的食物来源相对丰富，既可以摄食小型草食性鱼类或虾类，又可以摄食个体较小的底栖食性鱼类。食源模型的计算结果显示附植生物对鱼食性鱼类的食源贡献达到72.0%，而其他基础食源的贡献率仅为4.3%～16.1%，该结果表明鳑鲏、虾等小型草食性生物可能是支撑蟹池鱼食性鱼类种群的关键种类。

表7-2　固城湖蟹、虾养殖池塘中食物饵料对河蟹食源的贡献范围（SIAR模型）

单位：%

| 来源 | 浮游生物 | 食草动物 | 杂食动物 | 底栖动物 | 食鱼动物 |
|---|---|---|---|---|---|
| 悬浮颗粒有机物 | **49.3（25～79）** | 5.4（0～8） | 8.3（0～12） | **36.6（26～47）** | 4.3（0～6） |
| 水生植物 | 18.3（0～28） | 25.1（10～40） | 29.0（16～43） | 23.9（7～38） | 16.1（1～24） |
| 附植生物 | 13.2（0～21） | **55.2（35～70）** | **45.5（36～55）** | 16.4（3～25） | **72.0（63～82）** |
| 表层沉积物 | 19.3（1～29） | 14.2（0～21） | 17.2（3～26） | 23.0（4～36） | 7.6（0～11） |

从同位素值和食物贡献模型的分析结果可以看出，池塘水生食物网中没有一种基础食物源可以单独作为消费者的食物来源，而主要消费者间同位素值的差异性表明其食物来源的多样性以及较强的摄食可塑性。水生生态系统中，消费者是以水生植物还是浮游植物为主要基础食源，在学术界一直存在争议。水生生态系统，尤其是浅水生态系统往往表现出以高等水生植物为主要初级生产者的清水稳定态和以浮游藻类为主要初级生产者的浊水稳定态，随着水体营养水平和环境条件的变化，这两个不同的稳定态之间可以发生转换或者剧变[5]。与藻型水体相比，草型水体消费者的有机碳来源更为复杂，包括水生植物、浮游藻类、底栖藻类以及外源物质等（如树叶、有机颗粒物）。草型水体是初级生产力最高的生态系统之一，但水生植物对该系统生物区系的碳源贡献大小仍存在争议。尽管一些学者的研究结果显示沉水植物是水生食物网中一种重要的食物来源，但多数研究认为由于水生维管植物的营养价值较低以及直接摄食水草的消费者种类较少，草型水体生态系统的碳源也主要由浮游藻类提供[6]。

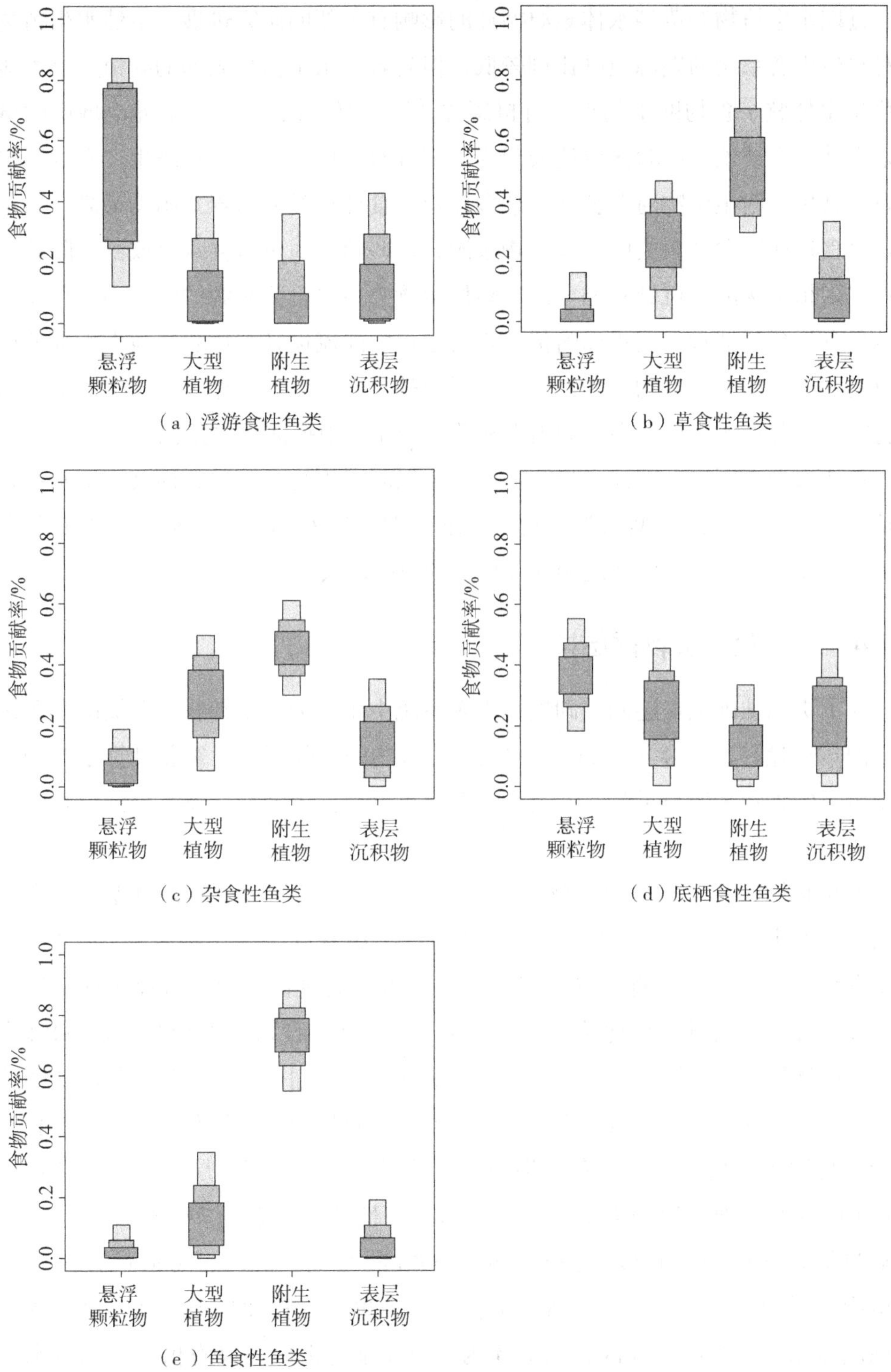


图 7-4　SIAR 模型下 4 种基础食源对 5 种不同生态类型鱼类的食物贡献率结果

近期水生植物对草型水体碳源循环的影响有了新的研究进展，虽然水生植物自身对水生生态系统的碳源贡献比例较低，但附着在水生植物表面的附植生物可能成为草型水体整个食物网中的重要有机碳源[7,8]。本研究在蟹－鱼混养池塘中的试验结果支持这个结论。试验区蟹池表现为以高等水生植物为主要初级生产者的清水稳定态，其中，附植生物对草食性、杂食性及鱼食性鱼类的营养贡献均最高。附植生物是草食性或杂食性鱼类的重要食物来源，这些鱼类通过摄食水草或刮食附着生物获得了附植生物的有机碳补贴。而以附植生物为主要食物来源的虾、小型鱼类等则可被鱼食性鱼类捕食，这里以附植生物为起点的能流途径支撑着蟹池中大部分捕食性鱼类的产量。附植生物作为池塘生态系统的关键组分，可作为碎屑食物链和捕食食物链的重要食物来源，在碳的固定和营养盐循环中扮演重要角色。

总体来说，固城湖蟹池水生食物网主要以附植生物为基础，而其中沉水植物和附植生物对不同生态类型鱼类的营养贡献范围合计为31.5%～88.1%；浮游藻类等有机颗粒物则对浮游食性及底栖食性鱼类的贡献较大。

### 7.1.4 蟹池鱼类食物网结构

为了更加准确地描述固城湖蟹池生态系统中主要无脊椎动物和鱼类的食源构成及碳源传递途径，结合SIAR模型和鱼类胃含物的文献资料，重新计算了5种生态类型鱼类的食物来源与贡献，并初步勾勒出蟹－鱼混养池塘生态系统的食物网结构图（图7-5）。

此食物网包括4条主要食物链，可以将初级生产者固定的碳源逐层传递给最高营养级生物。第1条食物链以SPOM为食物源基础，其食物源的$\delta^{13}C$值最低。浮游食性鱼类鲢、鳙除直接摄食SPOM外，也可通过初级消费者浮游动物摄食浮游藻类，并将有机碳源传递给浮游食性鱼类。第2条食物链以SPOM和SOM为基础，其以软体动物、摇蚊、环节动物等底栖动物为中间营养层，将食物网中的碳源传递给底栖食性鱼类；然后其中个体较小的底栖食性鱼类再被鱼食性鱼类捕食。从基础食物源到翘嘴鲌等大型鱼食性鱼类，共经历了4个营养层次的能流传递。第3条食物链的基础食源种类最多，主要由杂食性鱼类的食物多样性决定。其既可以通过捕食底栖动物间接获得SPOM、SOM的有机碳源，也可通过直接摄食沉水植物及附着物获得其碳源，然后杂食性鱼类再被鱼食性鱼类捕获，最终碳源传递到翘嘴鲌、鳜等肉食性凶猛鱼类体内。第4条食物链则以附植生物和沉水植物为食物源，处于第2营养等级的草食性鱼类及甲壳类动物主要摄食植物叶片及附着藻类、细菌等，而其中鳑鲏等小型鱼类及青虾等则成为鱼食性鱼类的食物。上述分析表明，池塘食物网中初级生产者的碳源可以通过多条不同营养途径传递给大型肉食性鱼类，营养通道的多样性也是草型水体生态系统的一个重要特征。

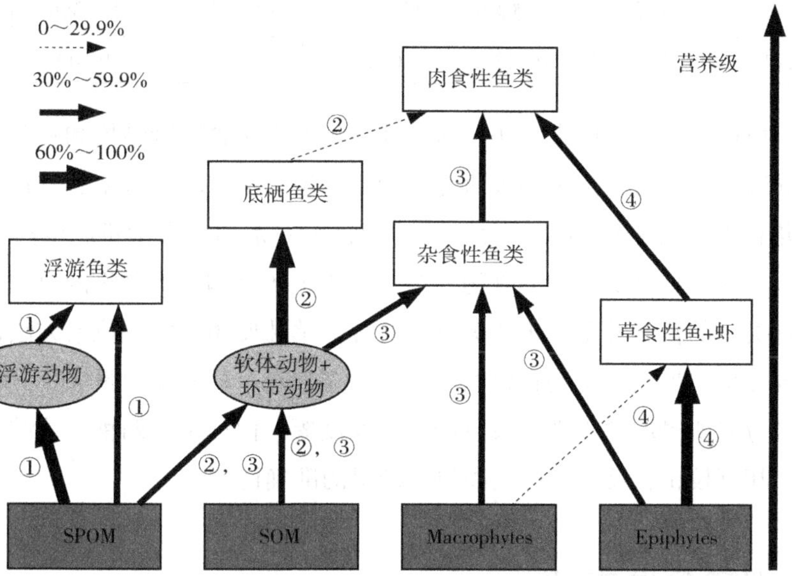


图 7-5　基于 $\delta^{13}$C、$\delta^{15}$N 值及 SIAR 模型的固城湖河蟹养殖池塘简化食物网结构

（4 条食物链包括：① SPOM；② SPOM/SOM；③ SPOM/SOM/Macrophytes/Epiphytes；④ Epiphytes。线条粗细代表不同食物贡献率范围。）

## 7.1.5　鲢鳙和其他混养鱼类的食物竞争关系

将蟹 - 虾混养模式下混养鱼类饵料归为 4 个食物饵料类群，根据 SIAR 食源模型得出的各饵料食源贡献比率计算研究区池塘中鲢鳙、鲫鱼、鳑鲏间的饵料重叠系数（表 7-3）。结果表明在 4 个养殖品种的 6 个组配中，鲢 - 鳙（0.867）、鳙 - 鲫鱼（0.711）以及鲫鱼 - 鳑鲏（0.986）的饵料重叠均高于 0.7。食物重叠系数分析表明，鲢鳙、鳙和鲫鱼、鲫鱼和鳑鲏的食物竞争强度最高，主要的食物竞争对象为悬浮颗粒有机物、浮游生物和沉水植物上面的附着生物，而鲢鱼和鲫鱼的食物竞争相对较小。结果表明，鲢鳙同属于浮游食性鱼类，但由于两种鱼鳃耙间距的差异，在食物选择上略有差异。鲢鱼喜好粒径较小的浮游藻类和浮游动物，而鳙则选择粒径较大的悬浮颗粒物、藻类和浮游动物，两种鱼的饵料重叠系数为 0.867。鲢鱼和杂食性鲫鱼、草食性鳑鲏在食物选择上差异较大，饵料重叠系数分别为 0.422 和 0.351；而鳙由于食物粒径范围的选择性较广，所以和鲫鱼、鳑鲏的重叠系数较高，分别达到 0.711 和 0.609。鲫鱼和鳑鲏由于较多地摄食悬浮颗粒物和沉水植物表面的附着颗粒，食物重叠系数较高，达到0.986。

表7-3 固城湖蟹-虾养殖池塘部分混养鱼类的饵料重叠系数

| 种类 | 鲢-鳙 | 鲢-鲫鱼 | 鲢-鳑鲏 | 鳙-鲫鱼 | 鳙-鳑鲏 | 鲫鱼-鳑鲏 |
|---|---|---|---|---|---|---|
| 重叠系数 | 0.867 | 0.422 | 0.351 | 0.711 | 0.609 | 0.986 |

综上所述，稳定同位素方法是研究池塘生态系统食物网结构和营养关系的有效手段。同时，该方法也是进一步研究不同营养层间能流转换效率、有毒有害物质的生物富集以及微食物网与传统食物网的耦合等一系列生态学难题的潜力工具。然而，也需要认识到真实的池塘食物网结构远比本研究构建的食物网模型要复杂，许多生物种类间的营养关系并未考虑到。此外，单独使用稳定同位素方法进行研究分析时需要谨慎；虽然传统的胃含物法存在诸多缺点，如样品数量大、分析过程长以及不能区分对所摄取食物消化吸收的难易程度等，但如果将两种方法结合起来作比较分析、相互校正，反而可以提高研究结果的准确性。

## 7.2 判定食性来源

### 7.2.1 中华绒螯蟹-日本沼虾-克氏原螯虾立体养殖体系

利用稳定同位素技术和肠含物分析手段，探讨在复合养殖塘中主养品中华绒螯蟹、日本沼虾和克氏原螯虾的食物组成和相对贡献率，研究主要养殖品种间的食物利用及竞争关系，为生态位优化配置提供建议。

#### 7.2.1.1 胃含物法分析3种甲壳动物的食物组成

共分析了114尾甲壳动物（空胃38尾），胃含物的分析结果表明，3种养殖对象共摄食了8种食物饵料类群（冰饵料鱼、软体动物、沉水植物、玉米、寡毛类、摇蚊幼虫、其他以及未辨别）。根据各饵料生物的体积百分比组成，养殖对象的食物组成存在明显差别（图7-6）。

中华绒螯蟹摄食的饵料生物种类较多，主要包括沉水植物、冰饵料鱼、玉米和底栖动物等食物类群。日本沼虾也表现为杂食性消费者，主要摄食冰饵料鱼和沉水植物。尽管两种消费者表现出相似的食性，但其食物饵料所占比重差别明显，其中，河蟹摄食的水草比重显著高于沼虾，而其冰鱼所占比重则显著低于沼虾（$P<0.01$）。另一种甲壳动物克氏原螯虾的食物组成中，沉水植物所占比重显著高于河蟹和沼虾，达到51.8%～53.3%；同时，克氏原螯虾的胃含物中玉米的比重也显著

高于另外两种甲壳动物（$P<0.05$）。但 3 种甲壳动物的雄性和雌性个体，其食物组成无显著差异。

从以上分析结果可以看出，3 种甲壳动物均为典型的杂食性生物。从整体的食物组成分析可以看出，沉水植物在 3 种甲壳动物的食物组成中所占比重最高，冰饵料鱼、玉米和软体动物次之；摇蚊幼虫和寡毛类底栖生物也被这 3 种消费者摄食，但其食物贡献比例较低（图 7-6）。

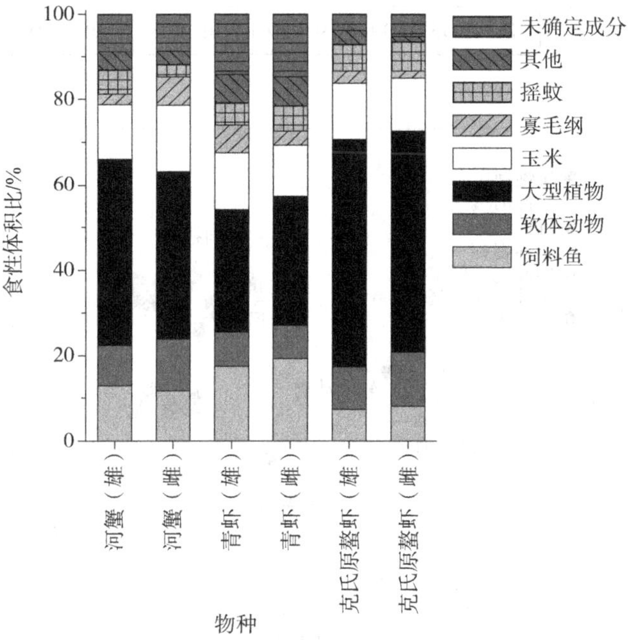


图 7-6 固城湖蟹－虾养殖池塘河蟹、青虾和克氏原鳌虾的食物组成

#### 7.2.1.2 稳定同位素分析 3 种甲壳动物的食物来源

固城湖蟹－虾养殖池塘中食物源与消费者的碳稳定同位素、氮稳定同位素测定结果见表 7-4，池塘中主要食物源的 $\delta^{13}$C 值范围跨度很大且差异明显，这有利于食物网中消费者的食物来源分析。食物饵料中玉米的 $\delta^{13}$C 值最高，底栖动物的 $\delta^{13}$C 值最低，而冰鱼、沉水植物的 $\delta^{13}$C 值与 3 种养殖对象最为接近。食物饵料的 $\delta^{15}$N 值变化范围也相对较大，其中，玉米的 $\delta^{15}$N 值最低，而冰饵料鱼的 $\delta^{15}$N 值最高。与食物饵料的同位素值分布趋势相反，3 种主要养殖种类 $\delta^{13}$C 和 $\delta^{15}$N 值的变化范围缩小，且均介于食物饵料的碳稳定同位素、氮稳定同位素比值范围内（图 7-7）。3 种养殖种类间沼虾和克氏原鳌虾的 $\delta^{13}$C 值较高，而河蟹和沼虾的 $\delta^{15}$N 值较高，其 $\delta^{15}$N 值高于克氏原鳌虾约 2‰。

表 7-4 固城湖蟹-虾养殖池塘 3 种消费者的体征、C/N 及 $\delta^{13}C$、$\delta^{15}N$ 值特征

| 消费者 | 个数 | 代码 | 尺寸 /mm | 重量 /g | 密度 /$m^{-2}$ | $\delta^{13}C$/‰ | $\delta^{15}N$/‰ | C/N |
|---|---|---|---|---|---|---|---|---|
| 雄性蟹 | 10 | MC | 51～56 | 58～91 | 0.72 | −21.3 ± 0.4 | 10.0 ± 0.3 | 4.1 |
| 雌性蟹 | 10 | FC | 44～52 | 46～69 | 0.48 | −21.7 ± 0.4 | 10.3 ± 0.4 | 3.8 |
| 雄性沼虾 | 10 | MS | 73～92 | 3.8～5.4 | 9.45 | −19.6 ± 0.6 | 10.3 ± 0.3 | 3.5 |
| 雌性沼虾 | 10 | FS | 68～84 | 3.4～4.9 | 6.30 | −19.8 ± 0.5 | 10.4 ± 0.3 | 3.3 |
| 雄性克氏原螯虾 | 10 | MF | 104～137 | 23～42 | 1.56 | −19.9 ± 0.5 | 8.0 ± 0.2 | 3.4 |
| 雌性克氏原螯虾 | 10 | FF | 95～123 | 19～39 | 0.84 | −20.2 ± 0.3 | 7.7 ± 0.1 | 3.4 |

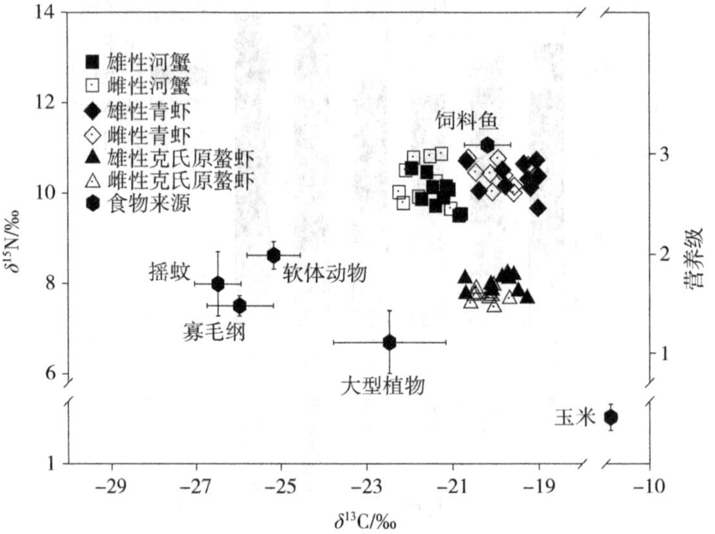


图 7-7 固城湖蟹-虾养殖池塘河蟹（■）、青虾（◆）、克氏原螯虾（▲）及食物饵料（⬢）的 $\delta^{13}C$、$\delta^{15}N$ 同位素值特征

表 7-5 固城湖蟹-虾养殖池塘食物饵料的 C/N 及 $\delta^{13}C$、$\delta^{15}N$ 值特征

| 来源 | 个数 | $\delta^{13}C$/‰ | $\delta^{15}N$/‰ | C/N |
|---|---|---|---|---|
| 饵料鱼 | 8 | -20.2 ± 0.5 | 11.1 ± 0.1 | 4.4 |
| 软体动物 | 8 | -25.2 ± 0.6 | 8.6 ± 0.3 | 3.6 |
| 水生植物 | 8 | -22.5 ± 1.3 | 6.7 ± 0.7 | 10.1 |
| 谷物 | 8 | -11.6 ± 0.3 | 1.9 ± 0.3 | 29.2 |
| 寡毛纲动物 | 8 | -26.0 ± 0.8 | 7.5 ± 0.2 | 4.7 |
| 摇蚊类 | 8 | -26.5 ± 0.6 | 8.0 ± 0.7 | 4.3 |

对 3 种甲壳动物的碳稳定同位素、氮稳定同位素值进行双因素方差（Two-way

ANOVAs）分析，结果表明甲壳动物物种间的碳稳定同位素、氮稳定同位素值差异显著，但性别及二者交互作用无显著差异（$P<0.05$）（表 7-6）。因此，尽管不同性别间的河蟹、沼虾和克氏原螯虾的外形特征存在明显差别，但是其稳定同位素值特征及胃含物间并无明显差异。

表 7-6 固城湖蟹－虾养殖池塘消费者 $\delta^{13}C$、$\delta^{15}N$ 值的双因素方差分析

| 因子 | SS | df | MS | F | P |
|---|---|---|---|---|---|
| $\delta^{13}C$ | | | | | |
| 性别 | 1.43 | 1 | 1.43 | 6.86 | 0.011 4 |
| 物种 | 35.67 | 2 | 17.83 | 85.87 | <0.000 1 |
| 性别 × 物种 | 0.01 | 2 | 0.00 | 0.02 | 0.985 1 |
| $\delta^{15}N$ | | | | | |
| 性别 | 0.01 | 1 | 0.01 | 0.12 | 0.734 3 |
| 物种 | 77.05 | 2 | 38.53 | 401.98 | <0.000 1 |
| 性别 × 物种 | 0.74 | 2 | 0.37 | 3.85 | 0.027 3 |

实验以软体动物环棱螺的 $\delta^{15}N$ 值作为计算营养级的基线，2.2‰ 为 $\delta^{15}N$ 营养富集度，计算固城湖蟹－虾养殖池塘生态系统中各消费者的营养级关系（图 7-8）。结果显示，初级生产者和消费者的营养等级分属于 3 个营养等级，其中，冰饵料鱼和沼虾的营养级最高，克氏原螯虾以及摇蚊幼虫、软体动物等底栖动物的营养级相对较低。

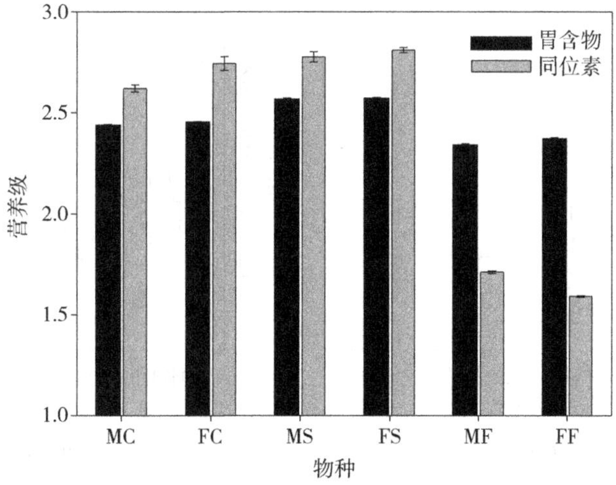


图 7-8 河蟹、青虾和克氏原螯虾营养级的胃含物（$TL_{GCA}$）与同位素（$TL_{SIA}$）模型结果比较

稳定同位素和胃含物两种营养级模型的计算结果显示（图 7-8），河蟹和沼虾的两种方法计算的营养级间无显著差异，但克氏原螯虾的营养级间差异显著（$P<0.001$），其中以胃含物组成计算的克氏原螯虾营养级高于以稳定同位素计算的营养级。总体来说，两种方法间的营养级呈显著正相关（$n=36$，$r^2=0.498$，$P<0.01$），表明两种方法间具有较好的一致性。

运用 SIAR 混合模型统计不同食物饵料对河蟹等养殖品种的营养贡献可能性，计算结果如图 7-9 所示。从图中可以看出，软体动物对河蟹和克氏原螯虾的食源贡献率最高，分别为 35.7%～37.0% 和 33.3%～33.4%，而对沼虾食源贡献最高的为冰饵料鱼，比重为 37.3%～38.2%。

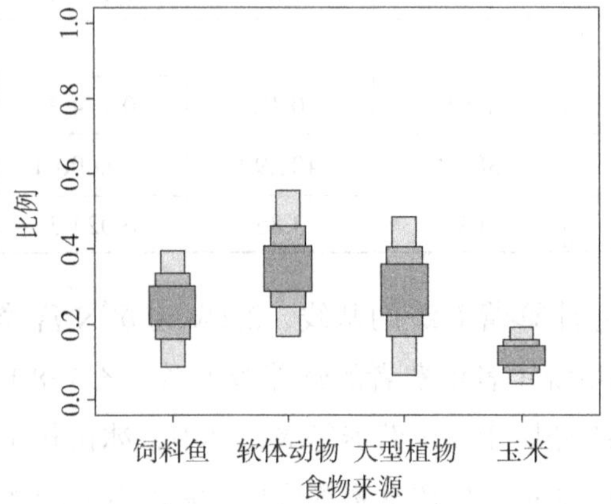


（a）河蟹（雄）

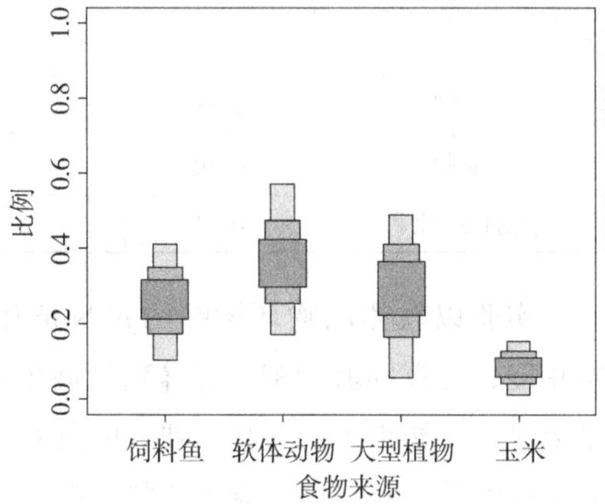


（b）河蟹（雌）

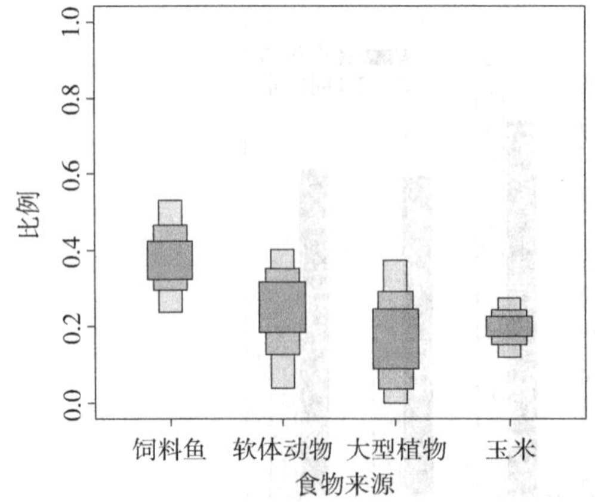


（c）沼虾（雄）

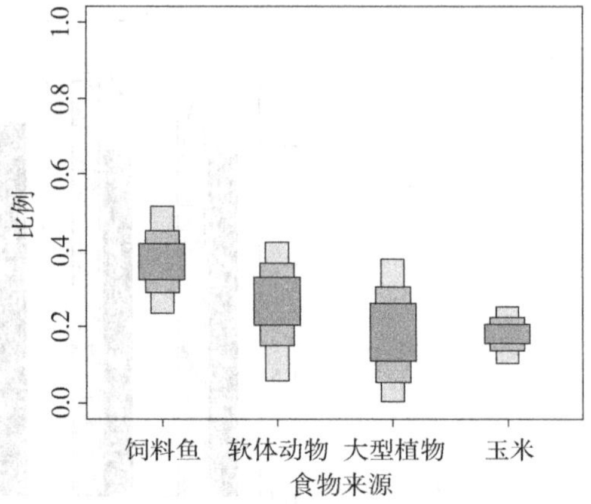


（d）沼虾（雌）

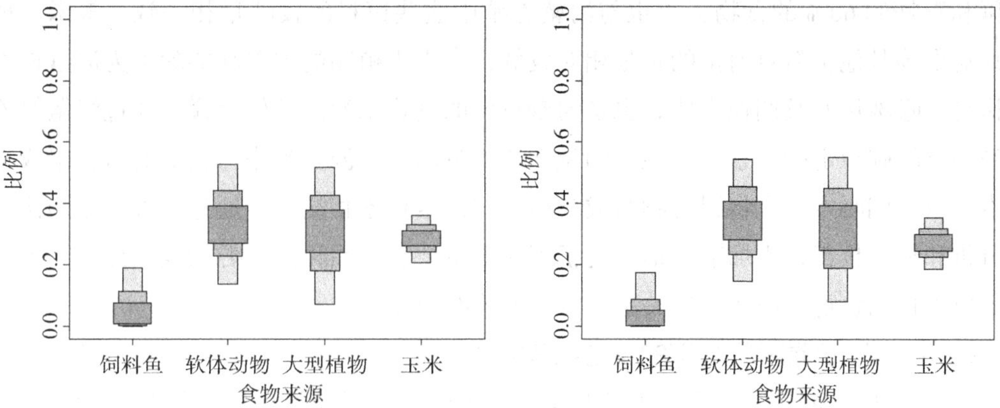


（e）克氏原螯虾（雄） （f）克氏原螯虾（雌）

图 7-9 SIAR 模型下 4 种食物饵料对 3 种甲壳动物的食物贡献率结果

将 4 种主要食物饵料划分为动物性饵料（冰饵料鱼和软体动物）和植物性饵料（沉水植物和玉米）（表 7-7）。从表中可以看出，河蟹和沼虾的动物性饵料的食物贡献达到 60.2%～63.1%，而植物性饵料为 36.9%～39.8%。与此相对，动物性饵料对克氏原螯虾的食源贡献仅为 40.7%～40.1%，植物性饵料则达到 58.9%～59.3%。河蟹和沼虾相对克氏原螯虾显示出更明显的肉食性特征。

表 7-7 固城湖蟹 - 虾养殖池塘中食物饵料对河蟹食源的贡献范围 单位：%

| 来源 | 螃蟹 | | 沼虾 | | 克氏原螯虾 | |
|---|---|---|---|---|---|---|
| | 雄性 | 雌性 | 雄性 | 雌性 | 雄性 | 雌性 |
| **动物** | | | | | | |
| 饵料鱼 | 24.5<br>（20～30） | 26.1<br>（21～32） | 38.2<br>（33～42） | 37.3<br>（32～42） | 7.9<br>（1～8） | 6.3<br>（0～9） |
| 软体动物 | 35.7<br>（29～41） | 37.0<br>（30～42） | 23.2<br>（18～32） | 25.2<br>（21～33） | 33.2<br>（27～39） | 34.4<br>（28～41） |
| 总计 | 60.2 | 63.1 | 61.4 | 62.5 | 41.1 | 40.7 |
| **蔬菜** | | | | | | |
| 水生植物 | 28.1<br>（22～36） | 28.3<br>（22～36） | 18.8<br>（9～25） | 19.5<br>（11～26） | 30.3<br>（24～38） | 32.1<br>（25～39） |
| 玉米 | 11.7<br>（9～14） | 8.6<br>（6～11） | 19.8<br>（17～23） | 18.0<br>（16～21） | 28.6<br>（26～31） | 27.2<br>（25～30） |
| 总计 | 39.8 | 36.9 | 38.6 | 37.5 | 58.9 | 59.3 |

在固城湖池塘蟹 - 虾混养模式下，冰鱼和软体动物两种动物性饵料共贡献了河

蟹和青虾约 60% 的食物，这也与河蟹养殖中这些饵料的投喂量相一致。玉米、摇蚊幼虫等其他饵料对河蟹的贡献相对较低，而水生植物的主要功能除了为河蟹提供摄食、隐蔽场所及调控水质，也是河蟹重要的食物来源。总体上说，通过河蟹等养殖种类的碳稳定同位素、氮稳定同位素值计算出的食源贡献率与投喂的饵料组成基本一致，同时本研究将胃含物组成与稳定同位素技术相结合，通过两种方法的比较分析和相互校正，更加准确地描述了固城湖主要养殖品种的食源构成，提高了水产养殖生物的食物来源及定量关系分析结果的准确性。

#### 7.2.1.3 蟹－虾混养模式下的食物竞争关系

经分析，将固城湖蟹－虾混养模式下 3 种经济甲壳类生物的饵料归为 8 个或 4 个食物饵料类群。根据胃含物分析和 SIAR 食源模型得出的各饵料食源贡献比率，研究计算出池塘中养殖品种间的饵料重叠系数（表 7-8）。结果表明在 3 个养殖品种的 3 个组配中，河蟹－沼虾（0.958 和 0.918）、河蟹－克氏原螯虾（0.970 和 0.886）以及沼虾－克氏原螯虾（0.878 和 0.779）的饵料重叠均高于 0.7。固城湖主要养殖品种的食物重叠系数分析表明，3 种甲壳类动物的食物竞争状况为河蟹与两种虾类的食物竞争强度最高，主要的食物竞争对象为沉水植物、冰饵料鱼和软体动物，而青虾和克氏原螯虾的食物竞争相对较小。

表 7-8 固城湖蟹－虾养殖池塘河蟹、青虾、克氏原螯虾的饵料重叠系数

| 种类 | 河蟹－青虾 | 河蟹－克氏原螯虾 | 青虾－克氏原螯虾 |
|---|---|---|---|
| 重叠系数（胃含物组成） | 0.958 | 0.970 | 0.878 |
| 重叠系数（同位素模型） | 0.918 | 0.886 | 0.779 |

水生生物的食性及其摄食行为受其摄食器官的形态特征、生理活动以及环境生态因子（如食物保障、水温等）的影响。其中，食物保障即环境中饵料生物的可获度，包括饵料生物量的供应及消费者的捕获利用能力，是影响水生生物摄食的主要生态因子之一[9]。当饵料资源贫乏，捕食者又不能转而摄食其他食物时将会导致严重的食物竞争，从而影响种群结构的稳定。但在大多数情况下，生物可以通过饵料利用的种类差异来降低它们之间的食物竞争，保证种群的动态稳定[10]。其中，摄食分化是生物应对食物竞争的一种重要策略。

本研究结果表明，固城湖河蟹等主要养殖品种在摄食生态习性相似的情况下，也有一定程度的分化以减少彼此间的食物竞争，主要表现在摄食种类的分化，这是减少食物竞争的重要形式。例如，由于冰饵料鱼的投喂量有限，河蟹等以冰鱼为主要食物的 3 种甲壳类动物的摄食生态类群进行了分化。青虾因个体较小，主要以冰

鱼残体为食，而河蟹、克氏原螯虾则以腹足类动物螺类作为重要的食物补充；同时，克氏原螯虾长期生活在池塘底层，沉降在池塘底部的玉米颗粒也成为其重要的植物性饵料来源。综上所述，固城湖蟹 - 虾混养模式下的 3 个主要养殖品种之间存在较严重的饵料重叠，食物竞争的主要对象为动物性饵料。因此，蟹 - 虾混养模式下，需要进一步提高冰鱼、螺等动物性饵料的投喂量以减少养殖品种间的食物竞争；同时需要根据养殖品种的数量配比进行各种饵料资源组成结构的优化，以提高投喂饵料的利用率以及保障养殖品种的生长需要。

### 7.2.2 精养模式和稻虾共作模式下的克氏原螯虾食性

通过稳定同位素技术，比较共作模式和精养模式两种养殖模式下食物网结构，并对两种模式虾克氏原螯虾对主要食源的利用情况进行计算，确认了两种模式下食物网结构、物质传递损耗情况以及克氏原螯虾的食性差异，为稻田物质能量的高效利用以及探索绿色健康的克氏原螯虾养殖模式提供理论依据 [11]。

对两种养殖模式中克氏原螯虾的体长、体重与稳定同位素值进行相关性分析结果显示：在两种养殖模式中，克氏原螯虾的体长、体重均和其 $\delta^{15}N$ 值存在线性关系，其体内的 $^{15}N$ 富集程度随体长、体重增加而逐渐增大，而 $\delta^{13}C$ 值和体长、体重均无显著相关性（表 7-9）。$\delta^{13}C$ 值和体长、体重并无显著相关性说明克氏原螯虾在生长的过程中食源范围并没有发生太大的改变，而 $\delta^{15}N$ 随着体长体重增大而增大说明随着克氏原螯虾的成长，其在生态系统中的相对营养位置提高。类似的现象在其他的甲壳类水生动物中也较为常见，如日本沼虾（*Macrobrachium nipponense*），幼虾主要摄食轮虫和原生动物，而成虾偏向水生昆虫和寡毛类等大型动物；口虾蛄（*Oratosquilla oratoria*）也出现了 $\delta^{15}N$ 与其个体体重存在极显著的正相关，个体大小对口虾蛄的 $\delta^{15}N$ 有影响的现象。

表 7-9 克氏原螯虾稳定同位素值和体长体重的 Pearson 相关性系数

| | | | $\delta^{13}C$ | $\delta^{15}N$ | 体长 | 体重 |
|---|---|---|---|---|---|---|
| 精养模式 | $\delta^{13}C$ | Pearson 相关性 | 1 | $-0.590^{**}$ | −0.097 | −0.122 |
| | | 显著性（双侧） | | 0.006 | 0.685 | 0.607 |
| | $\delta^{15}N$ | Pearson 相关性 | $-0.590^{**}$ | 1 | $0.448^{*}$ | $0.482^{*}$ |
| | | 显著性（双侧） | 0.006 | | 0.047 | 0.031 |
| | 体长 | Pearson 相关性 | −0.097 | 0.448* | 1 | $0.934^{**}$ |
| | | 显著性（双侧） | 0.685 | 0.047 | | 0 |

续表

| | | | $\delta^{13}C$ | $\delta^{15}N$ | 体长 | 体重 |
|---|---|---|---|---|---|---|
| 精养模式 | 体重 | Pearson 相关性 | −0.122 | 0.482* | 0.934** | 1 |
| | | 显著性（双侧） | 0.607 | 0.031 | 0 | |
| 共作模式 | $\delta^{13}C$ | Pearson 相关性 | 1 | 0.429 | 0.063 | 0.027 |
| | | 显著性（双侧） | | 0.059 | 0.791 | 0.910 |
| | $\delta^{15}N$ | Pearson 相关性 | 0.429 | 1 | 0.530* | 0.553* |
| | | 显著性（双侧） | 0.059 | | 0.016 | 0.011 |
| | 体长 | Pearson 相关性 | 0.063 | 0.530* | 1 | 0.967* |
| | | 显著性（双侧） | 0.791 | 0.016 | | 0 |
| | 体重 | Pearson 相关性 | 0.027 | 0.553* | 0.967* | 1 |
| | | 显著性（双侧） | 0.910 | 0.011 | 0 | |

注：** 表示在 0.01 水平（双侧）上显著相关，* 表示在 0.05 水平（双侧）上显著相关。

根据其他人对克氏原螯虾的食性研究，结合两种养殖模式生态系统中食源的易获取程度，我们挑选了克氏原螯虾的主要饵料（图 7-10），克氏原螯虾的 $\delta^{13}C$ 值在这几种饵料的之间，而且克氏原螯虾的 $\delta^{15}N$ 值均高于它们，因此可以判断克氏原螯虾的食物组成主要来源于这几种饵料。通过 SIAR 对两种养殖模式生态系统中克氏原螯虾的食性进行计算，结果显示：在精养模式中，克氏原螯虾偏向于摄食动物性饵料、浮游动物，其食源贡献占绝对优势（30.4%），其次是寡毛类和颗粒性饵料（SOM、POM），对植物性饵料（水绵、湿生植物、水生植物）的摄食较少；在共作模式中，各食源对克氏原螯虾的贡献率较为接近，克氏原螯虾也存在对动物性饵料（寡毛类、浮游动物）的偏好，但是其对植物性饵料（水绵、湿生植物、水生植物）的摄食高于共作模式，另外，对颗粒性饵料（POM）摄食较少（图 7-10）。

两种养殖模式相对比，在共作模式中克氏原螯虾对湿生植物、水绵这种植物性饵料的利用率明显高于精养模式，表明克氏原螯虾的食性情况和食物易得性有很大关系，水稻种植提供了更为多样的天然食物，增加了系统的复杂程度，克氏原螯虾更容易获取不同类型的饵料食物，故共作模式中克氏原螯虾的食性较精养模式更为均匀。除了食性较为均匀，共作模式中克氏原螯虾对于绿色植物的利用率高于精养模式，Mcclain 等 [12] 研究表明绿色植物可以作为克氏原螯虾的类胡萝卜素和植物甾醇的来源，而且虾类可以将获得的类胡萝卜素转化为虾青素，虾青素对虾类的健康养殖有益。

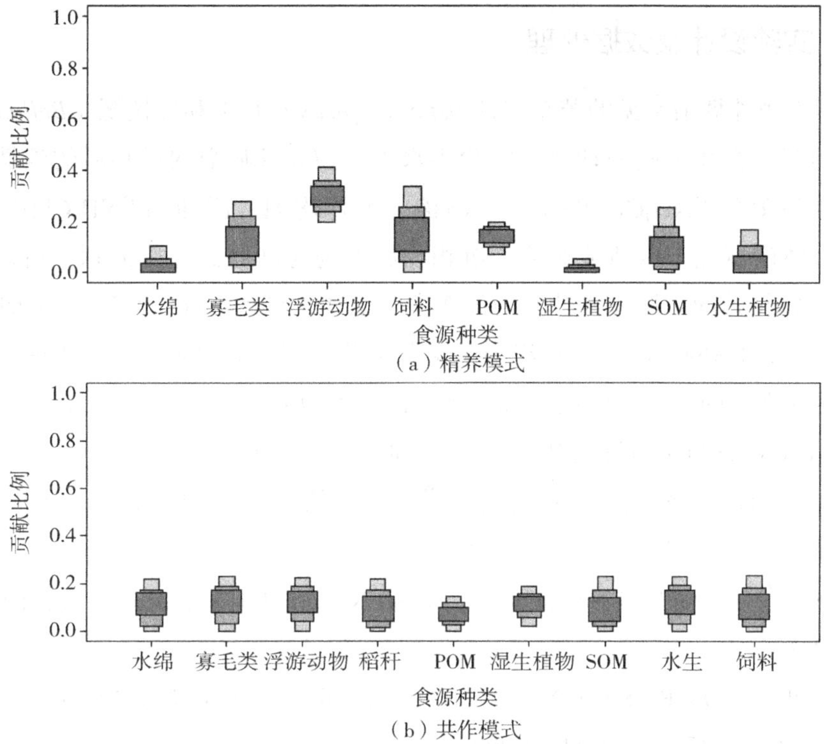


图 7-10 利用 SIAR 分析的两种养殖模式下克氏原螯虾食物贡献率（引自周正等，2020）

# 7.3 示踪营养物质的迁移转化

河蟹养殖池塘生态系统中，数量最多且最主要的大型生物为螺类、沉水植物、养殖水产品等，其中，螺与沉水植物既是天然饵料又是非常重要的水质调控生物。根据调查估算每平方米水面每天投放的未被摄食的饵料等于投放约 25 mg 的氮和 5 mg 的磷，平均水位按 1 m 计算，则等于每天投放饵料会使水体氮、磷浓度分别增加 0.025 mg/L 和 0.005 mg/L。按此累积，则池塘水体的氮、磷含量则会达到很高的水平。同时水体中生物量较大的螺每天代谢释放大量的氨氮及磷酸盐。而通过水质的跟踪监测表明，池塘水体的氮、磷分别平均约处于 1.5 mg/L 和 0.05 mg/L 水平。因此表明未被摄食的饵料的氮磷及水生动物的呼吸代谢产物的氮磷主要归宿不是水体，而是转化到底泥或为沉水植物、浮游植物、微生物等所利用。那么养殖产生的营养物质如何在池塘生态系统中迁移转化，利用稳定同位素示踪技术追踪养殖产生的营养物质在水体 - 环棱螺 - 苦草 - 底泥的迁移转化及影响机制，为进一步优化螺 - 草水质净化系统提供理论基础。

### 7.3.1 实验设计及数据处理

选用养殖池塘最常见的苦草（*Vallisneria spiraslis* L.）和环棱螺（*Bellamya*）作为实验的沉水植物和底栖动物。实验用水为经 500 目筛绢网过筛后的池塘水，然后添加配置好的 $^{15}NH_4Cl$（99%$^{15}N$）溶液，搅拌均匀，添加的 $^{15}NH_4Cl$ 浓度很小，不会对水体的氨氮浓度造成影响。沉积物底泥为池塘底泥，露天晒干后，研磨过 60 目的不锈钢筛网。沉积物沙子为江滩中的细沙，自来水冲洗干净，露天晒干后，过 60 目不锈钢筛网。两个处理组为苦草和苦草 + 螺，对照组为无草无螺。为方便描述，将底泥组的苦草 + 螺组简称为 A，苦草组为 B，对照组为 C，沙子组分别为 D、E 和 F（图 7-11）。具体实验步骤详见周露洪等（2012）。

过量 $^{15}N$ 计算 $^{15}N$ 数据是指每克干物质 $^{15}N$ 的 μmol，根据 Zhang 等 [11] 文献中所阐述的公式进行计算：

$$\text{excess }^{15}N\,(\mu mol/g)=\{[(at\%^{15}N_{sam}-at\%^{15}N_{control})/100]\times[\mu mol\text{ of }N_{sam}]\}/[\text{gram of dry sample}] \quad (7\text{-}1)$$

$$at\%^{15}N_{sam}=100\times R_{air}\times[(\delta^{15}N_{sam}/1\,000)+1]\}/[1+R_{air}+R_{air}\times(\delta^{15}N_{sam}/1\,000)] \quad (7\text{-}2)$$

$$\delta^{15}N\,(‰)=[(R_{sam}/R_{air})-1]\times 1\,000 \quad (7\text{-}3)$$

其中，$at\%^{15}N_{control}$ 代表第 0 天的值；$R_{sam}={}^{15}N/{}^{14}N$（样品的比率）；$\delta^{15}N$ 相对于大气氮比率的过量的值，$R_{air}$=0.003 676 5。

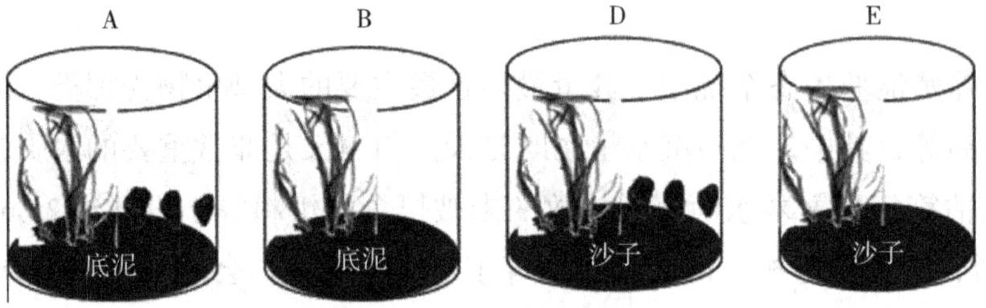


图 7-11 实验设计

### 7.3.2 结果与分析

通过构建螺 - 草模拟系统来研究池塘螺 - 草水质净化系统中营养盐的归趋，结果表明：以底泥为基质的螺草系统中，实验结束后苦草湿重和分株数均增加，苦草根部吸收储存了 1.07% 的 $^{15}N$，苦草茎、叶吸收储存了 7.74% 的 $^{15}N$，环棱螺吸收较少，只占 0.06%，底泥滞留了 5.73% 的 $^{15}N$（图 7-12、图 7-13）。通过比较分析得出螺 - 草系统中螺代谢释放的氮、磷可在系统中被底质和苦草吸收，不会造成水体中氮、磷的累积。水体中氨氮主要被底泥吸收，底泥氮、磷成为苦草最主要的营养来源。环棱螺的存在通过刮食苦草附着物和改善泥水界面，促进氮磷循环，促进了苦草茎、叶生长和根系扩展，间接促进系统中氮、磷的迁移去除，减少了底泥中的营养盐累积。

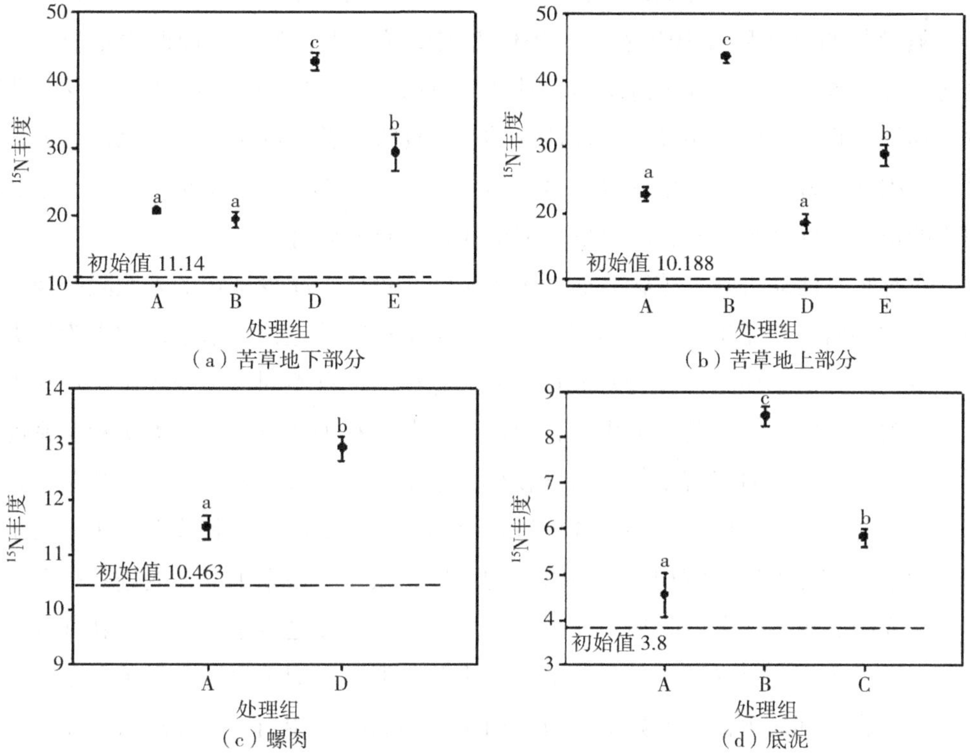


图 7-12　苦草、环棱螺和底泥 $^{15}N$ 丰度

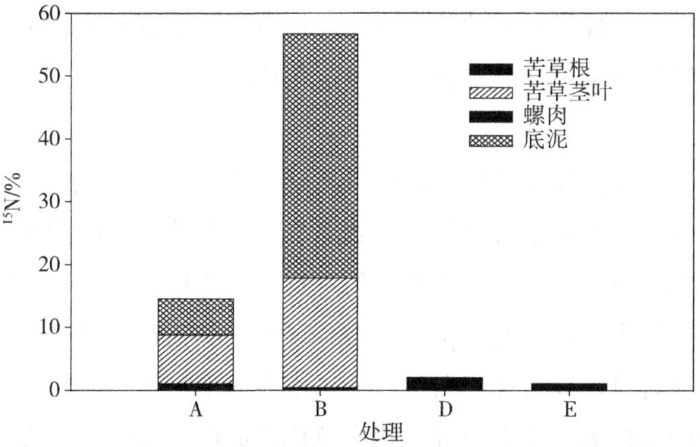


图 7-13　各个处理环境要素过量 $^{15}N$ 比例

沉水植物对水体中营养元素氮、磷的净化作用主要表现在同化吸收、改善根系微生态环境从而增进微生物的生化作用，以及通过提高悬浮物的沉降等方面，降低氨氮和硝态氮的扩散通量，从而抑制沉积物－水界面氮释放，同时抑制了底泥中磷的释放，因此以底泥为基质的苦草组的氮、磷含量均低于对照组，但差异不显著，原因可能为水体氮、磷降低以颗粒态磷沉降和沉积物吸附为主，植物吸收作用对水体中氮净化的贡献只有 10% 左右。环棱螺主要通过摄食颗粒物而改善水质，其爬动等生物干扰对泥－水界面有较大的影响，促进了沉积物中底泥硝化及反硝化速率，加快沉积物中的氮循环，且环棱螺的存在促进了苦草的生长及对水体营养盐的吸收，因此环棱螺代谢释放并没有显著增加水体的营养盐，实验结束后沙子组和底泥组的螺－草处理水体氮、磷含量与苦草处理差异不显著。

螺类牧食活动去除了植物表面的附生生物覆盖层，减少植物的光照限制及其与附生生物的营养盐竞争等有害影响，促进了水生植物的生长；水生植物也为螺类提供了牧食产卵的基质条件及躲避捕食者的栖息场所，且不同密度的环棱螺均显著促进了受附生生物胁迫的苦草的生长，致使螺－草互利关系成立。而本实验螺密度较低，由观察可知其对附着生物的摄食较少，基本存在于底泥表层。结合苦草生长及同位素示踪结果，可以认为环棱螺促进苦草的生长主要原因是其改造作用增大了沉积物含水率、孔隙度及沉积物中总微生物活性，改善了根系生境，促进其向深层扩展，从而吸收更多的营养物质。然后转移到茎、叶，促进苦草的分株、新芽的萌发及茎、叶的生长，且在营养盐丰富的基质中此种促进效应更显著。但苦草茎、叶和根的总磷含量都显著低于初始值，可能由于根系吸收的相当一部分磷营养盐可转移到茎、叶，或通过茎、叶释放到水中，特别是水体营养盐较低时，会继续分泌氮、磷以与水体达到平衡。底泥组的总氮含量与初始值差异较小，而沙子组则差异极显著，这与底泥中持续提供充足的氮源有关。根系系统是沉水植物吸收氮、磷营养盐的主要部位，因此有机质含量丰富的底泥组苦草的生长速率和含水率均显著高于沙子组。

无螺处理中底泥滞留了 38.77% 的 $^{15}N$，苦草茎、叶吸收储存了 17.44% 的 $^{15}N$，表明静态水体中的大部分溶解态氮渗透到底泥，且苦草有较高的从底泥富集营养盐的能力。主要利用根系从底泥中吸收作为生物可利用性氮主要形态的氨氮，从而随生物增加使得间隙水中游离的 $NH_4^+$-N 含量减少，同时苦草生长过程中其光合作用，可使上覆水体富含氧，氧可部分向沉积物－水界面下扩散，同时通过茎、叶和根系等可向沉积物中输送氧。结果使沉积物中氧化还原电位升高，一方面促进氮的硝化作用，另一方面抑制了沉积物下层氨化作用进行，使间隙水中的 $NH_4^+$-N 浓度逐渐降低。研究认为铵盐和硝酸盐是大型植物吸收氮的主要来源，可能由于一方面环棱螺自身促进了泥 - 水界面的氮循环，另一方面其促进苦草生长促进了沉积物中氮的硝化，减少水体中氨氮在底泥中累积，苦草根系吸收的底泥间隙水中的上覆水的氨氮减少，而更多吸收底泥自身的氮、磷，因此有螺处理中苦草茎、叶只吸收储存了 7.74% 的 $^{15}N$。

苦草是整个池塘系统营养盐去除的载体，底泥是主要的营养源。环棱螺的投放通过去除苦草附着生物胁迫和改善泥 - 水微界面生境，促进了苦草的生长与分株，加快了氮、磷的去除，也减少外源性氮、磷在沉积物中的累积，从而使养殖水体保持在健康的营养盐水平。然而养殖初期过多的环棱螺则会牧食苦草造成其损害，不利于其生长，而养殖中后期过高则会因为其代谢及溶解氧不足造成水体营养盐升高，而促进附着生物的生长，造成苦草生长限制甚至死亡，使水体恶化，因此在不同的养殖阶段选择合适的投放密度对整个养殖过程中的水质调控具有重要意义。

## 7.4 同位素富集 - 稀释法评价同位素转化率

稳定同位素技术相对于胃含物分析可以反映鱼类等生物长时间尺度的食物来源、迁徙状况及营养级关系，其原理在于所研究动物的组织同位素比值可以反映它们的食物来源。但是，同位素比值受到同位素分馏和食物在所取组织中转化率的影响 [13]。当动物的食性发生改变，特别是当两种食物的同位素比值差异较大时，必定引起动物肌体同位素比值的变化。事实上，这个变化是由两个过程引起的：对于生长速率快的动物，同位素转化率的变化主要由生长组织对原有组织同位素比值的稀释作用；对于生长较慢的生物，主要是由于摄食了新食物而引起原有组织代谢引起的。在池塘养殖系统中，养殖者会随着养殖对象的生长阶段投喂不同的食物，食性转变引起稳定同位素分馏，不同组织的转化率不同，因此运用同位素富集 - 稀释法研究食性转变评价不同组合的同位素转化率，对于优化取样部位，最大限度掌握养殖鱼类摄食行为动态，提高稳定同位素分析的准确性有重要的意义。

### 7.4.1 数据处理

#### 7.4.1.1 随时间变化的转化率模型

锦鲤肌肉氮稳定同位素随时间的转化率模型遵循 Tieszen 等的指数模型 [14]：

$$\delta_t = \delta_f + (\delta_i - \delta_f)\exp(vt) \tag{7-4}$$

式中，$\delta_t$代表$t$时刻的各组织的同位素比值；$\delta_f$代表各组织同新食物达到平衡的最终同位素比值，$\delta_i$代表食性转变前初始同位素比值，$v$代表转化率，$t$代表食性转变实验开始后的时间。

半衰期：$t_{1/2} = \ln(0.5) / v$

#### 7.4.1.2 随组织生长的转化率模型

锦鲤组织氮稳定同位素随组织生长的转化率模型遵循Fry和Arnold[15]的指数模型：

$$\delta_t = \delta_f + (\delta_i - \delta_f)(w_t / w_i)^c \tag{7-5}$$

式中，$\delta_t$代表$t$时刻的各组织的同位素比值；$\delta_f$代表各组织同新食物达到平衡的最终同位素比值、$\delta_i$代表食性转变前初始同位素比值，$W_t$代表$t$时刻锦鲤体重，$W_i$代表初始锦鲤体重，$c$代表代谢衰减指数。当$c$=−1，表明同位素转化率是由组织生长引起的；当$c$<−1，表明同位素转化率是由组织代谢引起的。

相对生长速率：$SGR = \dfrac{\ln W_t - \ln W_i}{t}$

### 7.4.2 结果分析

锦鲤肌肉、肝、鳍和血液实验前后N稳定同位素比值变化见表7-10。对照组一直饲喂纯面粉，锦鲤各个组织$\delta^{15}$N不存在显著差异，平均为6.47‰，同位素分馏为4.7‰，略高于文献报道的3.4‰。通过42 d的加富蓝藻饲喂，锦鲤各组织的N稳定同位素发生显著变化。肝的$\delta^{15}$N为19.33‰ ± 1.44‰，显著高于其他组织，其次为鱼鳍（15.65‰ ± 1.00‰）和血液（12.58‰ ± 0.39‰），肌肉的$\delta^{15}$N‰最低，为9.94‰ ± 0.74‰。第85天实验结束时，各组织的$\delta^{15}$N没有降到和对照组一致的水平，但是肝、鳍和血液之间的$\delta^{15}$N‰差异不显著，并显著高于肌肉组织（8.28‰ ± 1.62‰）。

锦鲤食性改变后，各组织N同位素比值随时间变化如图7-14所示，曲线拟合方程见表7-10。鳍肉的N同位素转化率最高，半衰期只有6.1 d，其次是血液和肝，分别为13.2 d和15.9 d，肌肉的N同位素转化率最低，半衰期达到18.4 d。通过43 d的饲喂，锦鲤的体重增加到1.4倍，相对生长率为0.011 d$^{-1}$。锦鲤$\delta^{15}$N随组织生长呈现良好的指数关系，相关系数>0.8677。由表7-11和图7-15可见，代谢衰减指数$c$和−1不存在显著差异，说明各组织的N同位素转化率主要是由生长引起的。

表 7-10 同位素加富－稀释实验开始前后锦鲤各组织同位素比值变化

| 组织 | 锦鲤 $\delta^{15}N$/‰ | | |
|---|---|---|---|
| | 11 月 4 日 | 12 月 17 日 | 对照 |
| 肌肉 | 9.94 ± 0.74D | 8.28 ± 1.62b | 6.21 ± 0.72a |
| 肝 | 19.33 ± 1.44A | 11.28 ± 1.05a | 6.88 ± 0.58a |
| 鳍 | 15.65 ± 1.00B | 10.43 ± 0.56a | 6.55 ± 0.26a |
| 血 | 12.58 ± 0.39C | 10.12 ± 1.72a | 6.29 ± 0.77a |
| 食物 | 47.60 | 1.741 | 1.741 |

注：平均值 ± 标准方差（$n$=3）；不同的小写字母代表差异显著（$P$<0.05），不同的大写字母代表差异极显著（$P$<0.01）。

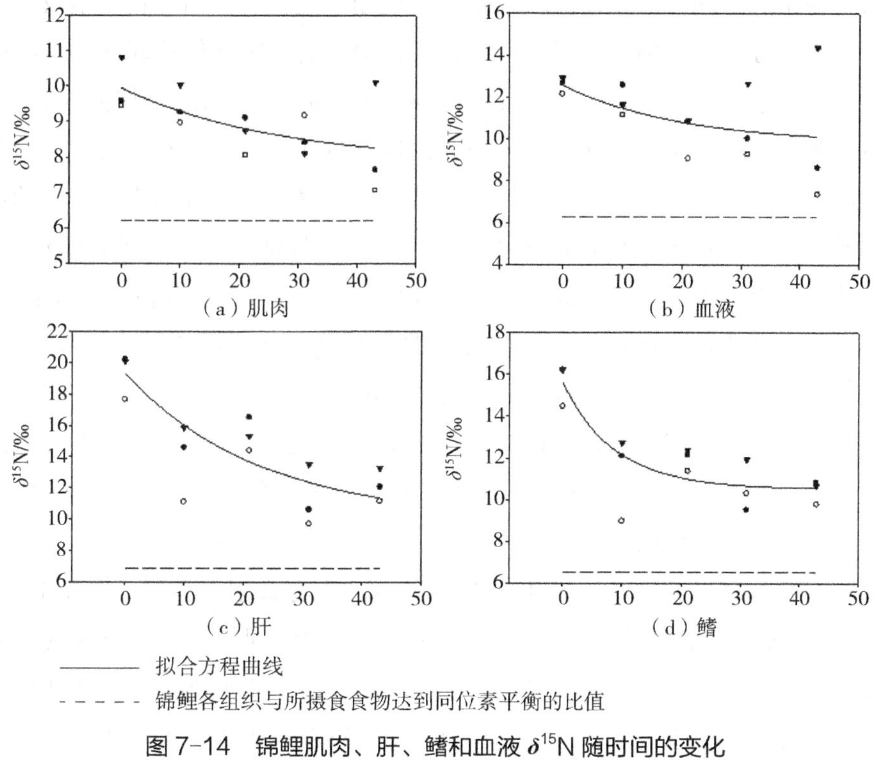


图 7-14 锦鲤肌肉、肝、鳍和血液 $\delta^{15}N$ 随时间的变化

表 7-11 锦鲤各组织 $\delta^{15}N$ 随时间的拟合方程及同位素转化半衰期

| 组织 | 拟合方程 $\delta^{15}N$（t） | 相关指数 $R^2$ | 半衰期 $t_{1/2}$ |
|---|---|---|---|
| 肌肉 | $7.854+2.090\ell^{-0.0376t}$ | 0.974 6 | 18.4 |
| 肝脏 | $9.9044+9.424\ell^{-0.0434t}$ | 0.977 7 | 15.9 |
| 鱼鳍 | $10.520+5.129\ell^{-0.1143t}$ | 0.989 1 | 6.1 |
| 血液 | $9.854+2.729\ell^{-0.0525t}$ | 0.905 7 | 13.2 |

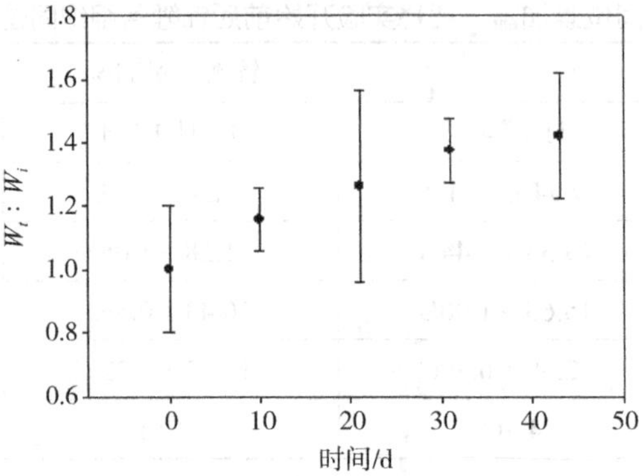


图 7-15　同位素加富 - 稀释实验锦鲤 $W_t$：$W_i$ 随时间的变化

动物各组织的同位素比值反映的是肌体代谢、生长、蛋白质物质组成、同位素路径和食物来源共同作用的结果。所以，高代谢率的组织比低代谢率的组织更能较快地反映同位素比值的变化，从而反馈出动物近期的摄食状况。普遍认为恒温动物不同组织和器官的同位素转化率差异很大，这一点在长爪沙鼠和鸟类的实验中得到证实，而对于冷血动物却没有明确定论。最初，普遍认为恒温动物较冷血动物有较高的基础代谢，从而导致较高的组织转化率，而这种情况在冷血动物中没有发现。但近年来随着研究的深入，MacNeill[16] 发现黄豹鱼不同组织同位素水平的差异是由各组织转化率不同引起的，认为肝脏 $\delta^{15}N$ 转化率是肌肉的 2 倍，软骨组织最低。Logan[17] 通过盐沼底鳉的食性转化实验发现，由于组织代谢的差异，肝脏的转化率显著高于肌肉，建议据此研究不同时间尺度上鱼类的迁徙和营养级。通过本研究的同位素加富 - 稀释实验，发现锦鲤各组织 N 同位素转化率的大小为鳍＞血＞肝＞肌肉，其中，鱼鳍的最高，这可能与黏膜较强的再生能力有关。

锦鲤摄食加富的蓝藻后，各组织 N 同位素比值存在显著差异，其中肝脏最高。各组织 $\delta^{15}N$ 的差异多半是由于氨基酸相对含量不同引起的，肝脏所含的必需氨基酸较多。事实上，必需氨基酸被吸收和同化基本很少引起 N 同位素比值的变化。但是，当氨基酸重新分解或合成，根据物质转化路径的差异就会引起 $\delta^{15}N$ 不同程度的变化，即通常所说的二次分馏。另外，不同组织同位素比值的差异可以反映同位素路径的不同，也就是说，食物的营养物质随着不同的路径被分配到特定的组织。所以，组织同位素比值反映的是它所合成的物质的同位素特征，而不是整个食物。新吸收的营养被用于有机体的合成代谢或是替代退化组织，从而引起机体生长和组织代谢。生长快的组织较生长慢的具有较高的碳氮转化率和低的半衰期，但会随着不同的生长阶段而变化。血浆有较快的周转速率，所以通常认为有较快的转化率。但在 McIntyre 和 Flecker [18] 的研究中，实验小鱼血液和肌肉的 N 转化率差异不大，他认为可能与食物来源的氮在整个血液复杂的运行路径有关。事实上，同位素转化率的变化主要由组织生长和代谢活动两种原因引起。Guelinckx 等 [19] 认为对生长较快或者发育早期的鱼类，代谢活动对同位素转化率的影响可以忽略。本实验中，锦鲤通过 43 d 的饲喂，其体重增加到 1.4 倍，代谢衰减指数 $c$ 和 −1 不存在显著差异，可见锦鲤各组织的 N 同位素转化主要由组织生长引起，代谢活动可以忽略。

较多的研究用标记的初级生产者来追踪初级消费者的摄食行为，或者进一步追踪次级消费者。短期的同位素富集可以使摄食者快速标记从而缩短同位素平衡的时间，这种方法有利于转化率较慢生物的研究。自然丰度食物转变需要很长的时间达到同位素平衡，或者是利用假设的同位素分馏来估算消费者在摄食新食物后的同位素比值。本书用加富的蓝藻饲喂锦鲤，放大各组织 N 同位素比值的差异。研究发现，经过 42 d 的摄食，各组织的 N 同位素比值存在显著差异。随后停止饲喂蓝藻，改为纯面粉，由此研究锦鲤食性改变所引起的各个组织同位素转化率的差异。这样极大缩短了蓝藻来源的 N 在面粉 – 藻 – 面粉食性转变过程中平衡所需要的时间。

用这种方法测定的同位素转化率最大的挑战就是获得加富一致的实验动物。尽量选择规格大小一致的鱼类，体重差异不大于 0.2 g，体长差异不大于 0.1 cm。除了体长，摄食或吸收率的差异均会放大同种生物短期的加富结果。同时，作为被加富的初级生产者由于组成复杂而引起的同位素比值差异同样会增加初级消费者加富结果的差异。消除这一影响，需要保证个体获得比例一致的加富食物，或者是延长加富时间，减少短期随机摄食的差异。在本研究中，标记的蓝藻经研磨和面粉均匀混合，减少了标记食物的差异。另外，为了消除摄食后个体同位素比值的差异，可以通过个体连续非致命取样来实现。从而描绘出个体水平的稀释曲线从而计算转化率，不同个体的平行取样又可以统计出群体水平的转化率。鳍和血液适合鱼类的连续取样，肌肉也可以用于非致命的活体取样。但是，连续的肌肉取样对螺、蜗牛和小鱼等小型动物是不适合的。

通过同位素富集 – 稀释法得到的转化率和由传统食性转变计算出来的略有不同，以天然食物和摄食效率为基础的转化率较实验室人为条件更能反映真实情况。但是，同位素富集 – 稀释法让我们了解到鱼类各个组织转化率的差异，在今后的食物网研究中，单纯的肌肉取样是有待商榷的。特别是短期的食性转变，如蓝藻暴发，对于滤食性鱼类会被动摄食。如果还是传统的 2～3 个月肌肉取样，可能错过鱼类短期的食性变化。通常肝脏、血液和鳍的半衰期较短，最短的不到 10 d。如果适时地合理取样，就可能最大限度地掌握鱼类摄食行为动态，提高稳定同位素分析的精确性。

表 7-12　锦鲤各组织 $\delta^{15}$N 随 $W_t$ : $W_i$ 的拟合方程及同位素代谢衰减指数

| 组织 | 拟合曲线 Equation for $\delta^{15}$N（$W_t/W_i$） | 相关指数 $R^2$ | 代谢衰减指数 $c$ |
|---|---|---|---|
| 肌肉 | $9.98(w_t/w_i)^{-0.5206}$ | 0.955 0 | −0.520 6 |
| 肝脏 | $-21.42+40.75(w_t/w_i)^{-0.6105}$ | 0.989 3 | −0.610 5 |
| 鱼鳍 | $-8.79\times10^{-8}+15.65(w_t/w_i)^{-1.2921}$ | 0.927 8 | −1.292 1 |
| 血液 | $-7.14\times10^{-10}+12.58(w_t/w_i)^{-0.6188}$ | 0.867 7 | −0.618 8 |

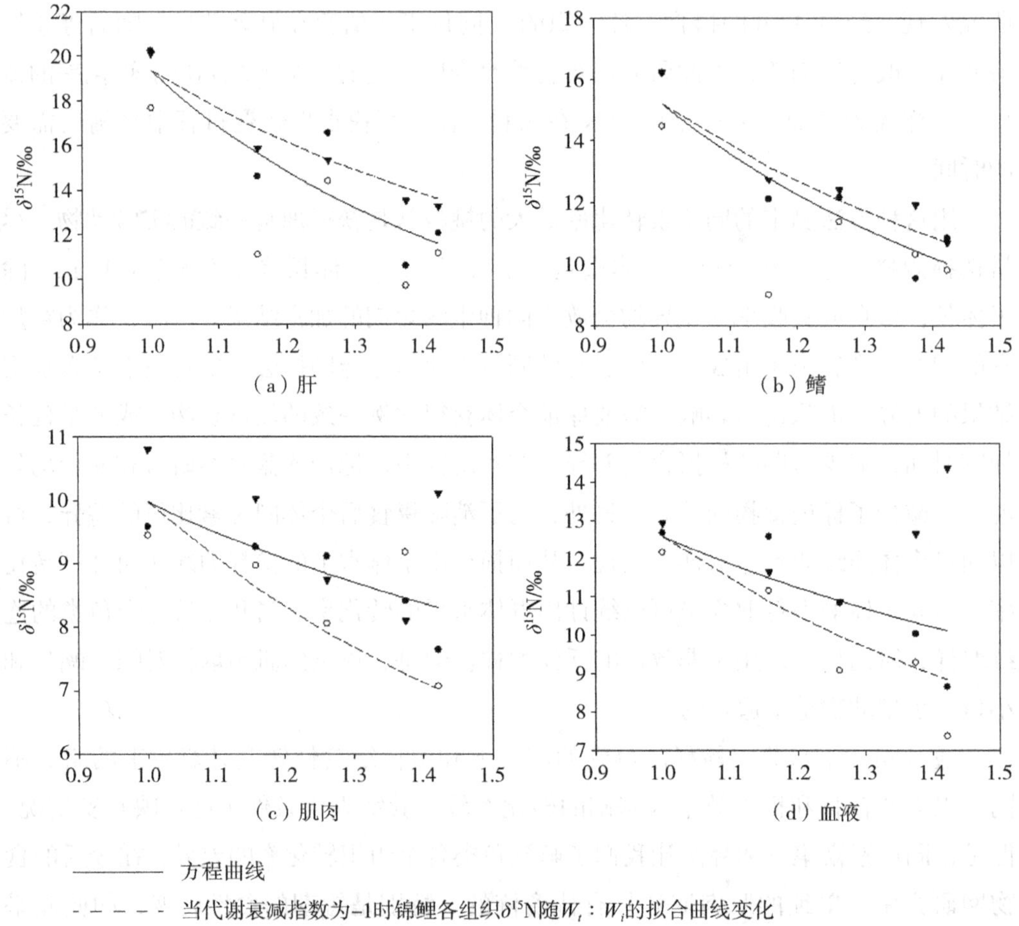


图 7-16　锦鲤肌肉、肝、鳍和血液 $\delta^{15}$N 随 $W_t$ : $W_i$ 的变化

# 参考文献

## 第1章

[1] Gannes L Z，O' Brien D M，del Rio C M. Stable isotopes in animal ecology：Assumptions，caveats，and a call for more laboratory experiments [J]. Ecology，1997，78（4）：1271-1276.

[2] Robinson D. $\delta^{15}N$ as an integrator of the nitrogen cycle [J]. Trends in Ecology and Evolution，2001，16（3）：153-162.

[3] Post D M. Using stable isotopes to estimate trophic position：Models，methods，and assumptions [J]. Ecology，2002，83（3）：703-718.

[4] Rubenstein D R，Hobson K A. From birds to butterflies：Animal movement patterns and stable isotopes [J]. Trends in Ecology and Evolution，2004，19（5）：256-263.

[5] Vander Zanden M J，Cabana G，Rasmussen J B. Comparing trophic position of freshwater fish calculated using stable nitrogen isotope ratios（$\delta^{15}N$）and literature dietary data [J]. Canadian Journal of Fisheries and Aquatic Sciences，1997，54（5）：1142-1158.

[6] Vander Zanden M J，Shuter B J，Lester N，et al. Patterns of food chain length in lakes：A stable isotope study [J]. American Naturalist，1999（154）：406-416.

[7] Lorrain A，Savoye N，Chauvaud L，et al. Decarbonation and preservation method for the analysis of organic C and N contents and stable isotope ratios of low-carbonated suspended particulate material [J]. Analytica Chimica Acta，2003，491（2）：125-133.

[8] Barrow L M，Bjorndal K A，Reich K J. Effects of preservation method on stable carbon and nitrogen isotope values [J]. Physiological and Biochemical Zoology，2008，81（5）：688-693.

[9] Syvaranta J，Vesala S，Rask M，et al. Evaluating the utility of stable isotope analyses of archived freshwater sample materials [J]. Hydrobiologia，2008，600

（1）：121-130.

[10] Vander Zanden M J，Casselman J M，Rasmussen J B. Stable isotope evidence for the food web consequences of species invasions in lakes [J]. Nature，1999，401（6752）：464-467.

[11] Perga M E，Gerdeaux D. Using the $\delta^{13}$C and $\delta^{15}$N of whitefish scales for retrospective ecological studies：Changes in isotope signatures during the restoration of Lake Geneva，1980–2001 [J]. Journal of Fish Biology，2003，63（5）：1197-1207.

[12] Kelly B，Dempson J B，Power M. The effects of preservation on fish tissue stable isotope signatures [J]. Journal of Fish Biology，2006，69（6）：1595-1611.

[13] Peterson B J，Fry B. Stable isotopes in ecosystem studies [J]. Annual Review of Ecology and Systematics，1987，18（1）：293-320.

[14] Xu J. Ecological studies on the food web structures and trophic relationships of freshwater lakes in China using stable carbon and nitrogen isotopes [D]. Wuhan：Institute of Hydrobiology，Chinese Academy of Sciences，2005.

[15] France R L. Carbon-13 enrichment in benthic compared to planktonic algae：Food web implications [J]. Marine Ecology Progress Series，1995，124（1）：307-312.

[16] Deniro M J，Epstein S. Mechanism of carbon isotope fractionation associated with lipid synthesis [J]. Science，1977，197（4300）：261-263.

[17] Macko S A，Estep M L F，Engel M H，et al. Kinetic fractionation of stable nitrogen isotopes during amino acid transamination [J]. Geochimica et Cosmochimica Acta，1986，50（10）：2143-2146.

[18] Minagawa M，Wada E. Stepwise enrichment of $^{15}$N along food chains：Further evidence and the relation between $\delta^{15}$N and animal age [J]. Geochimica et Cosmochimica Acta，1984，48（5）：1135-1140.

[19] Xu J，Zhang M，Xie P. Variability of stable nitrogen isotopic baselines and its consequence for trophic modeling [J]. Journal of Lake Sciences，2010，22（1）：10-23.

[20] Phillips D L，Gregg J W. Source partitioning using stable isotopes：Coping with too many sources [J]. Oecologia，2003，136（2）：261-269.

[21] Jardine T D，McGeachy S A，Paton C M，et al. Stable isotopes in aquatic systems：Sample preparation，analysis and interpretation [J]. Canadian Manuscript

Report of Fisheries and Aquatic Sciences，2003（2656）：39

[22] Lehmann M F，Bernasconi S M，Barbieri A，et al. Preservation of organic matter and alteration of its carbon and nitrogen isotope composition during simulated and in situ early sedimentary diagenesis [J]. Geochimica et Cosmochimica Acta，2002，66（20）：3573-3584.

[23] Hamilton S K，Sippel S J，Bunn S E. Separation of algae from detritus for stable isotope or ecological stoichiometry studies using density fractionation in colloidal silica [J]. Limnology and Oceanography：Methods，2005，3（3）：149-157.

[24] Marty J，Planas D. Comparison of methods to determine algal $\delta^{13}C$ in freshwater [J]. Limnology and Oceanography：Methods，2008，6（1）：51-63.

[25] Price C A，Reardon E M，Guillard R R L. Collection of dinoflagellates and other marine microalgae by centrifugation in density gradients of a modified silica sol [J]. Limnology and Oceanography，1978，23（3）：548-553.

[26] Bidigare R R，Kennicutt M C，Keeney-Kennicutt W L，et al. Isolation and purification of chlorophylls a and b for the determination of stable carbon and nitrogen isotope compositions [J]. Analytical chemistry，1991，63（2）：130-133.

[27] Pel R，Hoogveld H，Floris V. Using the hidden isotopic heterogeneity in phyto- and zooplankton to unmask disparity in trophic carbon transfer [J]. Limnology and Oceanography，2003，48（6）：2200-2207.

[28] Hamilton S K，Lewis Jr W M. Stable carbon and nitrogen isotopes in algae and detritus from the Orinoco River floodplain，Venezuela [J]. Geochimica et Cosmochimica Acta，1992，56（12）：4237-4246.

[29] Eller G，Deines P，Grey J，et al. Methane cycling in lake sediments and its influence on chironomid larval $\delta^{13}C$ [J]. FEMS Microbiology Ecology，2005，54（3）：339-350.

[30] Grey J，Kelly A，Ward S，et al. Seasonal changes in the stable isotope values of lake-dwelling chironomid larvae in relation to feeding and life cycle variability [J]. Freshwater Biology，2004，49（6）：681-689.

[31] Grey J，Jones R I，Sleep D. Seasonal changes in the importance of the source of organic matter to the diet of zooplankton in Loch Ness as indicated by stable isotope analysis [J]. Limnology and Oceanography，2001，46（3）：505-513.

[32] Ventura M，Catalan J. Incorporating life histories and diet quality in stable isotope

interpretations of crustacean zooplankton [J]. Freshwater Biology，2008，53（7）：1453–1469.

[33] Church M R，Ebersole J L，Rensmeyer K M，et al. Mucus：A new tissue fraction for rapid determination of fish diet switching using stable isotope analysis [J]. Canadian Journal of Fisheries and Aquatic Sciences，2009，66（1）：1–5.

[34] Pitt K A，Connolly R M，Meziane T. Stable isotope and fatty acid tracers in energy and nutrient studies of jellyfish：A review [J]. Hydrobiologia，2009，616（1）：119–132.

[35] Feuchtmayr H，Grey J. Effect of preparation and preservation procedures on carbon and nitrogen stable isotope determinations from zooplankton [J]. Rapid Communications in Mass Spectrometry，2003，17（23）：2605–2610.

[36] Grey J，Kelly A，Jones R I. High intraspecific variability in carbon and nitrogen stable isotope ratios of lake chironomid larvae [J]. Limnology and Oceanography，2004，49（1）：239–244.

[37] Hobson K A，Welch H E. Determination of trophic relationships within a high Arctic marine food web using $\delta^{13}C$ and $\delta^{15}N$ analysis [J]. Marine Ecology Progress Series，1992（84）：9–18.

[38] Bosley K L，Wainright S C. Effects of preservatives and acidification on the stable isotope ratios（$^{15}N:^{14}N$，$^{13}C:^{12}C$）of two species of marine animals [J]. Canadian Journal of Fisheries and Aquatic Sciences，1999，56（11）：2181–2185.

[39] Bligh E G，Dyer W J. A rapid method of total lipid extraction and purification [J]. Canadian Journal of Biochemistry and Physiology，1959，37（8）：911–917.

[40] Radin N S. Extraction of tissue lipids with a solvent of low toxicity [J]. Methods in Enzymology，1981（72）：5–7.

[41] Logan J M，Jardine T D，Miller T J，et al. Lipid corrections in carbon and nitrogen stable isotope analyses：Comparison of chemical extraction and modelling methods [J]. Journal of Animal Ecology，2008，77（4）：838–846.

[42] McConnaughy T，McRoy C P. Food-web structure and the fractionation of carbon isotopes in the Bering Sea [J]. Marine Biology，1979，53（3）：257–262.

[43] Post D M，Layman C A，Arrington D A，et al. Getting to the fat of the matter：Models，methods and assumptions for dealing with lipids in stable isotope analyses [J]. Oecologia，2007，152（1）：179–189.

[44] Tarroux A, Ehrich D, Lecomte N, et al. Sensitivity of stable isotope mixing models to variation in isotopic ratios: Evaluating consequences of lipid extraction [J]. Methods in Ecology and Evolution, 2010, 1（3）: 231–241.

[45] Edwards M S, Turner T F, Sharp Z D. Short-and long-term effects of fixation and preservation on stable isotope values（$^{13}C$, $^{15}N$, $^{34}S$）of fluid-preserved museum specimens [J]. Copeia, 2002（4）: 1106–1112.

[46] Sarakinos H C, Johnson M L, Zanden M J V. A synthesis of tissue-preservation effects on carbon and nitrogen stable isotope signatures [J]. Canadian Journal of Zoology, 2002, 80（2）: 381–387.

[47] Mateo M A, Serrano O, Serrano L, et al. Effects of sample preparation on stable isotope ratios of carbon and nitrogen in marine invertebrates: Implications for food web studies using stable isotopes [J]. Oecologia, 2008, 157（1）: 105–115.

[48] Syvaranta J, Martino A, Kopp D, et al. Freezing and chemical preservatives alter the stable isotope values of carbon and nitrogen of the Asiatic clam（*Corbicula fluminea*）[J]. Hydrobiologia, 2011, 658（1）: 383–388.

[49] Xu J, Yang Q, Zhang M, et al. Preservation effects on stable isotope ratios and consequences for the reconstruction of energetic pathways [J]. Aquatic Ecology, 2011, 45（4）: 483–492.

[50] Brearley F Q. How does sample preparation affect the $\delta^{15}N$ values of terrestrial ecological materials? [J]. Journal of Plant Nutrition and Soil Science, 2009, 172（4）: 461–463.

[51] Kaehler S, Pakhomov E A. Effects of storage and preservation on the $\delta^{13}C$ and $\delta^{15}N$ signatures of selected marine organisms [J]. Marine Ecology Progress Seriesr, 2001（219）: 299–304.

[52] Arrington D A, Winemiller K O. Preservation effects on stable isotope analysis of fish muscle [J]. Transactions of the American Fisheries Society, 2002, 131（2）: 337–342.

## 第 2 章

[1] Vander Zanden M J V, Rasmussen J B. Variation in $\delta^{15}N$ and $\delta^{13}C$ trophic fractionation: Implications for aquatic food web studies [J]. Limnology and

Oceanography，2001，46（8）：2061-2066.

[2] Boecklen W J，Yarnes C T，Cook B A et al. On the use of stable isotopes in trophic ecology [J]. Annual Review of Ecology，Evolution，Systematics，2011，42（1）：411-440.

[3] Xu J，Xie P. Studies on the food web structure of Lake Donghu using stable Carbon and Nitrogen isotope ratios [J]. Journal of Freshwater Ecology，2004，19（4）：645-650.

[4] Xu J. Ecological studies on the food web structures and trophic relationships of freshwater lakes in China using stable carbon and nitrogen isotopes. Wuhan；Institute of Hydrobiology [J]. Chinese Academy of Sciences，2005.

[5] Layman C A，Araujo M S，Boucek R，et al. Applying stable isotopes to examine food-web structure：An overview of analytical tools [J]. Biological reviews of the Cambridge Philosophical Society，2012，87（3）：545-562.

[6] Post D M. Using stable isotopes to estimate trophic position：Models，methods，and assumptions [J]. Ecology，2002，83（3）：703-718.

[7] Del Rio C M，Wolf N，Carleton S A，et al. Isotopic ecology ten years after a call for more laboratory experiments [J]. Biological reviews of the Cambridge Philosophical Society，2009，84（1）：91-111.

[8] International Organization for Standardization Joint Committee for Guides in Metrology[J]. Geneva：ISO，2008.

[9] Magnusson B，NäYkki T，Hovind H V，et al. Nordtest Technical Report 537 ed. 3.1，2012.

[10] Skrzypek G. Normalization procedures and reference material selection in stable HCNOS isotope analyses：An overview [J]. Anal Bioanal Chem，2013，405（9）：2815-2823.

[11] Qi H，Coplen T B，Geilmann H，et al. Two new organic reference materials for $\delta^{13}C$ and $\delta^{15}N$ measurements and a new value for the $\delta^{13}C$ of NBS22 Oil [J]. Rapid Communications in Mass Spectrometry，2003，17（22）：2483-2487.

[12] Szpak P，Metcalfe J Z，Macdonald R A. Best practices for calibrating and reporting stable isotope measurements in archaeology [J]. Journal of Archaeological Science：Reports，2017，13：609-616.

[13] Parry O，Mauthner N S. Whose data are they anyway? Practical，legal and ethical

issues in archiving qualitative research data [J]. Sociology，2004，38（1）：139-152.

[14] Whitlock M C. Data archiving in ecology and evolution：best practices [J]. Trends in Ecology & Evolution，2011，26（2）：61-65.

[15] Francis T B，Schindler D E，Holtgrieve G W，et al. Habitat structure determines resource use by zooplankton in temperate lakes [J]. Ecology Letters，2011，14（4）：364-372.

[16] Fry B，Joern A，Parker P L. Grasshopper food web analysis：Use of carbon isotope ratios to examine feeding relationships among terrestrial herbivores [J]. Ecology，1978，59（3）：498-506.

[17] Haines，Montague. Food sources of estuarine invertebrates analyzed using $^{13}C/^{12}C$ Ratios [J]. Ecology，1979.

[18] Peterson B J，Howarth R W，Garritt R H. Multiple Stable isotopes used to trace the flow of organic matter in estuarine food webs [J]. Science，1985，227（4692）：1361-1363.

[19] Zieman J C，Macko S A，Mills A L. Role of seagrasses and mangroves in estuarine food webs：Temporal and spatial changes in stable isotope composition and amino acid content during decomposition [J]. Bulletin of Marine Science，1984.

[20] Kwak S G，Kim J H. Central limit theorem：The cornerstone of modern statistics [J]. Korean Journal of Anesthesiology，2017，70（2）：144.

[21] Doornik J A，Hansen H. An omnibus test for univariate and multivariate normality [J]. Oxford Bulletin of Economics Statistics，2008（70）：927-939.

[22] Oulhote Y，Bot B L，Deguen S，et al. Using and interpreting isotope data for source identification [J]. Trends in Analytical Chemistry，2011，30（2）：302-312.

[23] Post D M. Using stable isotopes to estimate trophic position：Models，methods，and assumptions [J]. Ecology，2002，83（3）：703-718.

[24] France R，Peters R. Ecosystem differences in the trophic enrichment of $^{13}C$ in aquatic food webs [J]. Canadian Journal of Fisheries Aquatic Sciences，1997，54（6）：1255-1258.

[25] Caut S，Angulo E，Courchamp F. Variation in discrimination factors (Δ15N and Δ13C)：the effect of diet isotopic values and applications for diet reconstruction[J]. Journal of Applied Ecology，2009，46：443–453.

[26] Cherry S G，Derocher A E，Hobson K A，et al. Quantifying dietary pathways of proteins and lipids to tissues of a marine predator [J]. J Appl Ecol，2011，48（2）：373-381.

[27] Phillips D L，Inger R，Bearhop S，et al. Best practices for use of stable isotope mixing models in food-web studies [J]. Canadian Journal of Zoology，2014，92（10）：823-835.

[28] Smith J A，Mazumder D，Suthers I M，et al. To fit or not to fit：Evaluating stable isotope mixing models using simulated mixing polygons [J]. Methods in Ecology and Evolution，2013，4（7）：612-618.

[29] Fry B. Alternative approaches for solving underdetermined isotope mixing problems [J]. Mar Ecol Prog Ser，2013（472）：1-13.

[30] Choy S L，O'leary R，Mengersen K. Elicitation by design in ecology：Using expert opinion to inform priors for Bayesian statistical models [J]. Ecology，2009，90（1）：265-277.

[31] Ward E J，Semmens B X，Phillips D L，et al. A quantitative approach to combine sources in stable isotope mixing models [J]. Ecosphere，2011，2（2）：1-11.

[32] Saito L，Johnson B M，Bartholow J，et al. Assessing ecosystem effects of reservoir operations using food web–energy transfer and water quality models [J]. Ecosystems，2001，4（2）：105-125.

[33] Phillips D L，Gregg J W. Uncertainty in source partitioning using stable isotopes [J]. Oecologia，2001，127（2）：171-179.

[34] Phillips D L. Mixing models in analyses of diet using multiple stable isotopes：A critique [J]. Oecologia，2001，127（2）：166-170.

[35] Phillips D L，Gregg J W. Source partitioning using stable isotopes：Coping with too many sources [J]. Oecologia，2003，136（2）：261-269.

[36] Moore J W，Semmens B X. Incorporating uncertainty and prior information into stable isotope mixing models [J]. Ecology Letters，2008，11（5）：470-480.

[37] Jackson A L，Inger R，Bearhop S，et al. Erroneous behaviour of MixSIR，a recently published Bayesian isotope mixing model：a discussion of Moore & Semmens（2008）[J]. Ecology Letters，2009，12（3）：E1-E5.

[38] Newsome S D，Rio C M D，Bearhop S，et al. A niche for isotopic ecology [J]. Frontiers in Ecology and the Environment，2007，5（8）：429-436.

[39] Semmens B X，Moore J W，Ward E J. Improving Bayesian isotope mixing models：A response to Jackson et al.（2009）[J]. Ecology Letters，2009，12（3）.

[40] Votier S C，Bearhop S，Maccormick A，et al. Assessing the diet of great skuas，Catharacta skua，using five different techniques [J]. Polar Biology，2003，26（1）：20–26.

[41] Chiaradia A，Forero M G，Mcinnes J C，et al. Searching for the true diet of marine predators：Incorporating bayesian priors into stable isotope mixing models [J]. PLOS ONE，2014，9（3）：

[42] Parnell A，Inger R. Simmr：A stable isotope mixing model [J]. R Package Version 03 R，2016：

[43] Bearhop S，Adams C E，Waldron S，et al. Determining trophic niche width：A novel approach using stable isotope analysis [J]. Journal of Animal Ecology，2004，73（5）：1007–1012.

[44] Boecklen W J，Yarnes C T，Cook B A，et al. On the Use of Stable Isotopes in trophic ecology [J]. Annual Review of Ecology，Evolution，and Systematics，2011，42（1）：411–440.

[45] Mccutchan J H，Lewis W M，Kendall C，et al. Variation in trophic shift for stable isotope ratios of Carbon，Nitrogen，and Sulfur [J]. Oikos，2003，102（2）：378–390.

[46] Oppel S，Powell A N. Carbon isotope turnover in blood as a measure of arrival time in migratory birds using isotopically distinct environments [J]. Journal of Ornithology，2010，151（1）：123–131.

[47] Phillips D L，Eldridge P M. Estimating the timing of diet shifts using stable isotopes [J]. Oecologia，2006，147（2）：195–203.

[48] Post D M，Layman C A，Arrington D A，et al. Getting to the fat of the matter：Models，methods and assumptions for dealing with lipids in stable isotope analyses [J]. Oecologia，2007，152（1）：179–189.

[49] Rio C M N D，Wolf N，Carleton S A，et al. Isotopic ecology ten years after a call for more laboratory experiments [J]. Biological Reviews，2009，84（1）：91–111.

[50] Vanderklift M A，Ponsard S. Sources of variation in consumer-diet $\delta^{15}$N enrichment：A meta-analysis [J]. Oecologia，2003，136（2）：169–182.

[51] Martínez Del Rio C，Wolf N，Carleton S A，et al. Isotopic ecology ten years after

a call for more laboratory experiments [J]. Biol Rev，2009，84（1）：91-111.

# 第3章

[1] Vander Zanden M J V，Rasmussen J B. Variation in $\delta^{15}$N and $\delta^{13}$C trophic fractionation：Implications for aquatic food web studies [J]. Limnology and Oceanography，2001，46（8）：2061-2066.
[2] Boecklen W J，Yarnes C T，Cook B A，et al. On the use of stable isotopes in trophic ecology [J]. Annual Review of Ecology，Evolution，Systematics，2011，42（1）：411-440.
[3] Xu J，Xie P. Studies on the food web structure of Lake Donghu using stable carbon and nitrogen isotope ratios [J]. Journal of Freshwater Ecology，2004，19（4）：645-650.
[4] Xu J，Zhou Q，Zeng Q F，et al. Stable Carbon and Nitrogen Isotopes in Aquatic Ecology：Theory and Applications [M]//Duan C Q. Advances in Ecological Sciences Vol. 5. Beijing：Higher Education Press，2010：35-80.
[5] Xu J，Xie P，Zhang M，et al. Icefish（Salangidae）as an indicator of anthropogenic pollution in freshwater systems using nitrogen isotope analysis [J]. Bulletin of Environmental Contamination and Toxicology，2007，79（3）：323-326.
[6] Phillips D L，Koch P L. Incorporating concentration dependence in stable isotope mixing models [J]. Oecologia，2002，130（1）：114-125.
[7] Xu J，Zhang M，Xie P. Size-related shifts in reliance on benthic and pelagic food webs by lake anchovy [J]. Ecoscience，2007，14（2）：170-177.
[8] Xu J，Zhang M，Xie P. Stable isotope changes in freshwater shrimps（Exopalaemon modestus and Macrobrachium nipponensis）：Trophic pattern implications [J]. Hydrobiologia，2008，605（1）：45-54.
[9] Phillips D L，Inger R，Bearhop S，et al. Best practices for use of stable isotope mixing models in food-web studies [J]. Canadian Journal of Zoology，2014，92（10）：823-835.
[10] Layman C A，Araujo M S，Boucek R E，et al. Applying stable isotopes to examine food-web structure：An overview of analytical tools [J]. Biological Reviews，

2012, 87 (3): 545–562.

[11] Swan G J F, Bearhop S, Redpath S, et al. Evaluating Bayesian stable isotope mixing models of wild animal diet and the effects of trophic discrimination factors and informative priors [J]. Methods in Ecology Evolution, 2020, 11 (1): 139–149.

[12] Li B, Wang Z J, Jin L, et al. Study on diet shift of Erythroulter mongolicus mongolicus with stable isotope technology[J]. Journal of Fisheries of China, 2011, 35 (9): 1419–1425.

[13] Xu J, Wang Y Y, Wang K, et al. Protocols for sample collection, pretreatment and preservation of aquatic organisms in stable isotope ecology[J]. Acta Hydrobiologica Sinica, 2020, 44 (5): 989–997.

[14] Tan P N, Steinbach M, Karpatne A, et al. Introduction to Data Mining [M]. Boston: Pearson Addison Wesley, 2006: 534–553.

[15] Kanungo T, Mount D M, Netanyahu N S, et al. An efficient k-means clustering algorithm: analysis and implementation [J]. IEEE Transactions on Pattern Analysis Machine Intelligence, 2002, 24 (7): 881–892.

[16] Xu J, Wen Z, Ke Z, et al. Contrasting energy pathways at the community level as a consequence of regime shifts [J]. Oecologia, 2014, 175 (1): 231–241.

[17] Xu J, Zhang H, Cai Y, et al. Optimal response to habitat linkage of local fish diversity and mean trophic level [J]. Limnology and Oceanography, 2016, 61 (4): 1438–1448.

[18] Xu J, Zhang M. Primary consumers as bioindicator of nitrogen pollution in lake planktonic and benthic food webs [J]. Ecological Indicators, 2012, 14 (1): 189–196.

[19] Xu J. Ecological studies on the food webs tructures and trophic relationships of freshwater lakes in China using stable carbon and nitrogen isotopes [D]. Wuhan: Institute of Hydrobiology, Academy of Scineces, 2015.

[20] Xu J, Zhang Min, Xie P. Variability of stable nitrogen isotopic baselines and its consequence for trophic modeling [J]. Journal of Lake Sciences, 2010, 22 (1): 8–20.

[21] Bond A L, Diamond A W. Recent Bayesian stable-isotope mixing models are highly sensitive to variation in discrimination factors [J]. Ecological Applications, 2011,

21（4）：1017-1023.

[22] Rio C M N D，Wolf N，Carleton S A，et al. Isotopic ecology ten years after a call for more laboratory experiments [J]. Biological Reviews，2009，84（1）：91-111.

[23] Kurle C M，Koch P L，Tershy B R，et al. The effects of sex，tissue type，and dietary components on stable isotope discrimination factors（$\Delta^{13}C$ and $\Delta^{15}N$）in mammalian omnivores [J]. Isotopes in Environmental Health Studies，2014，50（3）：307-321.

[24] Fry B. Stable Isotope Ecology [M]. New York：Springer，2006.

[25] Post D M. Using stable isotopes to estimate trophic position：Models，methods，and assumptions [J]. Ecology，2002，83（3）：703-718.

[26] Szpak P，Metcalfe J Z，Macdonald R. Best practices for calibrating and reporting stable isotope measurements in archaeology [J]. Journal of Archaeological Science：Reports，2017（13）：609-616.

[27] Hopkins J B，Ferguson J M，Tyers D B，et al. Selecting the best stable isotope mixing model to estimate grizzly bear diets in the Greater Yellowstone Ecosystem [J]. PLoS ONE，2017，12（5）：e0174903.

[28] Smith J A，Mazumder D，Suthers I M，et al. To fit or not to fit：Evaluating stable isotope mixing models using simulated mixing polygons [J]. Methods in Ecology Evolution，2013，4（7）：612-618.

[29] Fry B. Alternative approaches for solving underdetermined isotope mixing problems [J]. Marine Ecology Progress Series，2013（472）：1-13.

[30] Mccarthy M A，Masters P. Profiting from prior information in Bayesian analyses of ecological data [J]. Journal of Applied Ecology，2005，42（6）：1012-1019.

[31] Kuhnert P M，Martin T G，Griffiths S P. A guide to eliciting and using expert knowledge in Bayesian ecological models [J]. Ecology Letters，2010，13（7）：900-914.

[32] Choy S L，Oleary R A，Mengersen K. Elicitation by design in ecology：Using expert opinion to inform priors for Bayesian statistical models [J]. Journal of Ecology，2009，90（1）：265-277.

[33] Votier S C，Bearhop S，Maccormick A，et al. Assessing the diet of great skuas，Catharacta skua，using five different techniques [J]. Polar Biology，2003，26（1）：20-26.

[34] Chiaradia A，Forero M G，Mcinnes J C，et al. Searching for the true diet of marine predators：Incorporating bayesian priors into stable isotope mixing models [J]. PLoS ONE，2014，9（3）：e92665.

[35] Parnell A. Simmr：a stable isotope mixing model [J]. https://github.com/andrewcparnell/simmr，2016.

[36] Meyer R. Deviance Information Criterion（DIC）[M]. Balakrishnan N，Colton T，Everitt B，et al.（Edi.），Wiley StatsRef：Statistics Reference Online：Wiley，2016：1-6.

[37] Brown C J，Brett M T，Adame M F，et al. Quantifying learning in biotracer studies [J]. Oecologia，2018，187（3）：597-608.

[38] Li J，Heap A D. A review of comparative studies of spatial interpolation methods in environmental sciences：Performance and impact factors [J]. Ecological Informatics，2011，6（3）：228-241.

[39] Shcherbakov M，Brebels A，Cshcherbakova N L，et al. A survey of forecast error measures [J]. World Applied Sciences Journal，2013，24（24）：171-176.

[40] Cramer V A，Thorburn P J，Fraser G W. Transpiration and groundwater uptake from farm forest plots of Casuarina glauca and Eucalyptus camaldulensis in saline areas of southeast Queensland，Australia [J]. Agricultural Water Management，1999，39（2）：187-204.

[41] Parnell A C，Phillips D L，Bearhop S，et al. Bayesian stable isotope mixing models [J]. Environmetrics，2013，24（6）：387-399.

[42] Ehleringer J R，Dawson T E. Water uptake by plants：Perspectives from stable isotope composition [J]. Plant，Cell & Environment，1992，15（9）：1073-1082.

[43] Kullback S. Information Theory and Statistics [M]. London：Chapman and Hall，1959：36-69.

[44] Shannon C E. A mathematical theory of communication [J]. Bell System Technical Journal，1948，27（3）：379-423.

[45] Gibbs A L，Su F E. On choosing and bounding probability metrics [J]. International Statistical Review，2002，70（3）：419-435.

[46] Sriperumbudur B K，Fukumizu K，Gretton A，et al. Non-parametric Estimation of Integral Probability Metrics [C]. International Symposium on Information Theory，2010：1428-1432.

[47] Panaretos V M，Zemel Y. Statistical Aspects of Wasserstein Distances [J]. arXiv：Methodology，2019，6（1）：405–431.

[48] Egozcue J J，Pawlowsky-Glahn V，Mateu-Figueras G，et al. Isometric logratio transformations for compositional data analysis[J]. Mathematical Geology，2003，35（3）：279–300.

[49] Kailath T. The Divergence and bhattacharyya distance measures in signal selection [J]. IEEE Transactions on Communications，1967，15（1）：52–60.

[50] Mccann K S，Rasmussen J B，Umbanhowar J. The dynamics of spatially coupled food webs [J]. Ecology Letters，2005，8（5）：513–523.

## 第 4 章

[1] Cabana G，Rasmussen J B. Comparison of aquatic food chains using nitrogen isotopes [J]. Proceedings of the National Academy of Sciences of the United States of America，1996（93）：10844–10847.

[2] Mcclelland J W，Valiela I. Linking nitrogen in estuarine producers to land-derived sources [J]. Limnology and Oceanography，1998：577–585.

[3] Peterson B J. Stable isotopes as tracers of organic matter input and transfer in benthic food webs：A review [J]. Acta Oecologica，1999，20（4）：479–487.

[4] Peterson B J，Fry B. Stable isotopes in ecosystem studies [J]. Annual Review of Ecology and Systematics，1987，18（1）：293–320.

[5] Vander Zanden M J，Fetzer W W. Global patterns of aquatic food chain length [J]. Oikos，2007，116（8）：1378–1388.

[6] Layman C A，Arrington D A，Montan A C G，et al. Can stable isotope ratios provide for community-wide measures of trophic structure? [J]. Ecology，2007，88（1）：42–48.

[7] Thompson R M，Hemberg M，Starzomski B M，et al. Trophic levels and trophic tangles：The prevalence of omnivory in real food webs [J]. Ecology，2007，88（3）：612–617.

[8] Wada E，Kabaya Y，Kurihara Y. Stable isotopic structure of aquatic ecosystems [J]. Journal of Biosciences，1993，18（4）：483–499.

[9] Gannes L Z，O'Brien D M，Del Rio C M. Stable isotopes in animal ecology：

Assumptions, caveats, and a call for more laboratory experiments [J]. Ecology, 1997, 78 (4): 1271-1276.

[10] O'Reilly C M, Hecky R E, Cohen A S. Interpreting stable isotopes in food webs: Recognizing the role of time averaging at different trophic levels [J]. Limnology and Oceanography, 2002: 306-309.

[11] Rubenstein D R, Hobson K A. From birds to butterflies: Animal movement patterns and stable isotopes [J]. Trends in Ecology and Evolution, 2004, 19 (5): 256-263.

[12] France R L. Differentiation between littoral and pelagic food webs in lakes using stable carbon isotopes [J]. Limnology and Oceanography, 1995: 1310-1313.

[13] Post D M. Using stable isotopes to estimate trophic position: Models, methods, and assumptions [J]. Ecology, 2002, 83 (3): 703-718.

[14] France R. Stable nitrogen isotopes in fish: Literature synthesis on the influence of ecotonal coupling [J]. Estuarine, Coastal and Shelf Science, 1995, 41 (6): 737-742.

[15] Showers W J, Williams C M, Jennings G D. Impact of Large Poultry Operations on Groundwater: Stable $^{15}N$ Isotopes of Nitrate Assessment [J]. International Journal of Poultry Science, 2006, 5 (4): 318-329.

[16] Wipfli M S, Hudson J P, Caouette J P, et al. Marine subsidies in freshwater ecosystems: Salmon carcasses increase the growth rates of stream-resident salmonids [J]. Transactions of the American Fisheries Society, 2003, 132 (2): 371-381.

[17] Vander Zanden M J, Casselman J M, Rasmussen J B. Stable isotope evidence for the food web consequences of species invasions in lakes [J]. Nature, 1999, 401 (6752): 464-467.

[18] Vander Zanden M J, Shuter B J, Lester N, et al. Patterns of food chain length in lakes: A stable isotope study [J]. The American Naturalist, 1999, 154 (4): 406-416.

[19] Post D M, Pace M L, Hairston Jr N G. Ecosystem size determines food-chain length in lakes [J]. Nature, 2000, 405 (6790): 1047-1049.

[20] Sweeting C J, Jennings S, Polunin N. Variance in isotopic signatures as a descriptor of tissue turnover and degree of omnivory [J]. Functional Ecology, 2005,

19（5）：777–784.

[21] Mccutchan Jr J H，Lewis Jr W M，Kendall C，et al. Variation in trophic shift for stable isotope ratios of carbon，nitrogen，and sulfur [J]. Oikos，2003，102（2）：378.

[22] Caut S，Angulo E，Courchamp F. Variation in discrimination factors（$\Delta^{15}N$ and $\Delta^{13}C$）：The effect of diet isotopic values and applications for diet reconstruction [J]. Journal of Applied Ecology，2009（46）：443–453.

[23] Polis G A，Anderson W B，Holt R D. Toward an integration of landscape and food web ecology：The dynamics of spatially subsidized food webs [J]. Annual Review of Ecology and Systematics，1997，28（1）：289–316.

[24] Barnes C，Jennings S，Polunin N，et al. The importance of quantifying inherent variability when interpreting stable isotope field data [J]. Oecologia，2008，155（2）：227–235.

[25] Xu J，Xie P. Studies on the food web structure of Lake Donghu using stable carbon and nitrogen isotope ratios [J]. Journal of Freshwater Ecology，2004，19（4）：645–650.

[26] Xu J，Zhang M，Xie P. Size-related shifts in reliance on benthic and pelagic food webs by lake anchovy [J]. Ecoscience，2007，14（2）：170–177.

[27] Matthews B，Mazumder A. Compositional and interlake variability of zooplankton affect baseline stable isotope signatures [J]. Limnology and Oceanography，2003：1977–1987.

[28] Maruyama A，Yamada Y，Rusuwa B，et al. Change in stable nitrogen isotope ratio in the muscle tissue of a migratory goby，*Rhinogobius* sp.，in a natural setting [J]. Canadian Journal of Fisheries and Aquatic Sciences，2001（58）：2125–2128.

[29] Melville A J，Connolly R M. Spatial analysis of stable isotope data to determine primary sources of nutrition for fish [J]. Oecologia，2003（136）：499–507.

[30] Needoba J A，Waser N A，Harrison P J，et al. Nitrogen isotope fractionation in 12 species of marine phytoplankton during growth on nitrate [J]. Marine Ecology Progress Series，2003（255）：81–91.

[31] Post D M. Individual variation in the timing of ontogenetic niche shifts in largemouth bass[J]. Ecology，2003，84（5）：1298–1310.

[32] Cabana G，Rasmussen J B. Modelling food chain structure and contaminant

bioaccumulation using stable nitrogen isotopes [J]. Nature, 1994, 372 (6503): 255-257.

[33] Matthews B, Mazumder A. Consequences of large temporal variability of zooplankton $\delta^{15}N$ for modeling fish trophic position and variation [J]. Limnology and Oceanography, 2005: 1404-1414.

[34] Vander Zanden M J, Vadeboncoeur Y, Diebel M W, et al. Primary consumer stable nitrogen isotopes as indicators of nutrient source.[J]. Environ Sci Technol, 2005, 39 (19): 7509-7515.

[35] Vadeboncoeur Y, Jeppesen E, Schierup H H, et al. From Greenland to green lakes: Cultural eutrophication and the loss of benthic pathways in lakes [J]. Limnology and Oceanography, 2003: 1408-1418.

[36] Vander Zanden M J, Chandra S, Allen B C, et al. Historical food web structure and restoration of native aquatic communities in the Lake Tahoe (California-Nevada) basin [J]. Ecosystems, 2003, 6 (3): 274-288.

[37] Matthews B, Mazumder A. Detecting trophic-level variation in consumer assemblages [J]. Freshwater Biology, 2008, 53 (10): 1942-1953.

[38] Mariotti A. Atmospheric nitrogen is a reliable standard for natural $^{15}N$ abundance measurements [J]. Nature, 1983, 303 (5919): 685-687.

[39] Mariotti A. Natural $^{15}N$ abundance measurements and atmospheric nitrogen standard calibration [J]. Nature, 1984, 311 (5983): 251-252.

[40] Hobson K A, Clark R G. Assessing avian diets using stable isotopes I: Turnover of $^{13}C$ in tissues [J]. Condor, 1992: 181-188.

[41] Minagawa M, Wada E. Stepwise enrichment of $^{15}N$ along food chains: Further evidence and the relation between $^{15}N$ and animal age [J]. Geochimica et Cosmochimica Acta, 1984, 48 (5): 1135-1140.

[42] Macko S A, Estep M, Engel M H, et al. Kinetic fractionation of stable nitrogen isotopes during amino acid transamination [J]. Geochimica et Cosmochimica Acta, 1986, 50 (10): 2143-2146.

[43] Chang C, Kendall C, Silva S R, et al. Nitrate stable isotopes: Tools for determining nitrate sources among different land uses in the Mississippi River Basin [J]. Canadian Journal of Fisheries and Aquatic Sciences, 2002, 59 (12): 1874-1885.

[44] Karr J D, Showers W J, Jennings G D. Low-level nitrate export from confined dairy farming detected in North Carolina streams using $\delta^{15}N$ [J]. Agriculture, Ecosystems and Environment, 2003, 95（1）: 103-110.

[45] Karr J D, Showers W J, Hinson T H. Nitrate Source Identification Using $\delta^{15}N$ in a ground water plume near an intensive swine operation [J]. Ground Water Monitoring and Remediation, 2002, 22（2）: 68-75.

[46] Heaton T H E. Isotopic studies of nitrogen pollution in the hydrosphere and atmosphere: A review [J]. Chemical Geology, 1986, 59（1）: 87-102.

[47] Gormly J R, Spalding R F. Sources and concentrations of nitrate-nitrogen in ground water of the central platte region, Nebraska [J]. Ground Water, 1979, 17（3）: 291-301.

[48] Flipse W J, Bonner F T. Nitrogen-isotope ratios of nitrate in ground water under fertilized fields, Long Island, New York [J]. Ground Water, 1985, 23（1）: 59-67.

[49] Curt M D, Aguado P, Sanchez G, et al. Nitrogen isotope ratios of synthetic and organic sources of nitrate water contamination in Spain [J]. Water, Air and Soil Pollution, 2004, 151（1）: 135-142.

[50] Xu J, Xie P, Zhang M, et al. Icefish（Salangidae）as an indicator of anthropogenic pollution in freshwater systems using nitrogen isotope analysis [J]. Bulletin of Environmental Contamination and Toxicology, 2007, 79（3）: 323-326.

[51] Cole M L, Valiela I, Kroeger K D, et al. Assessment of a $\delta^{15}N$ isotopic method to indicate anthropogenic eutrophication in aquatic ecosystems [J]. Journal of Environmental Quality, 2004（33）: 124-132.

[52] Lake J L, Mckinney R A, Osterman F A, et al. Stable nitrogen isotopes as indicators of anthropogenic activities in small freshwater systems [J]. Canadian Journal of Fisheries and Aquatic Sciences, 2001, 58（5）: 870-878.

[53] Mckinney R A, Lake J L, Charpentier M A, et al. Using mussel isotope ratios to assess anthropogenic nitrogen inputs to freshwater ecosystems [J]. Environmental Monitoring and Assessment, 2002, 74（2）: 167-192.

[54] Schlacher T A, Liddell B, Gaston T F, et al. Fish track wastewater pollution to estuaries [J]. Oecologia, 2005（144）: 570-584.

[55] Kaushal S S, Lewis Jr W M, Mccutchan Jr J H. Land use change and nitrogen enrichment of a Rocky Mountain watershed [J]. Ecological Applications, 2006 (16): 299-312.

[56] Robinson D. $\delta^{15}$N as an integrator of the nitrogen cycle [J]. Trends in Ecology and Evolution, 2001 (16): 153-162.

[57] Hansson S, Hobbie J E, Elmgren R, et al. The stable nitrogen isotope ratio as a marker of food-web interactions and fish migration [J]. Ecology, 1997, 78 (7): 2249-2257.

[58] Vander Zanden M J, Rasmussen J B. A trophic position model of pelagic food webs: Impact on contaminant bioaccumulation in lake trout [J]. Ecological Monographs, 1996, 66 (4): 451-477.

[59] Hobson K A. Tracing origins and migration of wildlife using stable isotopes: A review [J]. Oecologia, 1999: 314-326.

[60] Vander Zanden M J, Rasmussen J B. Primary consumer $\delta^{13}$C and $\delta^{15}$N and the trophic position of aquatic consumers [J]. Ecology, 1999, 80 (4): 1395-1404.

[61] Aberle N, Malzahn A M. Interspecific and nutrient-dependent variations in stable isotope fractionation: Experimental studies simulating pelagic multitrophic systems [J]. Oecologia, 2007, 154 (2): 291-303.

[62] Gu B, Chapman A D, Schelske C L. Factors controlling seasonal variations in stable isotope composition of particulate organic matter in a softwater eutrophic lake [J]. Limnology and Oceanography, 2006, 51 (6): 2837-2848.

[63] Hadas O, Altabet M A, Agnihotri R. Seasonally varying nitrogen isotope biogeochemistry of particulate organic matter in Lake Kinneret, Israel [J]. Limnology and Oceanography, 2009, 54 (1): 75-85.

[64] Kling G W, Fry B, O'Brien W J. Stable isotopes and planktonic trophic structure in arctic lakes [J]. Ecology, 1992: 561-566.

[65] Gu B, Schell D M, Alexander V. Stable carbon and nitrogen isotopic analysis of the plankton food web in a subarctic lake [J]. Canadian Journal of Fisheries and Aquatic Sciences, 1994, 51 (6): 1338-1344.

[66] Gu B. Variations and controls of nitrogen stable isotopes in particulate organic matter of lakes [J]. Oecologia, 2009 (160): 421-431.

[67] Zhang L, Xu J, Xie P, et al. Stable Isotope Variations in Particulate Organic

Matter and a Planktivorous Fish in the Yangtze River [J]. Journal of Freshwater Ecology, 2007, 22（3）: 383-386.

[68] Vuorio K, Meili M, Sarvala J. Taxon-specific variation in the stable isotopic signatures（$\delta^{13}C$ and $\delta^{15}N$）of lake phytoplankton [J]. Freshwater Biology, 2006, 51（5）: 807-822.

[69] Xu J, Xie P, Qin J. Diel isotopic fluctuation in surface seston and its physiological and ecological implications [J]. Annales de Limnologie-International Journal of Limnology, 2008（44）: 197-201.

[70] Syvaranta J, Tiirola M, Jones R I. Seasonality in lake pelagic $\delta^{15}N$ values: Patterns, possible explanations, and implications for food web baselines [J]. Fundamental and Applied Limnology, 2008（172）: 255-262.

[71] Owens N J P. Natural variations in $^{15}N$ in the marine environment [J]. Advances in Marine Biology, 1987（24）: 389-451.

[72] Yoshioka T, Wada E, Hayashi H. A stable isotope study on seasonal food web dynamics in a eutrophic lake [J]. Ecology, 1994: 835-846.

[73] Kendall C, Silva S R, Kelly V J. Carbon and nitrogen isotopic compositions of particulate organic matter in four large river systems across the United States [J]. Hydrological Processes, 2001, 15（7）: 1301-1346.

[74] Lehmann M F, Bernasconi S M, Mckenzie J A, et al. Seasonal variation of the $\delta^{13}C$ and $\delta^{15}N$ of particulate and dissolved carbon and nitrogen in Lake Lugano: Constraints on biogeochemical cycling in a eutrophic lake [J]. Limnology and Oceanography, 2004: 415-429.

[75] Karlsson J, Sawstrom C. Benthic algae support zooplankton growth during winter in a clear-water lake [J]. Oikos, 2009（118）: 539-544.

[76] Macleod N A, Barton D R. Effects of light intensity, water velocity, and species composition on carbon and nitrogen stable isotope ratios in periphyton [J]. Canadian Journal of Fisheries and Aquatic Sciences, 1998, 55（8）: 1919-1925.

[77] Trudeau V, Rasmussen J B. The effect of water velocity on stable carbon and nitrogen isotope signatures of periphyton [J]. Limnology and Oceanography, 2003: 2194-2199.

[78] Jones R I, King L, Dent M M, et al. Nitrogen stable isotope ratios in surface sediments, epilithon and macrophytes from upland lakes with differing nutrient

status [J]. Freshwater Biology，2004，49（4）：382–391.

[79] Xu J，Xie P，Zhang M，et al. Variation in stable isotope signatures of seston and a zooplanktivorous fish in a eutrophic Chinese lake [J]. Hydrobiologia，2005，541（1）：215–220.

[80] Anderson C，Cabana G. Does $\delta^{15}$N in river food webs reflect the intensity and origin of N loads from the watershed? [J]. Science of the Total Environment，2006，367（2–3）：968–978.

[81] Anderson C，Cabana G. $^{15}$N in riverine food webs：Effects of N inputs from agricultural watersheds [J]. Canadian Journal of Fisheries and Aquatic Sciences，2005，62.

[82] Mcclelland J W，Valiela I，Michener R H. Nitrogen-stable isotope signatures in estuarine food webs：A record of increasing urbanization in coastal watersheds [J]. Limnology and Oceanography，1997：930–937.

[83] Gu B，Schelske C L，Brenner M. Relationship between sediment and plankton isotope ratios（$\delta^{13}$C and $\delta^{15}$N）and primary productivity in Florida lakes [J]. Canadian Journal of Fisheries and Aquatic Sciences，1996，53（4）：875–883.

[84] Grey J，Jones R I. Carbon stable isotopes reveal complex trophic interactions in lake plankton [J]. Rapid Communications in Mass Spectrometry，1999，13（13）：1311–1314.

[85] Grey J，Jones R I，Sleep D. Stable isotope analysis of the origins of zooplankton carbon in lakes of differing trophic state [J]. Oecologia，2000，123（2）：232–240.

[86] Grey J，Jones R I，Sleep D. Seasonal changes in the importance of the source of organic matter to the diet of zooplankton in Loch Ness，as indicated by stable isotope analysis [J]. Limnology and Oceanography，2001：505–513.

[87] Jones R I，Grey J，Sleep D，et al. Stable isotope analysis of zooplankton carbon nutrition in humic lakes [J]. Oikos，1999，86（1）：97.

[88] Karlsson J，Jonsson A，Meili M，et al. Control of zooplankton dependence on allochthonous organic carbon in humic and clear-water lakes in northern Sweden [J]. Limnology and Oceanography，2003：269–276.

[89] Del Giorgio P A，France R L. Ecosystem-specific patterns in the relationship between zooplankton and POM or microplankton $\delta^{13}$C [J]. Limnology and Oceanography，1996：359–365.

[90] Ventura M，Catalan J. Incorporating life histories and diet quality in stable isotope interpretations of crustacean zooplankton [J]. Freshwater Biology，2008，53（7）：1453-1469.

[91] Graham M. Influence of omnivory and selective feeding on $\delta^{15}$N -determined trophic position of zooplankton along a gradient of lake production [D]. MSc. thesis，University of Regina，Regina，Sask，1997.

[92] Leggett M F，Johannsson O，Hesslein R，et al. Influence of inorganic nitrogen cycling on the $\delta^{15}$N of Lake Ontario biota [J]. Canadian Journal of Fisheries and Aquatic Sciences，2000，57（7）：1489-1496.

[93] Kiriluk R M，Servos M R，Whittle D M，et al. Using ratios of stable nitrogen and carbon isotopes to characterize the biomagnification of DDE，Mirex，and PCB in a Lake Ontario pelagic food web[J]. Canadian Journal of Fisheries and Aquatic Sciences，1995，52（12）：2660-2674.

[94] Bouillon S，Koedam N，Raman A，et al. Primary producers sustaining macro-invertebrate communities in intertidal mangrove forests [J]. Oecologia，2002，130（3）：441-448.

[95] Grey J，Kelly A，Jones R I. High intraspecific variability in carbon and nitrogen stable isotope ratios of lake chironomid larvae [J]. Limnology and Oceanography，2004：239-244.

[96] Grey J，Kelly A，Ward S，et al. Seasonal changes in the stable isotope values of lake-dwelling chironomid larvae in relation to feeding and life cycle variability [J]. Freshwater Biology，2004，49（6）：681-689.

[97] Kelly A，Jones R I，Grey J. Stable isotope analysis provides fresh insights into dietary separation between *Chironomus anthracinus* and *C. plumosus* [J]. Journal of the North American Benthological Society，2004，23（2）：287-296.

[98] Bouillon S，Raman A V，Dauby P，et al. Carbon and nitrogen stable isotope ratios of subtidal benthic invertebrates in an estuarine mangrove ecosystem（Andhra Pradesh，India）[J]. Estuarine Coastal and Shelf Science，2001（54）：901-913.

[99] Goering J，Alexander V，Haubenstock N. Seasonal variability of stable carbon and nitrogen isotope ratios of organisms in a North Pacific bay [J]. Estuarine Coastal and Shelf Science，1990，30（3）：239-260.

[100] Ponsard S，Arditi R. What can stable isotopes（$\delta^{13}$C and $\delta^{15}$N）tell about the food

web of soil macro-invertebrates?[J]. Ecology, 2000, 81（3）: 852–864.

[101] Schmidt O, Scrimgeour C M, Curry J P. Carbon and nitrogen stable isotope ratios in body tissue and mucus of feeding and fasting earthworms（*Lumbricus festivus*）[J]. Oecologia, 1999, 118（1）: 9–15.

[102] Lancaster J, Waldron S. Stable isotope values of lotic invertebrates: Sources of variation, experimental design, and statistical interpretation [J]. Limnology and Oceanography, 2001: 723–730.

[103] Zah R, Burgherr P, Bernasconi S M, et al. Stable isotope analysis of macroinvertebrates and their food sources in a glacier stream [J]. Freshwater Biology, 2001, 46（7）: 871–882.

[104] Mckinney R A, Nelson W G, Charpentier M A, et al. Ribbed mussel nitrogen isotope signatures reflect nitrogen sources in coastal salt marshes [J]. Ecological Applications, 2001, 11（1）: 203–214.

[105] Fry B. Using stable isotopes to monitor watershed influences on aquatic trophodynamics[J]. Canadian Journal of Fisheries and Aquatic Sciences, 1999, 56（11）: 2167–2171.

[106] Vuorio K, Tarvainen M, Sarvala J. Unionid mussels as stable isotope baseline indicators for long-lived secondary consumers in pelagic food web comparisons [J]. Fundamental and Applied Limnology, 2007, 169（3）: 237–245.

[107] Gustafson L, Showers W, Kwak T, et al. Temporal and spatial variability in stable isotope compositions of a freshwater mussel: Implications for biomonitoring and ecological studies [J]. Oecologia, 2007, 152（1）: 140–150.

[108] Lorrain A, Paulet Y M, Chauvaud L, et al. Differential $\delta^{13}C$ and $\delta^{15}N$ signatures among scallop tissues: Implications for ecology and physiology [J]. Journal of Experimental Marine Biology and Ecology, 2002, 275（1）: 47–61.

[109] Wen Z, Xie P, Xu J. Mussel isotope signature as indicator of nutrient pollution in a freshwater eutrophic lake: Species, spatial, and seasonal variability [J]. Environmental Monitoring and Assessment, 2009, in press.

[110] Hill J M, Mcquaid C D, Kaehler S. Biogeographic and nearshore-offshore trends in isotope ratios of intertidal mussels and their food sources around the coast of southern Africa [J]. Marine Ecology Progress Series, 2006（318）: 63–73.

[111] Rossi F, Herman P, Middelburg J J. Interspecific and intraspecific variation

of $\delta^{13}C$ and $\delta^{15}N$ in deposit-and suspension-feeding bivalves（Macoma balthica and Cerastoderma edule）：Evidence of ontogenetic changes in feeding mode of Macoma balthica [J]. Limnology and Oceanography，2004：408-414.

[112] Deudero S，Cabanellas M，Blanco A，et al. Stable isotope fractionation in the digestive gland，muscle and gills tissues of the marine mussel Mytilus galloprovincialis [J]. Journal of Experimental Marine Biology and Ecology，2009（368）：181-188.

[113] Mckinney R A，Lake J L，Allen M，et al. Spatial variability in mussels used to assess base level nitrogen isotope ratio in freshwater ecosystems [J]. Hydrobiologia，1999（412）：17-24.

[114] Fukumori K，Oi M，Doi H，et al. Bivalve tissue as a carbon and nitrogen isotope baseline indicator in coastal ecosystems [J]. Estuarine，Coastal and Shelf Science，2008，79（1）：45-50.

[115] Raikow D F，Hamilton S K. Bivalve diets in a midwestern US stream：A stable isotope enrichment study [J]. Limnology and Oceanography，2001：514-522.

[116] Hawkins A J S. Relationships between the synthesis and breakdown of protein，dietary absorption and turnovers of nitrogen and carbon in the blue mussel，*Mytilus edulis* L. [J]. Oecologia，1985，66（1）：42-49.

[117] Kurata K，Minami H，Kikuchi E. Stable isotope analysis of food sources for salt marsh snails[J]. Marine Ecology Progress Series，2001（223）：167-177.

[118] Vander Zanden M J，Vadeboncoeur Y. Fishes as integrators of benthic and pelagic food webs in lakes [J]. Ecology，2002，83（8）：2152-2161.

[119] Burns T P. Lindeman’s contradiction and the trophic structure of ecosystems [J]. Ecology，1989：1355-1362.

[120] Ernest S K，Enquist B J，Brown J H，et al. Thermodynamic and metabolic effects on the scaling of production and population energy use [J]. Ecology Letters，2003，6（11）：990-995.

[121] Vaner Zanden M J，Rasmussen J B. Variation in $\delta^{13}C$ and $\delta^{15}N$ trophic fractionation：Implications for aquatic food web studies [J]. Limnology and Oceanography，2001：2061-2066.

[122] Xu J，Zhang M，Xie P. Trophic relationship between the parasitic isopod Ichthyoxenus japonensis and the fish Carassius auratus auratus as revealed by stable

isotopes [J]. Journal of Freshwater Ecology, 2007, 22（2）: 333-338.

[123] Harvey C J, Hanson P C, Essington T E, et al. Using bioenergetics models to predict stable isotope ratios in fishes [J]. Canadian Journal of Fisheries and Aquatic Sciences, 2002, 59（1）: 115-124.

[124] Hesslein R H, Hallard K A, Ramlal P. Replacement of sulfur, carbon, and nitrogen in tissue of growing broad whitefish（Coregonus nasus）in response to a change in diet traced by $\delta^{34}S$, $\delta^{13}C$ and $\delta^{15}N$ [J]. Canadian Journal of Fisheries and Aquatic Sciences, 1993, 50（10）: 2071-2076.

## 第 5 章

[1] 丰华丽，陈敏建，王立群 . 河流生态系统特征及流量变化的生态效应 [J]. 南京晓庄学院学报，2007（6）: 59-62.

[2] 郝弟，张淑荣，丁爱中，等 . 河流生态系统服务功能研究进展 [J]. 南水北调与水利科技，2012，10（1）: 106-111.

[3] Allan J D. Landscapes and riverscapes: The influence of land use on stream ecosystems [J]. Annual Review of Ecology, Evolution and Systematics, 2004: 257-284.

[4] 栾建国，陈文祥 . 河流生态系统的典型特征和服务功能 [J]. 人民长江，2004，35（9）: 41-43.

[5] Vannote R L, Minshall G W, Cummins K W, et al. The river continuum concept [J]. Canadian journal of Fisheries and Aquatic Sciences, 1980, 37（1）: 130-137.

[6] Junk W J, Bayley P B, Sparks R E. The flood pulse concept in river-floodplain systems [J]. Canadian Journal of Fisheries and Aquatic Sciences, 1989（106）: 89-109.

[7] Thorp J H, Delong M D. The riverine productivity model: An heuristic view of carbon sources and organic processing in large river ecosystems [J]. Oikos, 1994, 70（2）: 305-308.

[8] Peterson B J, Fry B. Stable Isotopes in Ecosystem Studies [J]. Annual Review of Ecology & Systematics, 1987, 18（1）: 293-320.

[9] Vander Zanden M J, Shuter B J, Lester N, et al. Patterns of food chain length in lakes: A stable isotope study [J]. The American Naturalist, 1999, 154（4）: 406-

416.
[10] Post D M，Pace M L，Hairston N G. Ecosystem size determines food-chain length in lakes [J]. Nature，2000，405（6790）：1047-1049.
[11] Post D M. Using stable isotopes to estimate trophic position：Models，methods，and assumptions [J]. Ecology，2002（83）：703-718.
[12] Hyslop E J. Stomach contents analysis—a review of methods and their application [J]. Journal of Fish Biology，1980，17（4）：411-429.
[13] Newsome S D，Martinez del Rio C，Bearhop S，et al. A niche for isotopic ecology [J]. Frontiers in Ecology and the Environment，2007，5（8）：429-436.
[14] Pingram M A，Collier K J，Hamilton D P，et al. Spatial andtemporal patterns of carbon flow in a temperate，large river food web [J]. Hydrobiologia，2014，729（1）：107-131.
[15] Hedges J I，Keil R G. Sedimentary organic matter preservation：An assessment and speculative synthesis [J]. Marine Chemistry，1995，49（2-3）：81-115.
[16] Kendall C，Silva S R，Kelly V J. Carbon and nitrogen isotopic compositions of particulate organic matter in four large river systems across the United States [J]. Hydrological Processes，2001，15（7）：1301-1346.
[17] Wieczorek M V，Kötter D，Gergs R，et al. Using stable isotope analysis in stream mesocosms to study potential effects of environmental chemicals on aquatic-terrestrial subsidies [J]. Environmental Science and Pollution Research，2015，22（17）：12892-12901.
[18] Hedges J I，Quay P D，Richey J E，et al. Composition and fluxes of particulate organic material in the Amazon River [J]. Limnol Oceanogr，1986，31（4）：717-738.
[19] Trefry J H，Metz S，Nelsen T A，et al. Transport of particulate organic carbon by the Mississippi River and its fate in the Gulf of Mexico [J]. Estuaries，1994，17（4）：839-849.
[20] Coynel A，Seyler P，Etcheber H，et al. Spatial and seasonal dynamics of total suspended sediment and organic carbon species in the Congo River [J]. Global Biogeochemical Cycles，2005，19.
[21] 蔡德陵，蔡爱智. 黄河口区有机碳同位素地球化学 [J]. 中国科学（B辑），1993，23（10）：1105-1113.

[22] 张玉龙，冉勇．珠江中下游颗粒有机质的碳氮稳定同位素、氨基酸和木质素组成及其地球化学意义 [J]. 地球化学，2014，43（2）：114-121.

[23] 吴莹，张经，张再峰，等．长江悬浮颗粒物中稳定碳、氮同位素的季节分布 [J]. 海洋与湖沼，2002，33（5）：546-552.

[24] 张亮．长江三峡江段鱼类碳、氮稳定同位素研究 [D]. 武汉：中科院水生生物研究所，2007.

[25] 施光春．长江口悬浮颗粒有机碳的稳定同位素 [J]. 海洋通报，1993，12（1）：49-53.

[26] 于海燕，俞志明，宋秀贤，等．长江口海域悬浮颗粒有机物的稳定氮同位素季节分布与关键生物地球化学过程 [J]. 海洋学报，2014，36（2）：16-22.

[27] Gregory S V，Cummins K W. An ecosystem perspective of riparian zones [J]. BioScience，1991，41（8）：540-541.

[28] Bunn S E，Davies P M，Mosisch T D. Ecosystem measures of river health and their response to riparian and catchment degradation [J]. Freshwater Biology，1999，41（2）：333-345.

[29] Haines E B，Montague C L. Food sources of estuarine invertebrates analyzed using $^{13}C/^{12}C$ ratios [J]. Ecology，1979，60（1）：48-56.

[30] Post D M. Takimoto G. Proximate structural mechanisms for variation in food-chain length [J]. Oikos，2007，116（5）：775-782.

[31] Sedell J R，Richey J E，Swanson F J. The river continuum concept：A basis for the expected ecosystem behavior of very large rivers? [J]. Canadian Journal of Fisheries and Aquatic Sciences，1989（106）：49-55.

[32] Kloskowski J，Trembaczowski A. Fish reduce habitat coupling by a waterbird：Evidence from combined stable isotope and conventional dietary approaches [J]. Aquatic Ecology，2015，49（1）：21-23.

[33] Delong M D. Food webs and the Upper Mississippi River：Contributions to our understanding of ecosystem function in large rivers [J]. Hydrobiologia，2010，640（1）：89-101.

[34] Rutherford D A，Kelso W E，Bryan C F，et al. Influence of physicochemical characteristics on annual growth increments of four fishes from the lower Mississippi River [J]. Transactions of the American Fisheries Society，1995，124（5）：687-697.

[35] Lewis W M，Lasi M A. Foodweb analysis of the Orinoco floodplain based on production estimates and stable isotope data [J]. Journal of the Northe Amerjcan Benthological Society, 2001，20（2）：241-254.

[36] Pingram M A，Collier K J，Hamilton D P，et al. Carbon Sources Supporting Large River Food Webs：A Review of Ecological Theories and Evidence from Stable Isotopes [J]. Freshwater Reviews，2012，5（2）：85-103.

[37] Thorp J H，Thoms M C，Delong M D. The riverine ecosystem synthesis：Biocomplexity in river networks across space and time [J]. River Research and Applications，2006，22（2）：123-147.

[38] Hoeinghaus D J，Zeug S C. Can stable isotope ratios provide for community-wide measures of trophic structure?[J]. Ecology，2008，89（8）：2353-2357.

[39] 李斌，王志坚，岳兴建，等 . 三峡库区 175 m 蓄水对小江回水区主要经济鱼类能量来源的影响 [J]. 应用生态学报，2013（6）：239-245.

[40] 肖协文 . 基于稳定同位素技术的饶河食物网结构特征研究 [D]. 北京：中国科学院研究生院, 2014.

[41] Nakano M，Murakami M. Reciprocal subsidies：Dynamic interdependence between terrestrial and aquatic food webs [J]. Proceedings of the National Academy of Sciences，2001，98（1）：166-170.

[42] Rounick J S，Winterbourn M J，Lyon G L. Differential utilization of allochthonous and autochthonous inputs by aquatic invertebrates in some New Zealand streams：A stable carbon isotope study [J]. Oikos，1982：191-198.

[43] Hadwen W L，Fellows C S，Westhorpe D P，et al. Longitudinal trends in river functioning：patterns of nutrient and carbon processing in three Australian rivers [J]. River Research and Applications，2010，26（9）：1129-1152.

[44] Bunn S E，Davies P M，Wining M. Sources of organic carbon supporting the food web of an arid zone floodplain river [J]. Freshwater Biology，2003，48（4）：619-635.

[45] Doucett R R，Barton D R，Guiguer K R A，et al. Comment：Critical examination of stable isotope analysis as a means for tracing carbon pathways in stream ecosystems [J]. Canadian Journal of Fisheries and Aquatic Sciences，1996，53（8）：1913-1915.

[46] Lindeman R L. The trophic-dynamic aspect of ecology [J]. Ecology，1942，23

（4）：399-418.

[47] 薛莹 . 黄海中南部主要鱼种摄食生态和鱼类食物网研究 [D]. 青岛：中国海洋大学，2005.

[48] 董哲仁 . 河流形态多样性与生物群落多样性 [J]. 水利学报，2003，11（1）：6.

[49] Odum W E，Heald E J. The Detritus-Band Foodweb on an Estuarine Mangrove Community. Cromin（Editor），Estuarine Research [M]. New York：Academic Press，1975.

[50] Mao Z，Gu X，Zeng Q，et al. Food web structure of a shallow eutrophic lake（Lake Taihu，China）assessed by stable isotope analysis [J]. Hydrobiologia，2012，683（1）：173-183.

[51] Mill A C，Pinnegar J K，et al. Explaining isotope trophic-step fractionation：Why herbivorous fish are different [J]. Functional Ecology，2007（21）：1137-1145.

[52] 巴家文，邓华堂，段辛斌，等 . 应用稳定同位素（$\delta^{13}$C、$\delta^{15}$N）技术研究长江中游干流主要鱼类的营养级 [J]. 动物学杂志，2015，50（4）：537-546.

[53] Grey J. Ontogeny and dietary specialization in brown trout（*Salmotrutta* L.）from Loch Ness，Scotland，examined using stable isotopes of carbon and nitrogen [J]. Ecology of Freshwater Fish，2001，10（3）：168-176.

[54] Power D M，Oiwer G，Caron F. et al. Growth and dietary niche in Salvelinus alpinus and Salvelinus frontalis as revealed by stable isotope analysis [J]. Environmental Biology of Fishes，2002（64）：75-85.

[55] Currin C A，Wainright S C，Able K W. Determination of food web support and trophic position of the Mummich，Fundulusheteroclitus，in New Jersey smooth Cordgrass（*Spartinaalterniflora*），common reed（*Phragmites australis*），and restored salt marshes [J]. Estuaries，2003，26（2）：96-510.

[56] Jennings S，Greenstreet S P R，Hill L，et al. Long-term trends in the trophic structure of the North Sea fish community：Evidence from stable isotope analysis，size-spectra，and communitymetrics [J]. Marine Biology，2002（141）：1085-1097.

[57] Anderson C，Cabana G. Estimating the trophic position of aquatic consumers in river food webs using stable nitrogen isotopes [J]. Journal of the North American Benthological Society，2007，26（2）：273-285.

[58] Berto D，Rampazzo F，Noventa S，et al. Stable carbon and nitrogen isotope ratios as tools to evaluate the nature of particulate organic matter in the Venice lagoon [J].

Estuarine，Coastal and Shelf Science，2013（135）：66-76.
[59] 周琼 . 碳、氮稳定同位素技术在湖泊与河流食物网研究中的应用 [D]. 武汉：中国科学院水生生物研究所，2009.
[60] 霍堂斌，姜作发，马波，等 . 应用同位素分析黑龙江中游主要鱼类营养层次 [J]. 淡水渔业，2013，43（2）：3-8.
[61] Pimm S L，Lawton J H. On feeding on more than one trophic level [J]. Nature，1978，275（5680）：542-544.
[62] Pimm S L. Food Webs [M]. London：Chapman & Hall，1982.
[63] Cole J J，Carpenter S R，Pace M L，et al. Differential support of lake food webs by three types of terrestrial organic carbon [J]. Ecology Letters，2006，9（5）：558-568.
[64] Pace M L，Cole J J，Carpenter S R，et al. Trophic cascades revealed in diverse ecosystems [J]. Trends in Ecology and Evolution，1999，14（12）：483-488.
[65] Peterson B J. Stable isotopes as tracers of organic matter input and transfer in benthic food webs：A review [J]. Acta Oecologica，1999，20（4）：479-487.
[66] 徐军，张敏，谢平 . 氮稳定同位素基准的可变性及对营养级评价的影响 [J]. 湖泊科学，2010，22（1）：8-20.
[67] Zanden M J V，Casselman J M，Rasmussen J B. Stable isotope evidence for food web consequences of species invasions in lakes [J]. Nature，1999，401（6752）：464-467.
[68] Paetzold A. Life at the Edge-Aquatic and Terrestrial Interactions Along River Corridors [D]. Switzerland：ETH Zurich，2005.
[69] Gao Q F，Shin P K S，Lin G H，et al. Stable isotope and fatty acid evidence for uptake of organic waste by green-lipped mussels Perna viridis in a polyculture fish farm system [J]. Marine Ecology-Progress Series，2006（317）：273.
[70] Gantner N，Hintelmann H，Zheng W，et al. Variations in Stable Isotope Fractionation of Hg in food webs of Arctic Lakes [J]. Environmental Science & Technology，2009，43（24）：9148-9154.
[71] 温芳妮 . 清江流域二级河流叹气沟河大型底栖动物群落的食物网研究 [D]. 武汉：华中科技大学，2008.
[72] Angradi T R. Trophic linkages in the lower Colorado River：Multiple stable isotope evidence [J]. Journal of the North American Benthological Society，1994，13（4）：

479-495.

[73] Hesslein R H, Capel M J, Fox D E, et al. Stable isotopes of sulfur, carbon, and nitrogen as indicators of trophic level and fish migration in the lower Mackenzie River Basin, Canada [J]. Canadian Journal of Fisheries and Aquatic Sciences, 1991, 48 (11): 2258-2265.

[74] Jepsen D B, Winemiller K O. Structure of tropical river food webs revealed by stable isotope ratios [J]. Oikos, 2002, 96 (1): 46-55.

[75] Woodward G, Hildrew A G. Food web structure in riverine landscape [J]. Freshwater Biology, 2002, 47 (4): 777-798.

[76] Cohen J E, Newman C M. Dynamic Basis of Food Web Organization [J]. Ecology, 1988, 69 (6): 1655-1664.

[77] Cousins Ben. Livestock production and common property struggles in South Africa's agrarian reform [J]. Journal of Peasant Studies, 1996, 23 (2-3): 166-208.

[78] Nakano M, Yamaguchi K. Dynamics of Photon Phase and Information Entropy for a Two-State Molecular System Interacting with Amplitude-and Phase-Squeezed Fields [J]. Journal of Physical Chemistry A, 1999, 103 (30): 6036-6048.

[79] Young R, Huryn A. Longitudinal patterns of organic matter transport and turnover along a New Zealand grassland river [J]. Freshwater Biology, 1997, 38 (1): 93-107.

[80] Winemiller K O, Polis G A. Food Webs: What Can They Tell Us About the World? [M]. Springer, Boston, MA, 1996.

[81] Winemiller K O. Spatial and temporal variation in tropical fish trophic networks [J]. Ecological Monographs, 1990, 60 (3).

[82] Tavares-Cromar A F, Williams D D. The importance of temporal resolution in food web analysis: Evidence from a detritus-based stream [J]. Ecological Monographs, 1996, 66 (1): 91-113.

[83] Thompson R M, Townsend C R. Food-web topology varies with spatial scale in a patchy environment [J]. Ecology, 2005, 86.

[84] Poff L R, Allan J D. Functional organization of stream fish assemblages in relation to hydrological variability [J]. Ecology, 1995, 76 (2): 606-627.

[85] Townsend C R, Scarsbook M R, Doledec S. The intermediate disturbance hypothesis, refugia, and biodiversity in streams [J]. Limnology and Oceanography,

1997，42（5）：938-949.

[86] Bradley D C，Ormerod S J. Long-term effects of catchment liming on invertebrates in upland streams [J]. Freshwater Biology，2002，47（1）：161-171.

[87] Sabo J L，Power M E. River-watershed exchange：effects of riverine subsidies on riparian lizards and their terrestrial prey [J]. Ecology，2002，83（7）：1860-1869.

[88] Sharon P. Lawler，Peter J. Morin. Food web architecture and population dynamics in laboratory microcosms of protists [J]. American Naturalist，1993，141（5）：675-686.

[89] Pimm S L.Number of trophic levels in ecological communities [J]. Nature，1977，268（5618）：329-331.

[90] 王玉玉，于秀波，张亮，等 . 应用碳、氮稳定同位素研究鄱阳湖枯水末期水生食物网结构 [J]. 生态学报，2009，29（3）：1181-1188.

[91] Takimoto G，Post D M. Environmental determinants of food-chain length：Ameta-analysis[J]. Ecological Research，2012：1-7.

[92] 李建生，王寿昆，林树根 . 福建省主要河流鱼类分布及其种类与流域特征的关系 [M]. 中国动物学会成立 60 周年纪念论文集 [C]. 北京：中国科学技术出版社，1994：598-601.

[93] 王寿昆 . 中国主要河流鱼类分布及其种类多样性与流域特征的关系 [J]. 生物多样性，1997，5（3）：197-201.

[94] 刘军，曹文宣，常剑波 . 长江上游主要河流鱼类多样性与流域特征关系 [J]. 吉首大学学报（自然科学报），2004，25（1）：42-47.

[95] Sabo J L，Finlay J C，Post D M. Food chains in freshwaters [J]. Annals of the New York Academy of Sciences，2009，1162（1）：187-220.

[96] 蔡德陵，李红燕 . 稳定碳、氮同位素在河流系统研究中的应用 [J]. 海洋科学进展，2004（2）：106-113.

[97] Ostrom N E，Knoke K E，Hedin L O，et al. Temporal trends in nitrogen isotope values of nitrate leaching from an agricultural soil [J]. Chemical Geology，1998，146（3-4）：219-227.

[98] Mcclelland J W，Valiela I. Linking nitrogen in estuarine producers to land-derived sources [J]. Limnology and Oceanography，1998，43（4）：577-585.

[99] Desimone L A，Howes B L. Denitrification and nitrogen transport in a coastal aquifer receiving wastewater discharge [J]. Environmental Science & Technology，

1996, 30（4）: 1152-1162.

[100] Deangelis D L, Bartell S M, Brenkert A L. Effects of nutrient recycling and food-chain length on resilience [J]. American Naturalist, 1989, 134（5）: 778-805.

## 第6章

[1] Dudgeon D. Large-Scale Hydrological Changes in Tropical Asia: Prospects for Riverine Biodiversity [J]. Bioscience, 2000（50）: 793-806.

[2] Fu C Z, Wu J H, et al. Freshwater fish biodiversity in the Yangtze River basin of China: Patterns, threats and conservation [J]. Biodiversity and Conservation, 2003（12）: 1649-1685.

[3] Dudgeon D, Arthington A H, et al. Freshwater biodiversity: Importance, threats, status and conservation challenges [J]. Biological Reviews, 2006（81）: 163-182.

[4] Fang J, Wang Z H, et al. Biodiversity changes in the lakes of the Central Yangtze [J]. Frontiers in Ecology and the Environment, 2006（4）: 369-377.

[5] Wantzen K M, Arruda Machado de F, et al. Seasonal isotopic shifts in fish of the Pantanal wetland, Brazil [J]. Aquatic Sciences, 2002（64）: 239-251.

[6] Coops H, Beklioglu M, et al. The role of water-level fluctuations in shallow lake ecosystems-workshop conclusions [J]. Hydrobiologia, 2003, 506-509（1）: 23-27.

[7] Pringle C. What is hydrologic connectivity and why is it ecologically important? [J]. Hydrological Processes, 2003, 17（13）: 2685-2689.

[8] Roach K A, Winemiller K O, et al. Consistent trophic patterns among fishes in lagoon and channel habitats of a tropical floodplain river: Evidence from stable isotopes [J]. Acta Oecologica, 2009, 35（4）: 513-522.

[9] Lau D C P, Leung K M Y, et al. What does stable isotope analysis reveal about trophic relationships and the relative importance of allochthonous and autochthonous resources in tropical streams? A synthetic study from Hong Kong [J]. Freshwater Biology, 2008, 54: 1-15.

[10] Reid D J, Quinn G P, et al. Terrestrial detritus supports the food webs in lowland intermittent streams of south-eastern Australia: A stable isotope study[J]. Freshwater Biology, 2008（53）: 2036-2050.

[11] Leigh C, Burford M A, et al. Dynamic stability in dry season food webs within

tropical floodplain rivers[J]. Marine and Freshwater Research，2010（61）：357-368.

[12] Cloern J E，Canuel E A，et al. Stable carbon and nitrogen isotope composition of aquatic and terrestrial plants of the San Francisco Bay estuarine system [J]. Limnology and Oceanography，2002（47）：713-729.

[13] Abrantes K，Sheaves M. Incorporation of terrestrial wetland material into aquatic food webs in a tropical estuarine wetland [J]. Estuarine Coastal and Shelf Science，2008，80（3）：401-412.

[14] Taylor A N，Batzer D P. Spatial and temporal variation in invertebrate consumer diets in forested and herbaceous wetlands [J]. Hydrobiologia，2010，651（1）：145-159.

[15] Wantzen K M，Rothhaupt K O，et al. Ecological effects of water-level fluctuations in lakes：An urgent issue. Ecological Effects of Water-Level Fluctuations in Lakes [J]. Springer Netherlands，2008（204）：1-4.

[16] Fry，B. Stable carbon isotope ratios-a tool for tracing food chains [J]. M. Sc. Thesis，University of Texas，Austin. 1977：126.

[17] Ogawa N O，Koitabashi T，Oda H，et al. Fluctuations of nitrogen isotope ratio of goby fish（Isaza）specimens and sediments in Lake Biwa，Japan，during the 20th century [J]. Limnol Oceanogr，2001（46）：1228-1236.

[18] Havens K E，Fry，B.and Kendall C. Stable isotope food web analysis of a large subtropical lake：Alternative explanations for $^{15}N$ enrichment of pelagic vs. littoral fisheries [J] . Sci World J，2003（3）：613-622.

[19] Laws E A，Popp B N，Bidigare R R，et al. Dependance of phytoplankton carbon isotope composition on growth rate and $[CO_2]aq$：Theoretical considerations and experimental results [J]. Geochim Cosmochim Acta，1995（59）：1131-1138.

[20] Raven J A，Walker A D I，Johnson M，et al. Implications of $^{13}C$ natural abundance measurements for photosynthetic performance by marine macrophytes in their natural environment [J]. Mar Ecol Progr Ser，1995（123）：193-205.

[21] Yoshioka T，Wada E，Hayashi H. A stable isotope study on seasonal food web dynamics in a eutrophic lake [J]. Ecology，1994（75）：835-846.

[22] Smith B N，Epstein S. Two categories of $^{13}C/^{12}C$ ratios for higher plants [J]. Plant Physiol，1971（47）：380-384.

[23] LaZerte B D，Szalados J E. Stable carbon isotope ratio of submerged freshwater

macrophytes [J]. Oceanogr，1982（27）：413-418.

[24] Yoshioka T，Wada E，Yatsuka S. Isotopic characterization of Lake Kizaki and Lake Suwa [J]. Japanese J Limnol，1988（49）：119-128.

[25] Gu B，Schelske C L，Hoyer M V. Stable isotopes of carbon and nitrogen as indicators of diet and trophic structure of the fish community in a shallow hypereutrophic lake [J]. J Fish Bio，1996（49）：1233-1234.

[26] Minagawa M，Wada E. Stepwise enrichment of $^{15}N$ along food chains：Further evidence and the relation between $\delta^{15}N$ and animal age [J]. Geochim，Cosmochim Acta，1984（48）：1135-1140.

[27] Xie P. Silver carp and bighead， and their use in the control of algal blooms [M]. Science Press，2003

[28] Pinnegar J K，Polunin N V C. Differential fractionation of $\delta^{13}C$ and $\delta^{15}N$ among fish tissues：Implications for the study of trophic interactions [J]. Funct Ecol，1999（13）：225-231.

[29] Kendall C，Silva S R，Kelly V J. Carbon and nitrogen isotopic compositions of particulate organic matter in four large river systems across the United States [J]. Hydrol Process，2001（15）：1301-1346.

[30] Paterson A W，Whitfield A K. A stable carbon isotope study of the food-web in a freshwater-deprived South African estuary，with particular emphasis on the ichthyofauna[J]. Estuar Coast Shelf Sci，1997（45）：705-715.

[31] Stiller M，Nissenbaum A. Variations of stable hydrogen isotopes in plankton from freshwater lake. Geochim [J]. Cosmochim Acta，1980（44）：1099-1101.

[32] Yoshioka T，Hawashi H，Wada E. Seasonal variations of carbon and nitrogen isotope ratios of plankton and sinking particles in Lake Kizaki [J]. Japanese J. Limnol，1989（50）：313-320.

[33] Yoshioka T，Wada E，Hayashi H. A stable isotope study on seasonal food web dynamics in a eutrophic lake [J]. Ecology，1994（75）：835-846.

[34] kazushi T，Takahito Y，Eitaro W，et al. Temporal variations in carbon isotope ratio of phytoplankton in a eutrophic lake [J]. Plankton Res，1990，12（4）：799-808.

[35] Mariotti A. Denitrification in groundwaters，principles and methods for its identification：A review，[J]. Hydrol ，1986（88）：1-23.

[36] Miyake Y，Wada E. The isotope effect on the nitrogen in biogeochemical，

oxidation-reduction reaction [J]. Records Oceanographic Works Japan，1971（11）：1-6.

[37] Yoshioka T，Wada E，Yatsuka S. Isotopic Characterization of Lake Kizaki and Lake Suwa [J]. Japanese J. Limnol. 1988（49）：119-128.

[38] Gu B，Schelske C L，Hoyer M V. Stable isotopes of carbon and nitrogen as indicators of diet and trophic structure of the fish community in a shallow hypereutrophic lake [J]. Fish Bio，1996（49）：1233-1234.

[39] France R L. Carbon-13 enrichment in benthic compared to planktonic algae：Food web implications [J]. Mar Ecol Prog Ser，1995a（124）：307-312.

[40] Wada E，Terazaki M，Kabaya Y，et al. $^{15}N$ and $^{13}C$ abundances in the Antarctic Ocean with emphasis on the biogeochemical structure of the food web [J]. Deep-Sea Res，1987（34）：829-841.

[41] Diao Z，Luo L. Fishing season of lake anchovy in Lake Chaohu. In Research report on the enhancement of fisheries resources in Lake Chaohu（Fisheries management committee of Lake Chaohu ed.），Vol. 1，1982：28-32.

[42] Wu X，Diao Z，Yiao W. Fish fauna in Lake Chaohu. In Research report on the enhancement of fisheries resources in Lake Chaohu（Fisheries management committee of Lake Chaohu ed.），1982（3）：36-40.

[43] Song X，Lu X. Macrophytes in Lake Chaohu. In Research report on the enhancement of fisheries resources in Lake Chaohu（Fisheries management committee of Lake Chaohu ed.），1984（3）：50-53.

[44] DeNiro M J，Epstein，S. Influence of the diet on the distribution of carbon isotopes in animals. Geochim [J]. Cosmochim Acta，1978（42）：495-506.

[45] Grey J. Ontogeny and dietary specialization in brown trout（*Salmo trutta* L.）from Loch Ness，Scotland，examined using stable isotopes of carbon and nitrogen [J]. Ecol Freshw Fish，2001（10）：168-176.

[46] Minagawa M，Wada E. Stepwise enrichment of $^{15}N$ along food chains：Further evidence and the relation between $\delta^{15}N$ and animal age [J]. Geochim. Cosmochim. Acta，1984（48）：1135-1140.

[47] Sarakinos H C，Johnson M L，Vander Zanden M J. A synthesis of tissue preservation effects on carbon and nitrogen stable isotope signatures [J]. Can J Zool，2002（80）：381-387.

[48] Post D M. Using stable isotopes to estimate trophic position: Models, methods, and assumptions [J]. Ecology, 2002 (83): 703-718.

[49] Vander Zanden M J, Rasmussen J B. Primary consumer $\delta^{13}$C and $\delta^{15}$N and the trophic position of aquatic consumers [J]. Ecology, 1999, 80 (4): 1395-1404.

[50] Chapman L J, Mackay W C, Wilkinson C W. Feeding flexibility in northern pike (*Esox lucius*): Fish versus invertebrate prey [J]. Can Fish Aquat Sci, 1989 (46): 666-669.

[51] Gu B, Schelske C L, Hoyer M V. Intrapopulation feeding diversity in blue tilapia: Evidence from stable-isotope analyses [J]. Ecology, 1997 (78): 2263-2266.

[52] Junger M, Planas D. Quantitative use of stable carbon isotope analysis to determine the trophic base of invertebrate communities in a boreal forest lotic system [J] Can Fish Aquat Sci, 1994, (51): 52-61.

[53] Mitchell M J, Mills E L, Idrisi N, et al. Stable isotopes of nitrogen and carbon in an aquatic food web recently invaded by Dreissena polymorpha (Pallas) [J]. Can Fish Aquat Sci, 1996 (53): 1445-1450.

[54] Xu J, Xie P. Studies on the food web structure of Lake Donghu using stable carbon and nitrogen isotope ratios. [J]. Freshw Eco, 2004 (19): 645-650.

[55] Beaudoin C P, Prepas E E, Tonn W M, et al. A stable carbon and nitrogen isotope study of lake food webs in Canada's Boreal Plain [J]. Freshw Biol, 2001 (46): 465-477.

[56] Gu B, Schell D M, Alexander V. Stable carbon and nitrogen isotopic analysis of the plankton food web in a subarctic lake [J]. Can Fish Aquat Sci, 1994 (51): 1338-1344.

[57] Hecky R E, Hesslein R H. Contributions of benthic algae to lake food webs as revealed by stable isotope analysis [J]. N Amer Benthol Soc, 1995 (14): 631-653.

[58] Keough J R, Sierszen M E, Hagley C A. Analysis of a Lake Superior coastal food web with stable isotope techniques [J]. Limnol Oceanog, 1996 (41): 136-146.

[59] France R L. Stable carbon and nitrogen isotopic evidence for ecotonal coupling between boreal forests and fishes [J]. Ecol Freshw Fish, 1997 (6): 78-83.

[60] Kling G W, Fry B, O'Brien W J. Stable isotopes and planktonic trophic structure in Arctic lakes [J]. Ecology, 1992 (73): 561-566.

[61] Fry B. Fish and shrimp migrations in the northern Gulf of Mexico analyzed using

stable C，N and S isotope ratios [J]. Fishery Bulletin，1983（81）：789-801.
[62] Schell D M，Saupe S M，Haubenstock N. Bowhead whale（Balaena mysticetus）growth and feeding as estimated by $\delta^{13}$C techniques [J]. Mar Bio，1989（103）：433-443.
[63] France R L. Carbon-13 conundrums：Limitations and cautions in the use of stable isotope analysis in stream ecotonal research [J]. Can Fish Aquat Sci，1996（53）：1916-1919.
[64] Vander Zanden M J，Rasmussen J B. Primary consumer $\delta^{13}$C and $\delta^{15}$N and the trophic position of aquatic consumers [J]. Ecology，1999（80）：1395-1404.
[65] Phillips D L，Gregg J W. Source partitioning using stable isotopes：Coping with too many sources [J]. Oecologia，2003（136）：261-269.
[66] Finlay J C，Power M E，Cabana G. Effects of water velocity on algal carbon isotope ratios：Implications for river food web studies [J]. Limnol Oceanog，1999（44）：1198-1203.
[67] Dudgeon D. Requiem for a river：Extinctions，climate change and the last of the Yangtze [J]. Aquatic Conservation-Marine Freshwater Ecosystems，2010（20）：127-131.
[68] 徐明，马超德 . 长江流域气候变化脆弱性与适应性研究 [B]. 北京：中国水利水电出版社 . 2009.
[69] O'Reilly C M，Alin S R，Plisnier P，et al. Climate change decreases aquatic ecosystem productivity of Lake Tanganyika [J]. Africa Nature，2003（424）：766-768.
[70] Newsome S D，Rio de C M，et al. A niche for isotopic ecology [J]. Frontiers Ecology Environment，2007，5（8）：429-436.
[71] Rubenstein D R，Hobson K A . From birds to butterflies：animal movement patterns and stable isotopes [J]. Trends Ecology Evolution，2004，19（5）：256-261.
[72] Bearhop S，Adams C E，Waldron S，et al. Determining trophic niche width：A novel approach using stable isotope analysis[J]. The Journal of Animal Ecology，2004（73）：1007-1012.
[73] Hutchinson G E. Concluding remarks. Population studies：Animal ecology and demography [J]. New York：Cold Spring Harbour Press，1957：415-427.
[74] Chen G，Wu Z H，Gu B H，et al. Isotopic niche overlap of two planktivorous fish in

southern China [J]. Limnology, 2011（12）: 151-155.

[75] Jiang H, Liu L T, Zheng X S. The Poyang Lake fishery resources environment status and protection countermeasures [J]. Fishery Modernization, 2013（40）: 68-72.

[76] Zeng Z G. Studies on diversity, age and growth of fishes in sublakes of Poyang Lake National Nature Reserve, Jiangxi China [E]. Master dissertation, Nanchang University, 2014.

[77] Zhang T L. History strategies, trophic patterns and community structure in the fishes of Lake Biandantang [E]. PhD dissertation, 2005, Chinese Academy of Sciences.

[78] Mazumder D, Johansen M, Saintilan N, et al. Trophic shifts involving native and exotic fish during hydrologic recession in floodplain wetlands [J]. Wetlands, 2012（32）: 267-275.

[79] Silva J C D, Gubiani E A, Neves M P, et al. Coexisting small fish species in lotic neotropical environments: Evidence of trophic niche differentiation [J]. Aquatic Ecology, 2017（51）: 1-14.

[80] Wang Y Y, Yu X B, Li W H, et al. Potential influence of water level changes on energy flows in a lake food web [J]. Chinese Science Bulletin, 2011（56）: 2794-2802.

[81] Wang Y Y, Yu X B, Xu J, et al. Temporal variation of energy sources in a floodplain lake fish community [J]. Journal of Freshwater Ecology, 2012（27）: 295-303.

[82] Hu C H, Zhou W B, Wang M L, et al. Inorganic nitrogen and phosphate and potential eutrophication assessment in Lake Poyang [J]. Journal of Lake Science, 2010（22）: 723-728.

[83] Liu X, Li Y A, Liu B G, et al. Cyanobacteria in the complex river-connected Poyang Lake: Horizontal distribution and transport [J]. Hydrobiologia, 2016（768）: 95-110.

[84] Wang Y Y, Yu X B, Zhang L, et al. Food web structure of Poyang Lake during the dry season by stable carbon and nitrogen isotopes analysis [J]. Acta Ecologica Sinica, 2009（29）: 1181-1188.

[85] Jackson A L, Inger R, Parnell A C, et al. Comparing isotopic niche widths among and within communities: SIBER-Stable Isotope Bayesian Ellipses in R [J]. The Journal of Animal Ecology, 2011（80）: 595-602.

[86] Swanson HK, Lysy M, Power M, et al. A new probabilistic method for quantifying n-dimensional ecological niches and niche overlap [J]. Ecology, 2015（96）: 318-324.

[87] Gu P, Wan J B. Hydrology character of Poyang Lake and its influence on water quality[J]. Environmental Pollution & Control, 2011（3）: 15-19.

[88] Chen X L, Zhang Y, Zhang L, et al. Distribution characteristic of nitrogen and phosphorus in lake Poyang during high water period [J]. Journal of Lake Science, 2013（25）: 643-648.

[89] Rossi L, Costantini M L, Carlino P, et al. Autochthonous and allochthonous plant contributions to coastal benthic detritus deposits: A dual-stable isotope study in a volcanic lake [J]. Aquatic Sciences, 2010（72）: 227-236.

[90] Zhang H, Yu X, Wang Y, et al. The importance of terrestrial carbon in supporting molluscs in the wetlands of Poyang Lake [J]. Chinese Journal of Oceanology and Limnology, 2017（35）: 825-832.

[91] Wang M L, Zhang D L, Lai J P, et al. Distribution and sources of stable organic carbon and nitrogen isotopes in suspended particulate organic matter of Poyang Lake [J]. China Environmental Science, 2014（4）: 2342-2350.

[92] Wang M L, Lai J P, Hu K T, et al. Compositions and sources of stable organic carbon and nitrogen isotopes in surface sediments of Poyang Lake [J]. China Environmental Science, 2014（34）: 1019-1025.

[93] Sanders D, Vogel E, Knop E. Individual and species-specific traits explain niche size and functional role in spiders as generalist predators [J]. The Journal of Animal Ecology, 2015（84）: 134-142.

[94] Rossi L, di Lascio A, Carlino P, et al. Predator and detritivore niche width helps to explain biocomplexity of experimental detritus-based food webs in four aquatic and terrestrial ecosystems [J]. Ecological Complexity, 2015（23）: 14-24.

## 第7章

[1] Mao Z G, Gu X H, Zeng Q F, et al. Carbon sources and trophic structure in a macrophyte-dominated polyculture pond assessed by stable-isotope analysis [J]. Freshwater Biology, 2016, 61（11）: 1862-1873.

[2] Zeng Q F, Xu Y X, Jeppesen E, et al. Farming practices affect the amino acid profiles of the aquaculture chinese mitten crab. Peerj, 2021: 9.

[3] Renner M, Huntington H P. Connecting subsistence harvest and marine ecology: A cluster analysis of communities by fishing and hunting patterns. Deep-Sea Research Part Ii-Topical [J]. Studies in Oceanography, 2014 (109): 293–299.

[4] Lim R B H, Liew J H, Kwik J T B, et al. Predicting food web responses to biomanipulation using bayesian belief network: Assessment of accuracy and applicability using in-situ exclosure experiments [J]. Ecological Modelling, 2018 (384): 308–315.

[5] Jeppesen E, Sondergaard M, Lauridsen T L, et al. Biomanipulation as a restoration tool to combat eutrophication: Recent advances and future challenges [J]. Advances in Ecological Research, 2012 (47): 411–488.

[6] Jeppesen E, Lauridsen T L, Kairesalo T, et al. The structuring role of submerged macrophytes in lakes [J]. Ecological Studies, 1998.

[7] Rodusky A J, Anderson R T. A comparison of epiphytic communities on natural and artificial substrates in a large subtropical lake (Lake Okeechobee, USA) [J]. Fundamental and Applied Limnology, 2013, 183 (3): 189–204.

[8] Moncreiff C A, Sullivan M J. Trophic importance of epiphytic algae in subtropical seagrass beds: Evidence from multiple stable isotope analyses [J]. Marine Ecology Progress Series, 2001 (215): 93–106.

[9] Gherardi F, Acquistapace P, Santini G. Food selection in freshwater omnivores: A case study of crayfish austropotamobius pallipes [J]. Archiv Fur Hydrobiologie, 2004, 159 (3): 357–376.

[10] Mao Z G, Gu X H, Zeng Q F. Food sources and trophic relationships of three decapod crustaceans: Insights from gut contents and stable isotope analyses [J]. Aquaculture Research, 2016, 47 (9): 2888–2898.

[11] Xu J, Zhang M, Xie P. Stable isotope changes in freshwater shrimps (exopalaemon modestus and macrobrachium nipponensis): Trophic pattern implications [J]. Hydrobiologia, 2008 (605): 45–54.

[12] Mcclain W R, Neill W H, Gatlin D M. Nutrient profiles of green and decomposed rice–forages and their utilization by juvenile crayfish (procambarus–clarkii) [J]. Aquaculture, 1992, 101 (3–4): 251–265.

[13] MacAvoy S E，Macko S A，Garman G C. Isotopic turnover in aquatic predators：Quantifying the exploitation of migratory prey [J]. Canadian Journal of Fisheries and Aquatic Sciences，2001，58（5）：923-932.

[14] Tieszen L L，Boutton T W，Tesdahl K G，et al. Fractionation and turnover of stable carbon isotopes in animal-tissues-implications for delta-$^{13}$C analysis of diet [J]. Oecologia，1983. 57（1-2）：32-37.

[15] Fry B，Arnold C. Rapid $^{13}$C/$^{12}$C turnover during growth of brown shrimp（penaeus-aztecus）. Oecologia，1982，54（2）：200-204.

[16] MacNeill M A，Skomal G B，Fisk A T. Stable isotopes from multiple tissues reveal diet switching in sharks [J]. Marine Ecology Progress Series，2005（302）：199-206.

[17] Logan J，Haas H，Deegan L，et al. Turnover rates of nitrogen stable isotopes in the salt marsh mummichog，fundulus heteroclitus，following a laboratory diet switch [J]. Oecologia，2006，147（3）：391-395.

[18] McIntyre P B，Flecker A S. Rapid turnover of tissue nitrogen of primary consumers in tropical freshwaters [J]. Oecologia，2006，148（1）：12-21.

[19] Guelinckx J，Maes J，Van Den Driessche P，et al. Changes in delta $^{13}$C and delta $^{15}$N in different tissues of juvenile sand goby pomatoschistus minutus：A laboratory diet-switch experiment [J]. Marine Ecology Progress Series，2007（341）：205-215.